環境科学入門

地球と人類の未来のために

川合真一郎・張野宏也・山本義和 著

化学同人

は じ め に

　環境庁の新設(1971年)や環境省の設置(2001年)以降，国をあげての環境の保全と修復に向けた努力，環境に対する国民意識の向上により，見た目の環境はかなり良くなったと思われる．各地の公園や里山などは整備されて自然に親しむ場所は多くなったが，一方で子供たちが自然と触れ合う姿を見受ける機会が少なくなっているのは，残念なことである．

　現在，自然の恩恵を認識し，環境問題が切実であると捉えている人たちはどれほどいるだろうか．自然環境の変化を肌で敏感に感じ取っている農業，漁業，林業などの第一次産業の従事者，環境問題の被害者，試験研究機関や行政，企業で直接環境問題に関わっている人たち，環境保全活動にボランティアとして参画している人びとを除くと，おそらく少数であろう．

　東日本大震災と津波による福島第一原子力発電所の大事故は，きっかけは天災であったにしても，原発の安全神話を科学的に検証せずに信じきったために生じた人災であり，取り返しのつかない環境破壊を引き起こしてしまった．人間の手によって自然環境が一度破壊されてしまうと，完全に元の状態に戻すことが難しいのは多くの歴史が証明している．地球上で，このまま乱開発が進み，化学物質の乱用，大量生産・大量消費・大量廃棄などが高じれば，水資源とエネルギーの不足や食糧難が深刻化し，私たちの生命や生活を確実に脅かすようになる．

　私たちの使命は，かけがえのない地球の環境を守り育てて，その重要性を次世代の人びとに対して丁寧に伝えることである．そのためには，これからの時代を担っていく大学生をはじめとした若い人びとに，国内外の環境の現状を正確に示すことで，環境問題の重要性を自ら感じ取り，行動できる人間となるための道標を築くことが必要である．

　本書の初版を2011年秋に刊行してから6年以上が経過した．この間に世界の政治，経済，社会の情勢は大きく変化し，今もなお国際紛争や内乱によって多くの尊い命が奪われ，地球温暖化などいわゆる地球環境問題は重大な局面を迎えている．その一方では，太陽光発電や風力発電など再生可能エネルギーの利用が進むなど，科学・技術の発展に伴う明るい見通しも数多くある．

　本書は，環境科学の教育・研究に携わってきた3人の著者が，理系・文系を問わず環境に興味をもつ大学生諸君のための入門書として執筆したもので，第2版でも同様のコンセプトでまとめている．したがって，環境問題全般をできるだけ網羅し，専門用語はあまり使用せず，使用する場合には解説を加えてわかりやすく，最新のデータを盛り込んで説明した．本書から，「今どのような環境問題が起こっているのか」，「なぜ，環境問題が発生するのか」，「環境を保全，修復するために何をすべきか」を読み取っていただきたい．

　最後に，著者らの原稿を詳細に読み，読者の視点からの厳しい指摘をはじめとして，編集に多大なご尽力をいただいた山本富士子氏に心より謝意を表します．

2018年1月

著者一同

目　次

第1章　人間活動と環境とのかかわり　　1

- 1.1　環境科学とは ……………………… *1*
- 1.2　人間の活動と環境変動 …………… *2*
- 1.3　生態系の重要性 …………………… *7*
- 1.4　公害・環境問題の歴史 …………… *11*

Column　「森は海の恋人」運動　12／胎児性水俣病　18

第2章　環境変化に伴う異変　　21

- 2.1　森林の減少 ………………………… *21*
- 2.2　野生生物の異変 …………………… *24*
- 2.3　砂漠化 ……………………………… *29*
- 2.4　有害廃棄物の越境移動 …………… *30*
- 2.5　開発途上国での環境問題 ………… *32*

Column　貴重なブナ林　22／生きていた！クニマス　25／ブラックバス　29

第3章　化学物質汚染研究の基礎　　35

- 3.1　環境試料の採取 …………………… *35*
- 3.2　モニタリング手法 ………………… *38*
- 3.3　化学物質の挙動を支配する物理化学的因子 … *40*
- 3.4　環境中での化学物質の変化 ……… *44*

第4章　大気汚染　　54

- 4.1　地球の温暖化 ……………………… *54*
- 4.2　オゾン層の破壊 …………………… *57*
- 4.3　酸性雨 ……………………………… *59*
- 4.4　黄　砂 ……………………………… *59*
- 4.5　浮遊粒子状物質 …………………… *60*
- 4.6　光化学オキシダント ……………… *62*
- 4.7　アスベスト問題 …………………… *63*
- 4.8　化学物質による室内汚染 ………… *64*

Column　ロンドン型スモッグとロサンゼルス型光化学スモッグ　63

第5章　水質汚染　　66

- 5.1　河川や湖沼の汚染 ………………… *67*
- 5.2　海洋汚染 …………………………… *68*

Column　ノリの色落ち問題　78

第6章　土壌汚染　　80

- 6.1　土壌汚染とは ……………………… *80*
- 6.2　土壌汚染の要因 …………………… *82*
- 6.3　地下水・土壌汚染調査の方法 …… *84*
- 6.4　土壌汚染の対策および浄化技術 … *86*
- 6.5　油汚染対策ガイドラインによる調査および対策 …… *88*

第 7 章　化学物質による汚染　　*90*

- 7.1　重金属 …………………………… *90*
- 7.2　農　薬 …………………………… *91*
- 7.3　船底防汚物質（有機スズ化合物，代替物質）…… *99*
- 7.4　界面活性剤 ……………………… *101*
- 7.5　身の回りで使用されている家庭衛生製品や薬剤 ……………………… *103*
- 7.6　製品に使用されている化学物質 …… *105*
- 7.7　非意図的化合物 ………………… *108*

Column　毛髪の水銀分析　92／シックハウス症候群から身を守る　104／ストックホルム条約（POPs 条約）　108

第 8 章　放射能汚染　　*112*

- 8.1　原子力発電の仕組み …………… *112*
- 8.2　放射線が人体へ及ぼす影響 …… *113*
- 8.3　原発事故の経緯 ………………… *113*
- 8.4　多方面にわたる甚大な原発事故の影響 …… *116*

Column　放射性物質の半減期　118

補遺　　福島第一原発事故から学ぶ　*120*

第 9 章　汚染物質の毒性と生体内での代謝　　*125*

- 9.1　重金属の毒性 …………………… *125*
- 9.2　薬物代謝酵素 …………………… *128*
- 9.3　化学物質の免疫毒性 …………… *130*
- 9.4　毒性評価法 ……………………… *133*

第 10 章　内分泌撹乱物質　　*137*

- 10.1　内分泌撹乱物質とは何か ……… *137*
- 10.2　ヒトにおける内分泌撹乱現象 … *138*
- 10.3　野生生物における内分泌撹乱現象 … *138*
- 10.4　内分泌撹乱のメカニズム ……… *143*
- 10.5　内分泌撹乱物質の検索方法 …… *144*
- 10.6　内分泌撹乱物質問題に関する日本の取組みと今後の動き ……………… *145*

Column　インポセックス現象　141／トゲウオのメスもオス化していた　144

第 11 章　アセスメント手法　　*149*

- 11.1　環境アセスメント ……………… *149*
- 11.2　化学物質のリスク評価 ………… *151*
- 11.3　リスクコミュニケーション …… *155*

第12章　飲料水と食品に関する今後の課題　156

- 12.1　地球における水問題の現状 …… *157*
- 12.2　節　水 …………………………… *159*
- 12.3　水資源の有効利用 ………………… *160*
- 12.4　飲料水の安全性 …………………… *161*
- 12.5　日本の食料自給率の現状と課題 … *163*
- 12.6　食料の輸入と水問題 ……………… *167*
- 12.7　食品の安全性 ……………………… *168*
- 12.8　魚介類や鯨類に含まれるメチル水銀 … *168*
- 12.9　フードマイレージと地球温暖化 … *170*

第13章　ごみと廃棄物　172

- 13.1　廃棄物の種類と量 ………………… *172*
- 13.2　廃棄物の処理 ……………………… *175*
- 13.3　廃棄物の減量, 再利用, リサイクル … *177*

Column　放射性廃棄物　177／レアメタルとレアアース　180

第14章　エネルギー資源と環境問題　181

- 14.1　世界のエネルギー消費 …………… *181*
- 14.2　日本のエネルギー消費 …………… *183*
- 14.3　再生可能エネルギー ……………… *185*
- 14.4　省エネルギー ……………………… *192*

Column　エネルギーの地産地消　191

第15章　環境活動の実践と環境倫理　195

- 15.1　環境教育・環境学習 ……………… *195*
- 15.2　市民による環境活動 ……………… *197*
- 15.3　企業の環境行動 …………………… *199*
- 15.4　科学・技術と環境倫理 …………… *201*

Column　パートナーシップによる環境学習事業　197

参考文献　*205*

索　引　*209*

第1章
人間活動と環境とのかかわり

1.1 環境科学とは

「環境科学とはどのような学問ですか？」と問いかければ，その回答には，「環境問題の解決を目指す科学」という共通点が現れるだろう．しかし，一口に環境問題といっても，時代や個人によってそのイメージは多種多様であり，環境問題を一言で表現するのは難しい．1960〜1970年代の日本では，大気汚染や水質汚染などの公害が最も緊急的で重要な環境問題であり，地球温暖化やオゾン層の破壊，環境ホルモンやダイオキシン問題，原子力発電の危険性などを知る人は，ごく少数の専門家に限られていた．

現在でも，豊かな自然を重視する人たちにとっては，自然環境や野生生物の保護がより大切な問題であり，美しい景観を維持し，日本の固有種を外来生物からいかにして守るのかが重要課題として捉えられているだろう．また，地球上の限りある資源やエネルギーをどのようにすれば持続的に利用することができ，世界の人口増加にいかに対応していくかが重要な環境問題と考える人たちもいる．このように世界では，さまざまな立場の人が，それぞれの判断基準で環境問題を捉えているのが実態である．

たいていの場合，人間の活動によって自然生態系が改変された結果として人間や野生生物に悪影響が現れると，それが環境問題と認識される．環境問題を厳密に定義することは難しいが，あえて短い言葉で述べるならば，「人為的な影響で人間を取り巻く自然的環境が悪化すること」といえる．本書では，地震，台風，火山噴火などの自然現象そのものが原因となっている被害（環境変化）は環境科学の主たる対象にはしておらず，人間の営みがおもな原因となっている事象を環境科学の研究対象として扱うことにする．

環境科学の役割は，具体的な環境問題の発生原因や発生機構を明らかにして，その解決策をさまざまな観点から提案するところにある．環境科学は自然科学のみならず，人文・社会科学をも包含した総合科学であり，多くの場合，一人でそのすべてを理解することは不可能であり，環境問題の解決には分野間の連携や共同研究を必要とする．また，環境問題に関する

多くの事象は専門用語で説明されるため，科学の基礎をある程度学ばなければ，環境問題を正しく理解することはできないだろう．環境科学は，社会的な実践を伴う科学でもある．そのため環境科学者には，科学的立場から研究成果を的確に伝えることに加えて，政治や行政にかかわる人たちや市民に対しても，ていねいに説明することが求められている．

1.2 人間の活動と環境変動

地球の歴史は46億年といわれているが，人類の歴史はそれに比べるとごく最近の一部分にしかすぎない．人類は地球上に誕生して以来，自然の猛威と闘い，自然を征服して，生活環境を任意に改造することが人類の幸福につながると信じて行動を続けてきた．しかし，20世紀の後半に入り，世界各地で人間の活動が急速に拡大するにつれて，国内外の環境は短期間で質，量ともに大きく変化し，人間の生存基盤や生物多様性にも大きな悪影響を及ぼすようになった．

持続可能な開発目標

17の目標それぞれの詳細は，下記を参照．
http://www.jp.undp.org/content/tokyo/ja/home/sdg/post-2015-development-agenda.html

持続可能な開発目標（SDGs）

持続可能な開発目標（sustainable development goals, **SDGs**）は，国連加盟国，市民社会，世界の有識者が，長年にわたる議論と行動を続けた結果，2015年9月に国連総会で採択され，2016年から2030年まで15年間の国際社会の目標となっている．

SDGsは**表1.1**に示すように，17の目標と169項目の達成基準で構成されている．世界は気候変動による自然災害の増加や生態系の破壊，国境を越える感染症の脅威，格差や貧困に起因するテロリズム，難民問題など複雑な課題に直面しているが，SDGsではこれらの解決が難しい問題にも視点が置かれている．表1.1に示す17の目標は人間（People），地球（Planet），繁栄（Prosperity），平和（Peace），連帯（Partnership）の5つのPを具体的に示すとされている．

SDGsの17の目標で，第6の安全な水，第12の持続可能な生産・消費，第13の気候変動，第14の海洋資源，第15の陸域生態系の保護は特に環境とのかかわりが深い．個別の目標追求だけでなく，持続可能な開発が，経済，社会，環境の三つの側面においてバランスがとれたかたちで達成することが求められている．

SDGsの達成に向けた世界の現状は，各目標や各地域によって大きく異なっている．SDGsの底流にある考えの大前提は平和であるが，紛争や戦争の発生，大きな地震や台風による自然災害など，目標達成の前には大きな困難が立ちはだかっている．日本のSDGs全体の達成度は，2020年6

表1.1 持続可能な17の開発目標

ゴール1（貧困）	：あらゆる場所のあらゆる形態の貧困を終わらせる
ゴール2（飢餓）	：飢餓を終わらせ，食糧安全保障及び栄養改善を実現し，持続可能な農業を促進する
ゴール3（健康な生活）	：あらゆる年齢の全ての人々の健康的な生活を確保し，福祉を促進する
ゴール4（教育）	：全ての人々への包摂的かつ公平な質の高い教育を提供し，生涯教育の機会を促進する
ゴール5（ジェンダー平等）	：ジェンダー平等を達成し，全ての女性及び女子のエンパワーメントを行う
ゴール6（水）	：全ての人々の水と衛生の利用可能性と持続可能な管理を確保する
ゴール7（エネルギー）	：全ての人々の，安価かつ信頼できる持続可能な現代的エネルギーへのアクセスを確保する
ゴール8（雇用）	：包摂的かつ持続可能な経済成長及び全ての人々の完全かつ生産的な雇用とディーセント・ワーク（適切な雇用）を促進する
ゴール9（インフラ）	：レジリエント*なインフラ構築，包摂的かつ持続可能な産業化の促進及びイノベーションの拡大を図る
ゴール10（不平等の是正）	：各国内及び各国間の不平等を是正する
ゴール11（安全な都市）	：包摂的で安全かつレジリエントで持続可能な都市及び人間居住を実現する
ゴール12（持続可能な生産・消費）	：持続可能な生産消費形態を確保する
ゴール13（気候変動）	：気候変動及びその影響を軽減するための緊急対策を講じる
ゴール14（海洋）	：持続可能な開発のために海洋資源を保全し，持続的に利用する
ゴール15（生態系・森林）	：陸域生態系の保護・回復・持続可能な利用の推進，森林の持続可能な管理，砂漠化への対処，並びに土地の劣化の阻止・防止及び生物多様性の損失の阻止を促進する
ゴール16（法の支配等）	：持続可能な開発のための平和で包摂的な社会の促進，全ての人々への司法へのアクセス提供及びあらゆるレベルにおいて効果的で説明責任のある包摂的な制度の構築を図る
ゴール17（パートナーシップ）	：持続可能な開発のための実施手段を強化し，グローバル・パートナーシップを活性化する

平成29年 版環境・循環型社会・生物多様性白書(http://www.env.go.jp/policy/hakusyo/h29/pdf/html)
*回復可能な(resilient)

月に国連が行った調査結果によれば，評価が行われた166カ国中17位となっており，上位は北欧諸国が占めている．わが国での各目標の状況を見ると，貧困，ジェンダー平等，エネルギー，気候変動，海洋，生態系・森林，パートナーシップの7つについては達成度が低いと指摘されている．

■ 人口問題が環境に及ぼす影響

世界の総人口，地域ごとの人口，国際的な人口移動，都市集中と過疎化，年齢構成など，人口問題の課題はきわめて多い．この人口問題は，資源，食料，エネルギー，住居など，人が生きていくための必要条件と密接な関係にあり，環境問題にも大きくかかわっている．国連の世界人口統計（表1.2）によると，世界人口は2000年には約61億人，2015年には約73億人であり，この15年間で約1.2倍に増加したことになる．この間の人口推移を地域別に見てみると，北アメリカ，ヨーロッパなどのいわゆる先進地域での人口増加率はわずかであり，近年では減少傾向である．先進諸国での人口の減少は，出生率の低下が大きな要因である．一方，アフリカ，ラ

▶有害廃棄物の越境問題は2.4節を参照．

▶食料自給率の低下問題は12.5節を参照．

▶木材自給率の低下問題は2.1節を参照．

表1.2 世界の地域別人口（2000年，2015年）

地域	人口(100万人) 2000年	人口(100万人) 2015年	割合(%) 2000年	割合(%) 2015年	人口密度($1km^2$あたり) 2015年	2000〜15年 年平均人口増加率
世界	6,127	7,349	100.0	100.0	54.0	1.22
アフリカ	814	1,186	13.3	16.1	39.1	2.54
ラテンアメリカ・カリブ海	527	634	8.6	8.6	30.9	1.25
北アメリカ	314	358	5.1	4.9	16.4	0.88
アジア	3,714	4,393	60.6	59.8	137.7	1.13
ヨーロッパ	726	738	11.9	10.0	32.0	0.11
オセアニア	31	39	0.5	0.5	4.6	1.58

UN, *Demographic Yearbook*, 2015年版による．各年年央(7月1日)現在．年平均人口増加率(%)は，$(n\sqrt{P_1/P_0} - 1) \times 100$ によって算出．ただし，P_0，P_1 はそれぞれ期首，期末人口，n は期間．
国立社会保障・人口問題研究所 HP（http://www.ipss.go.jp/）

テンアメリカ・カリブ海，アジア，オセアニアなどの開発途上諸国では急激な人口増加が見られ，2015年には世界人口の約76%がアフリカとアジアに住んでいることになる．また，アジアでは人口密度が際立って高いことにも注目する必要がある．

環境との関係で人口問題を見るときは，量と質との両面から考える必要がある．**量的な側面**とは，地球の人口が急増すると食料，資源，エネルギーが不足して，さまざまな環境問題が発生するという環境収容力に関する問題であり，開発途上諸国に見られる問題である．もう一方の**質的な側面**とは，人口は少なくても大量の食料，資源，エネルギーを消費して環境を悪化させている先進あるいは新興の工業諸国の活動に関する問題である．環境に対する負荷の面から見たときには，工業諸国の一人は開発途上諸国の数十〜数百人に匹敵することを忘れてならないだろう．

近年の日本では，出生率の低下と医療技術の進歩によって，急速に少子高齢化が進んでいる．2015年の総務省統計局のデータによると，日本の総人口1億2710万人の年齢構成は，0〜14歳が12.5%，15〜64歳が60.0%，65歳以上が26.4%と，高齢者の割合が若者の割合を大きく上回っており，超高齢社会が訪れている．2017年に行われた年齢3区分別人口の将来推計は図1.1のようになっており，50年後の総人口は8,808万人，0〜14歳は898万人，15〜64歳は4,529万人，65歳以上は3,381万人に減少し，高齢化率38.4%という極端な超高齢社会になる．

人口減少の一方で世帯数は増え，1世帯あたりの人数は減少する傾向が続いている．さらに，地域的な人口の偏りも拡大しており，東京を中心とする都市部への人口の集中と地方圏における過疎化が同時に進行している．世帯数の増加は，家庭部門でのエネルギー消費の増加や自動車保有台数の増加などにつながり，人口の偏在は都市環境の悪化や過疎地域での自

超高齢社会

65歳以上の人口が総人口に占める割合（高齢化率）によって，以下のように分類されている．日本は「超高齢社会」になっている．
高齢化率7〜14%：高齢化社会
高齢化率14〜21%：高齢社会
高齢化率21%〜：超高齢社会

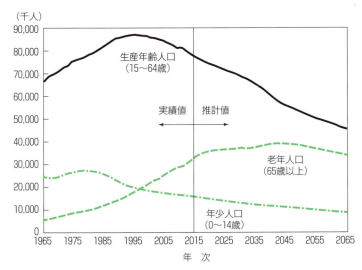

図 1.1 日本の将来推計人口〔平成 29 年，出生中位（死亡中位）推計〕
（国立社会保障・人口問題研究所 http://www.ipss.go.jp/pp-zenkoku/j/zenkoku2017/pp29_ReportALL.pdf を改変して作成．）

然管理不足による里山の荒廃などをもたらしている．

産業や社会構造が環境に及ぼす影響

　産業構造の変化もまた，環境問題とは切り離すことができない．最近は，「情報」や「サービス」を提供する第三次産業が顕著に増大し，第二次産業でもエネルギーを多く消費する重化学産業から省エネルギー型産業への移行が見られる．また，環境面でのさまざまな技術革新も進んでおり，工場での製造工程段階や電化製品などで，省エネルギー化や環境に配慮した製品が開発されている．また，国，地方自治体，企業，市民，NPO などによるさまざまな環境保全活動も進歩を見せている．

　情報化とグローバル化（世界化，国際化）の急速な進展は，日本や世界の社会構造を大きく変化させている．コンピュータや通信網の発達により情報流通量を大きく拡大し，企業は生産や流通を効率化し，市民もインターネットやスマートフォンなどを通じて，世界中のさまざまな情報を短時間で簡単に入手できるようになった．グローバル化によって国際的な物流に伴う使用エネルギーの増大，有害廃棄物の越境移動，外来生物の侵入などの問題が生じている．また，貿易にも大きな影響を及ぼし，エネルギー・食料・木材の自給率の低下などを招いている．環境に配慮したかたちでグローバル化が進まないと，自然の多様性や地域の環境が悪化することも多い[*1]．

中位推計

人口推移において，人口増加を高く見積もった場合を高位推計，中程度に見積もった場合を中位推計，低く見積もった場合を低位推計という．

NPO

non-profit organization の略．非営利での社会貢献活動や慈善活動を行う市民団体．

*1 ただし日本では，近年の景気後退や各種リサイクル法の施行，環境意識の向上などによって環境負荷の増加はやや抑えられている．

地球環境問題

人間活動の増大と質的な変化が，深刻な**地球環境問題**を引き起こしていることは間違いない（図1.2）．代表的な地球環境問題として，地球温暖化，オゾン層の破壊，酸性雨，熱帯林の減少，砂漠化，野生生物種の減少，有害廃棄物の越境移動，海洋汚染，開発途上諸国の公害問題などがあげられる．個別の地球環境問題が相互に複雑に関連しながら，自然の物質循環や生態系に大きな影響を及ぼし，人類の存続基盤を脅かす事態に陥っている．

地球環境問題では，先進諸国と開発途上諸国との利害対立がしばしば見られる．化石燃料や化学物質を大量に使用して高度経済成長をとげた先進工業諸国には，地球温暖化，酸性雨，オゾン層の破壊に関して大きな責任がある．一方，開発途上国では貧困や急速な人口増に対応し，食料確保のための過耕作，家畜の過放牧，森林の再生能力を越える伐採などが行われ，自然環境への過度の負荷が深刻な環境劣化を招いている．そして，劣化した環境からは十分な資源や食料を得ることが難しいため，悪循環に陥る場合が多い．地球上では飢餓と飽食，富裕層と貧困層などの格差が広がっており，私たちが21世紀に解決すべき大きな課題として認識しておく必要がある．

地球環境問題の各論については次章以後で詳しく述べる．

> **地球環境問題**
> おもに「国境を越えて地球規模で影響が及ぶ環境問題」を指す．こうした問題には，影響が明らかになるまで長期間を要すること，問題発生の仕組みやその影響の科学的解明が十分でないこと，解決に向けて国際協力が必須であること，などの特徴がある．

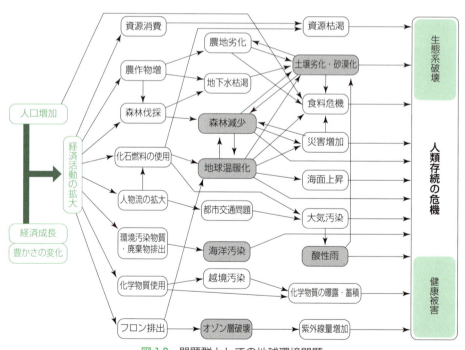

図1.2 問題群としての地球環境問題
図中の灰色で示した現象が，地球環境問題といわれる事象である．

1.3 生態系の重要性

生態系とは何だろうか

世界最高峰のエベレスト山(8,848 m)のうえを渡り鳥が飛び，地上には数多くの動植物が棲み，地下にも多くの生物が棲んでいる．海面下約10 kmの深海にも生物が棲んでいることが確認されている．このように，地球上で生物が生活している領域を，**生物圏**（バイオスフィア）とよぶ．

地球上の生物は，さまざまな環境に適応して多様に進化してきた．そして，多様な生物とそれを取り巻く大気，水，土壌などの無機的環境が網の目のように相互につながった関係を保っている．このような生物群集とその周辺の環境との相互作用系を，**生態系**（エコシステム）という[*2]．生態系は非生物的な要素である**無機環境**と，生産・消費・分解を役割とする三つの生物群集から構成されている（図1.3）．生産者である緑色植物は，無機物を体内に取り込み，太陽からの光エネルギーを利用して有機物を合成する．消費者である草食動物や肉食動物は，生産者が生産した有機物を利用して，自己の生物体を形成する．分解者である微生物は，植物や動物の遺体や排泄物中の有機物を分解し，環境に無機物質を戻す働きをしている．

人間も生態系の一構成員である．今日の環境問題は，あまりに急速な人間活動の拡大によって，自然生態系の**動的平衡状態**が崩れ，不均衡になった結果といえる．環境問題を考えるとき，「私たち人間は生態系の支配者ではなく，地球上での影響力がきわめて大きい生態系の一構成員である」という自然認識が必要である．

> **無機環境**
> 温度要因，光要因，大気要因，水要因，土壌要因，放射線量など．

> *2 日本の環境省は，生態系を，森林生態系，農地生態系，都市生態系，陸水生態系，沿岸・海洋生態系，島の生態系に大きく区分して，生態系の現状評価や対策の検討を行っている．

> **動的平衡状態**
> 動的平衡状態という用語は，物理・化学の領域では互いに逆向きの反応が同じ速度で進行しているために系全体としては時間的な変化をしていない状態を示すが，生物学の領域でもエネルギーや物質の出入りに関してこの用語を使う．

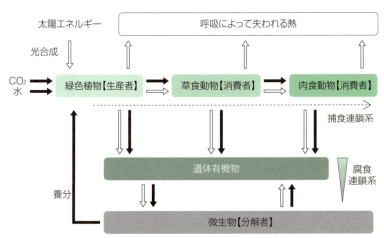

図1.3 陸上生態系でのエネルギーと物質の流れ
図中の白矢印はエネルギーの流れ，黒矢印は物質の流れを表す．

生態系を構成する個々の要素自体は絶えず変化しつつも，生態系全体としては動的な平衡状態が保たれている．この生態系の動的平衡状態は，地球の長い歴史のなかで自然環境の変化と生物の進化や適応によって得られたものであり，一度その平衡が崩れると元の状態には戻りにくい．

現在，世界各地，特に熱帯雨林地域を中心に，野生生物が急激に減少しており，国連のミレニアム生態系評価（後述）によると，絶滅速度は過去と比べて 100 〜 1,000 倍に達しているといわれている．これを種レベルだけでなく，生態系の問題として捉えることが必要である．

生物多様性とは何だろうか

「**生物多様性**」という用語は，絶滅危惧種に対する関心の高まりに伴って，生物学者のみならず，環境保護活動家，政治家，環境問題に関心の強い市民らによって，広く用いられるようになった．

2014 年に内閣府が行った生物多様性の言葉の認識度調査結果は，図 1.4 のようになっている．「言葉の意味を知っている」と答えた者の割合が 16.7％，「意味は知らないが，言葉は聞いたことがある」と答えた者の割合が 29.7％，「聞いたこともない」と答えた者の割合が 52.4％となっている．2012 年に行われた調査結果と比較すると，「言葉の意味を知っている」（19.4％→ 16.7％），「意味は知らないが，言葉は聞いたことがある」（36.3％→ 29.7％）と答えた者の割合が低下し，「聞いたこともない」（41.4％→ 52.4％）と答えた者の割合が上昇している．残念ながら，国民の生物多様性の認識度は低いといわざるを得ない．

今や，生物多様性の保全は地球環境問題のなかでも最重要課題の一つであり，**生物多様性条約**が多くの国の間で結ばれている．生物多様性という用語には，「野生生物を大切にして守りましょう！」というメッセージが込められている．少し詳しく解説すると，生物多様性には，生態系の多様性，

● **生物多様性条約**
Convention on Biological Diversity（CBD）ともいう．① 生物の多様性の保全，② 生物多様性の構成要素の持続可能な利用，③ 遺伝資源の利用から生じる利益の公正な配分，を目的とする国際条約である．第 10 回締約国会議が 2010 年 10 月に名古屋で開催された．

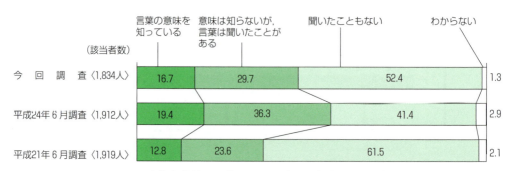

図 1.4　生物多様性の言葉の認識度（2014 年内閣府調査）

種の多様性，遺伝子の多様性の三つの側面がある．生態系の多様性とは，森林，河川，池，干潟，サンゴ礁，海洋など，地球上にさまざまな生態系が存在することである．種の多様性とは，その生態系のなかに多様な生物種が存在し，生物と環境との関係，生物種間の競争・寄生・共生などの相互作用が豊富に存在することを示す．そして遺伝子の多様性とは，同一種間においても生物個体間に遺伝的な違いがあることである．遺伝的な違いは生物進化の源となり，生存や繁殖に対して大きな影響を及ぼす．生物多様性は遺伝子の多様性によって生まれたともいえる．

■ 生態系がもたらすもの

私たち人間は，生物多様性によって非常に多くの恩恵を受けているが，普段の生活ではそのことにあまり気づくことができない．生物多様性と人間の暮らしとの関係は，これまであまり体系的に研究されてこなかったが，2005年に発表されたミレニアム生態系評価の報告書では，「**生態系サービス**」という概念を用いて，その関係が示されている（図1.5）．**ミレニアム生態系評価**は，国連の主唱により行われた地球規模での生物多様性および生態系の保全と持続可能な利用に関する総合評価である．このミレニアム生態系評価報告書では，生態系サービスを以下の4点に分類して，安全，豊かな生活，健康，よい社会的な絆に対する生物多様性の意義について紹介している．

● **ミレニアム生態系評価** ●
国連の呼びかけで，2001～2005年にかけて，世界95カ国から1,360人あまりの専門家が参加して行われた評価．これまであまり関連が明確でなかった，生物多様性と人間生活との関係がわかりやすく示されている．

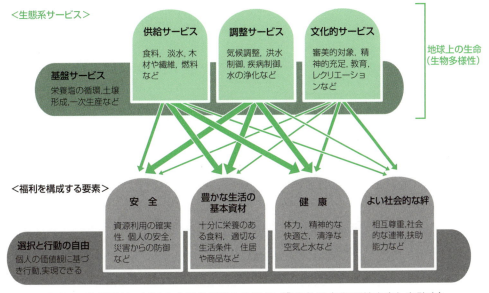

図1.5　生態系サービスと人間の福利との関係（『平成19年版環境白書』を改変）

(1) 供給サービス

　生態系は動物や植物が再生産される仕組みを内在しており，この仕組みのおかげで人間は，食料や水，木材や燃料，繊維や薬品材料など，人間の生命を維持し，生活に欠かせない重要な資源を得ることができる．ここでいう生物多様性は，有用資源の利用可能性という意味できわめて重要である．ある生物種を失うことは，将来的にその生物を資源として利用する可能性を失うことにつながる．

(2) 調整サービス

　森林は，気候変動を緩和したり，洪水のリスクを抑えたり，水を浄化するなど，環境を制御する機能を示す．また，本来の生態系には多種多様な生物が共存していた．人類が農耕を始めた約1万年前から，ウンカやイナゴの大発生による農作物の壊滅的な被害は悩みの種であった．また，この半世紀は「微生物の逆襲の時代」といわれるほど世界的な感染症（パンデミック）が発生している．このように，ある特定の害虫生物や病原菌が爆発的に増加する現象は，生態系の調整機能の変化とも関係しているのかもしれない．

(3) 文化的サービス

　精神や文化にも生態系の要素は深くかかわっている．文化的サービスとは，自然に対して畏敬の念を抱くといった精神的充足，写真・絵画・俳句などの対象，宗教・社会制度の基盤，レクリエーションの機会などを与えるサービスを示す．世界各地での地域固有の文化・宗教の多くは，その地域に固有の生態系や生物相によって支えられており，生物多様性はこうした文化の基盤となっている．

(4) 基盤サービス

　(1)から(3)までのサービスの供給を支える基盤を指す．例えば，光合成による酸素の生成，土壌形成，栄養循環，水循環などがこれにあたる．

　このように，生態系が私たち人間に与えている恩恵は非常に多様であり，それを支える生物多様性の保全は，地球上で人間が存在し続けていくうえできわめて重要である．すべての人びとが生物多様性と生態系サービスの価値を認識し，自らの意思決定や行動に反映させる社会を目指し，これらの価値を経済的に可視化する「**生態系と生物多様性の経済学**」が注目されている．

エコロジカルフットプリント

　環境科学では，前に述べたような生物学的概念としての生態系以外に，エコロジカルフットプリントを求め，地球の大地への依存率を比較してみ

生態系と生物多様性の経済学

The Economics of Ecosystems and Biodiversity，TEEBと略記．生物多様性の保全が経済的な利益につながることを，グローバル社会に伝えるために始められた国際的な研究プロジェクト．

ることも必要である．**エコロジカルフットプリント**とは，「人間活動が地球を踏みつけた足跡」という意味で，人間の生活がどれほど自然環境に依存しているかを示した指標である．国際比較が可能であり，地球上の限りある土地面積に着目して持続可能な水準の超過を訴える手法は直感的に理解しやすいため，環境指標として評価されている．この数値の算定には，農作物の生産に必要な耕作地，畜産物などの生産に必要な牧草地，水産物を生みだす水域，木材の生産に必要な森林，二酸化炭素を吸収するのに必要な森林の面積などが用いられる．WWF[*3]ジャパンの2017年報告書では，日本人1人あたりのエコロジカルフットプリントは 5.0 gha／人[*4]であり，日本の需要を国内だけで満たそうとすれば 7.1 個の日本が必要である．日本の1人あたりのエコロジカルフットプリントは世界の 38 番目であり，**G7** のなかではフランス，イギリスと同レベルである．世界中の人が日本と同じ生活をしたとすれば，必要な地球の個数は 2.9 個と計算される．また，エコロジカルフットプリントの世界平均は 2.9 gha／人であり，世界の人を支えるためには地球 1.7 個が必要と計算されることから，現在の人類が地球の自然に過剰な負担を課した生活をしていることがわかる．

また，自然が乏しい都会においては，生物多様性を保全するための土地利用法として，ビオトープ事業の推進をはかることも大切である．日本国内においては，いわゆる古里(ふるさと)の原風景でもある里山の景観や生態系の保全が強く求められている．里山は実質的に日本の生物多様性を支えている場でもあるので，農業や林業を育成して過疎化を防ぎ，荒廃している里山の保全と活用をはかることが重要である．

[*3] WWF 世界自然保護基金．World Wide Fund for Nature の略．

G7
アメリカ，イギリス，フランス，ドイツ，イタリア，カナダ，日本の主要 7 カ国のこと．

[*4] gha はグローバルヘクタールのこと．1 gha とは生物生産力が世界の平均的な土地面積 1 ha のことである．

▶ビオトープは第 15 章も参照．

里山
集落周辺の雑木林，農地，ため池，草原など，人が長年にわたり維持管理してきた自然環境．日本の国土面積の約 4 割を占めている．

1.4 公害・環境問題の歴史

公害という用語は，イギリスの法律用語「public nuisance（公的不法妨害）」を和訳したものといわれているが，適訳とはいいがたい[*5]．むしろ，具体的な環境問題を抽象化し，責任の所在をあいまいにしてしまった誤訳であると考えられる．しかし，第二次世界大戦後の復興期の環境問題では，非常に重要な用語として扱われ，すっかり日本国内に定着した．

公害対策基本法[*6]および環境基本法[*7]では，公害を「事業活動その他の人の活動に伴って生じる相当範囲にわたる大気の汚染，水質の汚濁，土壌の汚染，騒音，振動，地盤の沈下および悪臭によって，人の健康または生活環境に係る被害が生じること」と定義している．環境基本法で定めている上記の七つの公害は典型七公害といわれている．公害では通常，発生源→原因→媒体→被害者の四要素からなる過程が存在する．かつて公害は，企業や国が国民や住民の健康および生活を無視して，一方的に利益を追求

[*5] 用語としては，環境汚染（environmental pollution）のほうが実態に即していると考えられる．

[*6] 1967 年施行，1970 年改正，1993 年廃止．

[*7] 1993 年施行．

「森は海の恋人」運動：森，里，海の多様なつながり

宮城県の気仙沼湾は，三陸リアス式海岸の波静かな良湾で，古くからカキの養殖などの漁業が盛んである．しかし，昭和40年～50年代にかけて湾内の環境が悪化し赤潮が発生して，カキ養殖は大きな被害を受けた．その原因は水産加工場や一般家庭からの雑排水，農業現場での農薬や除草剤の使用，手入れがされない山の針葉樹林からの赤土流出など，多岐にわたっていた．

カキの漁場は，川が海に注ぐ汽水域につくられている．それは，森林の落ち葉の栄養成分や腐葉土層で形成される溶存鉄が川に運ばれ，カキの餌となる植物プランクトンを育むからである．

気仙沼のカキ養殖漁師である畠山重篤氏は，「川の流域に暮らす人びとと価値観を共有しなければ，きれいな海はかえってこない．大川上流の室根山に，自然界の母である落葉広葉樹の森をつくろう」と考え，仲間と「牡蠣の森を慕う会」を設立し，活動を始めた．地元に暮らす歌人の熊谷龍子さんによって，この運動には「森は海の恋人」という素敵なタイトルがつけられた．

こうして，1998年から植樹祭が続けられ，これまでに約3万本の落葉広葉樹の植樹が行われている．また，川の流域の山，里，海に暮らす子供たちへの環境教育の重要性から体験学習も開始され，今まで参加した子供たちは，延べ1万人を超えている．この「森は海の恋人」運動は，小・中学校の社会や国語の教科書でも取り上げられ，全国に広がっている．

なお，畠山氏が長年にわたり手塩にかけたカキ養殖場は，2011年の東日本大震災の巨大津波によって壊滅的な被害を受けた．しかし，同氏と「森は海の恋人」活動を支援する多くの人びとに支えられて，復旧・復興に向けての力強い活動が進んでいる（写真）．

従来の学問では，森・川・海は別の範疇に置かれていたが，2004年に京都大学に発足したフィールド科学教育センターは，「森里海連環学」という新しい概念の学問を起こして注目を集めている．「森里海連環学」の提唱者である京都大学名誉教授の田中克氏は，著書『森里海連環学への道』（旬報社）で次のように述べている．「この学問は，『森は海の恋人』運動の科学的根拠を明らかにすることを目的とした学問であり，日本の自然を特徴づける広大な森林と豊かな海の多様なつながり，そしてそのつながりを保つ河川流域（都市も含めた広い意味）のありようを本来の姿に戻すことを目指している」．

2014年12月，環境省は「つなげよう，支えよう森里川海」プロジェクトを立ち上げ，全国各地で活発な活動が展開されている．

植樹祭の様子（2011年6月5日）．全国から1,200人以上が集まり，追悼と復興への思いが寄せられた（写真提供：田中克氏）．

「つなげよう，支えよう森里川海」プロジェクトのシンボルマーク

するために発生すると考えられていた．そして，事実そのとおりの公害事件も数多く発生した．

現代の日本社会においては，「公害は過去の問題であり，現代は地球環境問題の時代である」という時流になっている．しかし日本国内で公害問題がなくなったわけではない．また，世界に目を転じると，むしろ公害が激化している開発途上諸国も多い．公害問題と環境問題を完全に切り離して考えることは適切ではない．なお，公害問題と環境問題を明確に区分することはできないが，加害者と被害者の違いにより区別できる．公害問題の多くはその原因が産業活動に伴うもので，被害者の多くは市民である．一方，現代の環境問題の多くは，市民の日常生活に由来するエネルギー消費や廃棄物などに原因がある場合が多く，加害者と被害者との区別が不明瞭である．このように，公害問題では発生源が比較的明確で，その責任が大きく問われやすいが，現代の環境問題では因果関係や責任者の特定化が難しい場合が多い．

表1.3に，日本国内でのおもな公害・環境問題を年代順に示した．日本では，資本主義の基礎を築いた鉱業によって，1890年前後から大規模な公害が発生している．とくに栃木県足尾銅山による渡良瀬川流域の鉱毒事件[*8]は水俣病とともに，「日本の公害の原点」ともいわれ，鉱山の廃水と廃ガスによって，農作物被害，漁業被害，住民の健康被害などが長期にわたり発生した．大正から昭和初期の時代は造船，製鉄などの重工業が産業の中心となり，そのエネルギー源として石炭が大量に使用され，ばい煙による大気汚染が増大したが，その一方で黒煙は産業都市のシンボルとされていた時代でもあった．昭和初期以降，重化学工業化が進むにつれて公害件数は増加したが，戦時体制への移行に伴って生産力至上主義の時代になり，富国強兵政策のもと，公害の実態はかき消されていった．

第二次世界大戦後は，公害対策がきわめて不十分な状態で経済活動が急速に拡大し，公害の内容にも変化が生じてきた．石油を主要なエネルギー源とする重化学工業地帯では，二酸化硫黄による大気汚染や海洋の石油汚染という問題が顕著になってきた．とくに三重県四日市市では，大気汚染による公害病として有名な四日市ぜんそく[*9]や，石油廃水による異臭魚が大きな問題となった．当時，工場廃水はいわゆる「たれ流し」に近い状態で環境に放出されていたため，工場廃水中の重金属類に起因する公害も数多く発生し，四大公害訴訟〔第一水俣病，第二水俣病（新潟水俣病），イタイイタイ病[*10]，四日市ぜんそく）〕をはじめとする深刻な被害が多発したのもこの時期である．

*8 足尾銅山は江戸時代初期に開山されたが，1890年頃から精錬所が排出する二酸化硫黄と，杭木を得るための伐採によって山林が消滅し，大雨のたびに洪水が発生，有害な重金属類が下流に流出して被害を大きくした．田中正造衆議院議員は政府に対策と補償を強く求め続けたが，政府は逆に被害者を弾圧し，反対運動の中心になっていた谷中村を遊水池の底に沈めた．被害は戦後も続き，1973年になってやっと閉山された．
現在では，足尾銅山跡として国の史跡に指定されている．坑内の一部が開放されて，トロッコ電車が走り，史料館を見学して足尾銅山の歴史を学ぶこともできる．また，周辺の山は公害ではげ山になってしまったが，森林が再生して，シカやイノシシなどの野生生物が多く生息するようになっている．渡良瀬遊水地が平成24年にラムサール条約湿地に登録され，観光客が訪れている．

*9 三重県の四日市市で発生したぜんそく症．1960年前後から石油の燃焼によって発生する大気中の硫黄酸化物濃度が急上昇し，多くの住民が呼吸器粘膜などに障害を受けて，激しいぜんそく症状を呈した．その後もぜんそく患者は増え続け，1970年には認定患者が771人（うち死者34人）に達した．

*10 富山県神通川流域で発生したカドミウム中毒．原因物質のカドミウムは，上流にある三井金属神岡鉱山の廃水とともに流出し，流域の土壌と農作物を広範囲に汚染した．イタイイタイ病は，カルシウムに代わってカドミウムが骨に蓄積する骨軟化症であり，患者が「痛い，痛い」と訴えることから，イタイイタイ病と名付けられた．

表1.3 公害・環境問題に関する年表

年	公害・環境問題
1878（明11）頃	栃木県足尾銅山からの鉱毒被害が激化
1893（明26）頃	新居浜の別子銅山からの鉱毒被害が激化
1920（大9）	三井金属鉱業・神岡鉱山からの鉱毒被害が表面化
1946（昭21）	足尾鉱毒被害が渡良瀬川流域6,000町歩に及ぶ
1950（昭25）	川崎市，四日市，尼崎市などの工業都市で大気汚染が深刻化
1956（昭31）	熊本県が水俣病を奇病として公表(5月1日は水俣病の公式発表日とされる)
1957（昭32）	「イタイイタイ病は神岡鉱山廃水が原因」と学会で発表
1959（昭34）	熊本大学研究班，「水俣病の原因は工場排水の有機水銀」と発表
1960（昭35）頃	四日市ぜんそく患者が多発
1962（昭37）	レイチェル・カーソン(アメリカ)が著書『沈黙の春(原題：Silent Spring)』により農薬汚染を警告
1965（昭40）	新潟県阿賀野川流域で水俣病患者を発見
1966（昭41）	厚生省，「イタイイタイ病の原因はカドミウム」と発表
1967（昭42）	公害対策基本法が公布施行(1972年に大幅改定)
1968（昭43）	PCBによるカネミ油症が発生
	「水俣病の原因はチッソ水俣工場廃水中の有機水銀が原因」と政府の見解発表
1970（昭45）	東京都牛込柳町で自動車排気ガスによる鉛公害が深刻化
	アメリカ上院，大気汚染防止法案(マスキー法)を可決
	アメリカ，「環境保護庁(EPA)」設置
1971（昭46）	環境庁が発足
1972（昭47）	PCBの生産と使用禁止
	瀬戸内海で赤潮が大量に発生し，漁業に深刻な被害
	ストックホルム国連人間環境会議で，「人間環境宣言」，「行動計画」採択
	ナイロビで国連環境計画(UNEP)が設立
1973（昭48）	「化学物質の審査および製造等の規制に関する法律」公布
	水俣病裁判でチッソの過失責任が認められ，患者側全面勝訴
	「絶滅のおそれのある野生動植物の種の国際取引に関する条約(ワシントン条約)」採択
1974（昭49）	国立公害研究所が発足
1977（昭52）	高浜原子力発電所から放射能が漏れ，運転中止
1978（昭53）	ラブ・キャナル(アメリカ)で大量の有害廃棄物の地下埋蔵が判明
	フロンを使用したスプレーの製造禁止(アメリカ)
1979（昭54）	滋賀県「琵琶湖富栄養化防止条例」制定
	スリーマイル島原子力発電所で事故による大量の放射能漏れ(アメリカ)
1980（昭55）	日本がラムサール条約とワシントン条約に加入
1982（昭57）	国際捕鯨委員会(IWC)，1986年より商業捕鯨禁止を決議
1983（昭58）	イラン・イラク戦争でペルシャ湾の石油汚染
1985（昭60）	「オゾン層保護のためのウィーン条約」採択
1986（昭61）	チェルノブイリ原子力発電所の事故により大量の放射性物質放出(旧ソ連)
1987（昭62）	「オゾン層を破壊する物質に関するモントリオール議定書」が採択
	「環境と開発に関する世界委員会」が「持続可能な開発」の概念を提唱
1988（昭63）	「気候変動に関する政府間パネル(IPCC)第1回合同会議」開催

表1.3 公害・環境問題に関する年表（続き）

年	公害・環境問題
1989（平1）	「有害廃棄物の越境移動とその処分に関するバーゼル条約」採択
1990（平2）	国立公害研究所が国立環境研究所に改称
	日本「地球温暖化防止行動計画」発表
1991（平3）	「再生資源の利用の促進に関する法律（リサイクル法）」制定
	湾岸戦争で石油による海洋汚染と大気汚染が頻発
1992（平4）	モントリオール議定書締約国会議で「1996年フロン全廃」が決議される
	「気候変動枠組み条約」採択
1993（平5）	「環境基本法」公布施行
	水俣病裁判で国と熊本県の「被害を拡大させた」行政責任が認められる
	閉鎖性海域の窒素，リンにかかわる環境基準が設定される
	「生物の多様性に関する条約」発効
1994（平6）	「気候変動枠組み条約」発効
	「砂漠化防止条約」採択
1995（平7）	高速増殖炉「もんじゅ」でナトリウム漏れ事故
	「気候変動に関する政府間パネル(IPCC)第2次報告書」発表
1996（平8）	南極大陸上空のオゾンホールが南極大陸の1.8倍の大きさに達する
	ローマで「世界食糧サミット」開催
1997（平9）	日本海でロシアのタンカー「ナホトカ号」が沈没，大量の重油が流出
	「容器包装リサイクル法」施行
	廃棄物焼却施設からのダイオキシン排出規制基準を設定
	京都で「気候変動枠組み条約第3回締約国会議」開催，各国の二酸化炭素排出量目標値を検討
1998（平10）	「環境ホルモン戦略計画(SPEED'98)」を発表
	「地球温暖化対策の推進に関する法律」制定
	「省エネルギー法」制定
1999（平11）	「特定化学物質の環境への排出量の把握等及び管理の改善促進に関する法律（PRTR)法」公布
	「ダイオキシン類対策特別措置法」制定
2000（平12）	「循環型社会形成推進基本法」施行
	「建設リサイクル法」制定
	「食品リサイクル法」制定
	「改正廃棄物処理法」制定
	「資源有効利用促進法」制定
	「グリーン購入法」制定
2001（平13）	「家電リサイクル法」施行
	「POPs条約」採択
	「気候変動に関する政府間パネル(IPCC)第3次報告書」発表
	国際海事機関(IMO)「船舶についての有害な防汚方法の管理に関する国際条約」採択
2002（平14）	日本とEUが「京都議定書」を締結
2003（平15）	「水道水質基準」改正
	「循環型社会形成推進基本計画」策定
2004（平16）	最高裁が「関西水俣病訴訟」で対策を怠った国と県の責任を認定

表1.3 公害・環境問題に関する年表（続き）

年	公害・環境問題
2005（平17）	ロシアが「京都議定書」を批准
	「自動車リサイクル法」施行
	「京都議定書」発効
	「特定外来生物による生態系に係わる被害の防止に関する法律（外来生物法）」施行
	アメリカでハリケーン・カトリーナが発生．死者・行方不明者が2,500人以上，被害総額1,000億ドル超の気象災害
2006（平18）	「アスベストによる健康被害の救済に関する法律」施行
2007（平19）	「気候変動に関する政府間パネル（IPCC）第4次評価報告書」発表
2008（平20）	G8北海道洞爺湖サミット開催
	佐渡島のトキ保護センターで人工増殖したトキ10羽を放鳥
	「船舶についての有害な防汚方法の管理に関する国際条約」が発効
2009（平21）	温室効果ガス観測技術衛星「いぶき」（GOSAT）打ち上げ
	アメリカのオバマ大統領「グリーン・ニューディール政策」提唱
	ハイブリッドカーなどにエコカー減税を実施
	エアコン，冷蔵庫，地上デジタルテレビに家電エコポイント制度を導入
2010（平22）	「水俣病被害者救済特別措置法」がスタート
	メキシコ湾での海底油田掘削事故により，アメリカ史上最悪の原油流出
	生物多様性条約第10回締約国会議が名古屋で開催
	長崎県諫早湾干拓事業で閉鎖された水門を開門する方針が決定
	絶滅種とされていたサケ科魚類クニマスの生存個体が山梨県西湖で発見
2011（平23）	東日本大震災が発生し，東北地方に未曾有の被害
	M9.0の地震により，巨大津波が発生，東京電力福島第一原子力発電所から大量の放射能放出
2012（平24）	原子力規制委員会が発足
	東日本大震災により生じた災害廃棄物の処理に関する特別措置法の公布
	原子力発電所の事故により放出された放射性物質による環境汚染への対処に関する特別措置法の公布
	国連持続可能な開発会議（リオ+20）がリオデジャネイロで開催
2013（平25）	水銀の人為的な排出から人の健康被害と環境を守るための「水銀に関する水俣条約」が採択
	エコチル調査国際シンポジウムが名古屋で開催
2014（平26）	「気候変動に関する政府間パネル（IPCC）第5次評価報告書」発表
	環境中での健全な水の循環を維持・回復させることを目的とした「水循環基本法」施行
2015（平27）	パリ協定（京都議定書以来18年ぶりの国際協定）が12月に採択
	世界共通の長期目標として，産業革命前からの平均気温の上昇を2℃より十分下方に抑えるとともに，1.5℃に抑える努力を追及する
	持続可能な開発目標（SDGs）が国連総会で採択
2016（平28）	パリ協定が，世界の温室効果ガス総排出量の55％を占める55ヵ国による締結という発効条件を満たして，採択から1年にも満たない11月に発効
2017（平29）	トランプ米大統領がアメリカはパリ協定から離脱することを表明
	「水銀に関する水俣条約」の締約国が日本を含めて50カ国に達し，条約が発効
2018（平30）	パリ協定の運用ルールが採択され，先進国と開発途上国が共通のルールのもとで温室効果ガスの排出削減に取り組むことが決まった．
	西日本豪雨，北海道地震，記録的な猛暑，相次ぐ台風などの自然災害によって多くの人が被災した．
	日本政府はクジラの資源管理をしている国際捕鯨委員会（IWC）から脱退し，領海内及び排他的経済水域（EEZ）内で商業捕鯨を目指すことを表明．

水俣病を通して公害対策を考えよう

　水俣病は，熊本県水俣湾およびその周辺で発生した有機水銀中毒症である．チッソ水俣工場の廃水中の有機水銀および無機水銀の一部が海洋環境で有機化され，それが環境中の生物の体内で濃縮され，それら魚介類を長期にわたり食べ続けた人たちに中毒症状が現れたのである．原因物質がメチル水銀であると特定されるまでに長期間を要したことと，水俣病の原因が工場廃水にあるとわかりながらもチッソが工場廃水を流し続けたために被害が非常に拡大し，1,000 人以上の命が失われ，世界中に "Minamata disease" として知られるまでになった．水俣病の原因物質と発症機構を追究している期間に，新潟県の阿賀野川流域においても，同じ原因で第二水俣病が発生している．

　水俣病は，その原因物質を発生させた企業に最も大きな責任がある．しかし，被害を拡大させ，患者への救済を怠った国や県，そしてそれを許した社会の責任もきわめて大きいのではないだろうか．水俣病の被害者の実数は数万人にも及ぶと推定される．しかし，水俣病でありながら水俣病と認定されないために救済を受けられず，病苦に悩んできた多くの患者や家族がいる．水俣病認定審査会において，水俣病と認定された患者数は 2017 年 3 月末の時点で 2,987 人（熊本県 1,789 人，鹿児島県 493 人，新潟県 705 人），このうち生存者は 528 人である．

　被害者団体と企業，および国や県との間では裁判が繰り返され，その判決の多くが被害者側の勝訴となっているが，上告が繰り返され，被害者たちは老齢化した[*11]．このような長引く裁判状況のなかで，1996 年には，当時の政権の介入によって法的な和解が成立した．その和解条件は，患者を水俣病とは認定せずに，国や県の責任は問わず，わずかな和解金と医療費で被害者側が告訴を取りやめるというものであり，約 11,000 人がその対象となった．2004 年には水俣病関西訴訟の最高裁判決で「国と県が原因企業のチッソに対する排水規制を怠り，被害を確認させたのは明らかである」と行政責任を認定した．1977 年に示された水俣病の認定基準について司法では「医学的正当性を裏付ける証拠がない」と否定しているが，国や熊本県では「基準には医学的根拠がある」との立場を現在も崩していない．このような状況下で，国は 2010 年 4 月に厳しい国の認定基準には満たないが，手足の先のしびれなどの症状がある人を「水俣病被害者」と位置付けて，一時金，治療手当，医療費などを支払う「水俣病被害者救済法」をスタートさせた．しかしながら，対策を怠って被害を拡大させ，実に半世紀以上も解決を長引かせてきた国，県，チッソの責任はきわめて大きいと考えられる．

　この水俣病をめぐる一連の出来事から，この時代における公害問題の縮図を見ることができる．すなわち，環境への影響などは考慮外であった製

▶水俣病については，15.4 節も参照．

*11　水俣病裁判でのおもな争点は，1) 水俣病を発生させた責任，2) 被害を拡大させた責任，3) 被害者救済を怠った責任，4) 水俣病の認定基準である．

造業，経済成長至上主義政策を遂行した政府，原因物質の追究が進むとそれを否定する発生源企業，政府，自治体，業界，学界などの動きと，それに対抗する被害者，支援者，研究者の運動である．当時の公害事件の多くで，このような構図が現れた．日本では，地域住民の健康や生活環境に大きな悪影響を及ぼした四大公害病をはじめとするさまざまな公害問題が，後に国民や行政の環境への意識を大きく高めたといえる．なお，人為的な

胎児性水俣病

妊娠中に母親がメチル水銀を高濃度に含む魚介類を食べ続けると，母親の胎盤を経由してメチル水銀が胎児に移行し，生まれながらにして水俣病を発症することがある．これを「胎児性水俣病」とよぶ．胎児性水俣病患者には，知能障害，発育障害，言語障害，歩行障害，姿態変形などの脳性小児まひ様の症状が見られる．水俣病多発地区では先天的な障害児が7〜9%も発生した．現在，64人が胎児性水俣病と確認されており，死者は13人である．水俣病研究に長年取り組んできた原田正純医師は，出産後に保存されていた臍帯を集めてメチル水銀濃度を分析した．下図に示すように，保存臍帯に含まれていたメチル水銀濃度は，当時の汚染状況（チッソ水俣工場で生産されるアセトアルデヒド量，湾内のアサリの総水銀量）とよく相関が見られる．

なお，母体がメチル水銀の影響を強く受けた場合には，死産や流産になる可能性が高い．後に新潟県で発生した第二水俣病では，水俣病の教訓を活かして，妊娠可能な女性に対する受胎調節指導が行われ，確認された胎児性水俣病患者は1人だけにとどまっている．

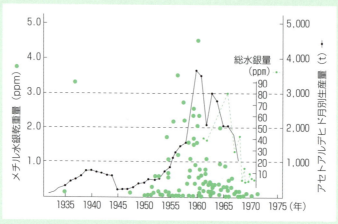

図：水俣地区における保存臍帯中のメチル水銀濃度と環境汚染との関係
図中の黒線は水俣工場のアセトアルデヒド月別生産量（t），緑色の破線は水俣湾内のアサリの水銀量（ppm，総水銀量の乾重量），薄緑色の丸は患者の生まれた年月と臍帯含有メチル水銀量（ppm，乾重量）を表す〔原田正純，『水俣病は終わっていない』，岩波新書（1985），図Ⅵの1を改変．アサリの水銀量は，藤木素士，精神神経学雑誌，**74**，700（1973）．〕．

水銀排出から人の健康と環境汚染を守る国際条約「水銀に関する水俣条約」が 2013 年に採択され，2017 年に発効した．

「持続可能な開発」の概念

1962 年，**レイチェル・カーソン**によって『Silent Spring（邦題：沈黙の春）』が出版され，農薬の大量使用が自然生態系に及ぼす影響について警告がなされた．これは世界中で多くの反響を呼び起こした．折しも 1960 年代後半から 1970 年代は，乱開発による自然環境の破壊，赤潮による漁業被害，食品や薬品による健康障害事件などの公害問題が全国各地で発生し，日本列島が典型七公害で埋め尽くされたようにも思える時期であった．当時の公害は，市民にとって実感できるもの，具体的な健康被害をもたらす身近なものであったといえよう．その結果，反公害の住民運動が非常な高まりを見せたのである．一度大きな公害が発生すると，その解決や環境の回復には長い期間と多大な経費や努力が必要なこと，そして何よりも大切な人間どうしの信頼関係が失われてしまうことを，私たちは公害の歴史から学ばねばならない．

このような事態を受けて，政府も環境庁の発足（1971 年），大気汚染防止法，騒音規制法，水質汚濁防止法などの公害関係諸法令の制定などを行い，企業や自治体も公害防止に積極的に取り組むようになった．その後の日本の公害防止技術と省エネルギー技術の発展には目を見張るものがあり，いわゆる企業公害は少なくなっていった．そして，環境問題の中心は，公害対策から地球全体の環境保全と自然保護に転換してきたのである．

また，欧米諸国でも日本と同様に環境悪化が進行し，1970 年頃から環境に関する世界会議を開こうとする動きが高まっていた．1972 年には，環境問題に関する初めての国際会議（国連人間環境会議）がストックホルムで開催され，環境の保全と向上を目指す「人間環境宣言」が採択された．その後，オゾン層の破壊や地球温暖化など地球環境に関する数々の科学論文が発表されたことも影響して，1987 年には環境と開発に関する世界委員会が「**持続可能な開発**」の概念を提唱した．こうして，地球環境に関する議論は世界的に高まったのである．

このような経緯を経て，地球規模での環境悪化に強い危機感を抱くに至った国際社会は，地球温暖化，オゾン層の破壊，酸性雨，野生生物の保護，廃棄物の処理，化学物質の管理などに関して数々の国際条約を定めた．そして環境問題が，学術的な面だけでなく，政治・経済・ビジネス・日常生活における大問題として認識されるに至ったのである．過去の公害での教訓を活かして，日本国内での環境対策技術は世界のトップクラスに成長した．今必要なことは，私たちの足元にある技術を地球環境保全にも役立

レイチェル・カーソン

レイチェル・カーソン（Rachel Carson，1907～1964）は研究体験に基づき，著作によって科学の核心を大衆に伝えようとした．1962 年に出版された代表作『Silent Spring（邦題：沈黙の春）』は，化学合成された殺虫剤が十分な安全性試験を経ないまま大量に使用されている現状と，その大量使用が人間を含めた生物に及ぼす長期的影響を，多くの科学論文を引用して警告したものである．
科学と文学とが合流したこの本は，ロングセラーとなった．農薬会社などの化学業界からは強い批判が寄せられたが，彼女の主張を的確に理解した多くの読者は彼女を終始支持している．時の大統領ケネディも「この著作に刺激されてアメリカ政府は殺虫剤問題の研究を始めた」と語っているほど，この本は環境問題に大きな影響を与えている．

持続可能な開発

報告書「Our Common Future」の中心的な考え方であり，英語では Sustainable Development．将来の世代の欲求を満たしつつ，現代の世代の欲求も満足させるような開発のこと．

▶原子力発電に関しては第8章を参照.

てることである.

　2011年3月11日には，三陸沖を震源とする巨大地震(M 9.0)が発生し，それに伴う大津波が岩手県，宮城県，福島県を中心に襲い，7月5日の時点で死者15,534人と行方不明者7,092人の甚大な被害を与えた．また，この地震と津波によって，東京電力福島第一原子力発電所において大事故が発生し，原子力発電所から大量かつ広域にわたる放射性物質放出が引き起こされた．その被害は多方面に及び，長期化し，国際的な原子力事故評価尺度で最も深刻とされるレベル7に位置付けられた．この重大事故が日本と国際社会に及ぼした影響は，測りしれないほど大きい．

　気候変動，特に地球温暖化問題は世界的に重要な問題である．2015年12月12日にフランス・パリで開催されたCOP21において，京都議定書以来18年ぶりに法的な拘束力がある新たな国際条約「パリ協定」が採択された．パリ協定は「世界的な平均気温の上昇を産業革命以前に比べて2℃よりも十分下方に抑えるとともに，1.5℃に抑える努力を追及すること」を掲げている．パリ協定は，多くの国からの支持を得て採択から1年にも満たない2016年11月4日に発効した．その一方では，中国に次いで世界第二のCO_2排出国であるアメリカのトランプ大統領が，2017年にアメリカはパリ協定から離脱する声明を発表した．今後の行方に注目したい．

1章のまとめ

1. 環境科学は総合的な学問であり，その役割は，具体的な環境問題の発生原因や発生機構を明らかにして解決策を提案することである．
2. 人口増加と人間活動の質的・量的な変化が，地球の生態系に過剰な負荷をかけている．環境問題には，科学・技術はもちろん，人間の価値観や倫理観が与える影響も大きい．
3. 日本は戦後，典型七公害など多くの公害を体験した．近年では環境問題の中心が，公害対策から地球全体の環境保全と自然保護へと移行している．
4. 2015年に国連総会で採択された持続可能な開発目標(Sustainable Development Goals)の達成に向けて，努力することが世界に求められている．

第2章 環境変化に伴う異変

Environmental Science

　この10年間を見ても，地球に起こっている環境異変は増加しているように思える．この章では，地球規模で発生しているさまざまな環境異変を見ていこう．特に大きな地球環境問題である，地球温暖化，オゾン層の破壊，酸性雨，海洋汚染については第4章と第5章で詳しく解説する．

2.1 森林の減少

　森林と人間の長い歴史において，「文明の前に森林があり，文明の後に砂漠が残る」という言葉がある．アメリカや西欧諸国では文明の発展に伴って，農耕地や木材，燃料の炭などを得るために次つぎと森林が伐採されてきた．このようなかたちでの森林減少に歯止めがかかったのは，1920年前後からである．その理由には，① 機械化，灌漑や排水，品種改良，肥料，農薬などの農業技術が急激に進歩し，単位面積あたりの土地の生産力が格段に高くなったこと，② 木材生産の経営方式が以前の略奪的なものから育成的なものへ移行したこと，などがある．このような理由によって，森林減少のスピードはやや減速してはいるが，地球全体で見れば森林面積は依然として減少を続けている．

■ 熱帯の森が失われている

　赤道近くの熱帯地方にある森林を，**熱帯林**とよぶ．熱帯地方には，一年を通して高温多雨な熱帯雨林，雨季と乾季が明瞭な季節林，乾季が長いサバンナ林など，多様な熱帯林がある．

　熱帯地方にある国の多くは植民地支配を受けた歴史をもつ．そのため，本国による鉱物資源や木材資源の収奪，コーヒー，ゴム，茶などの**プランテーション**の導入によって，広大な森林が切り開かれていった．おおまかには，現在でもその状況は変わっていない．

　図2.1に，森林面積の変化が大きな国を示した．世界の森林面積は約40億haで，全陸地面積の約30％を占める．しかしながら，全体として

プランテーション

大規模工場の生産方式を取り入れて，熱帯・亜熱帯地域に大量の資本を投入し，現地の安価な労働力を利用して単一作物を大量に栽培する農園のこと．

不適切な焼畑農業

古くから行われてきた伝統的焼畑農業は，森林を焼き払い，そこを短期間だけ農地として利用した後，自然の回復力で再び森林に戻すことを繰り返す，自然の再生力をうまく活かした農法であった．近年では，森林が回復しないうちに同じ場所を焼き，土地を劣化させてしまう例が多い．

不適切な商業伐採

森林が受ける被害は商業伐採作業中にもたらされることが多い．伐採対象の木が切り倒される際に，周りの木もなぎ倒されるのである．伐採された木材は，森林を切り開いてつくられた道路やすべり板を通って輸送されるが，輸送に使われる大型トラックや大型機械類は，森林の植生を破壊してしまう．

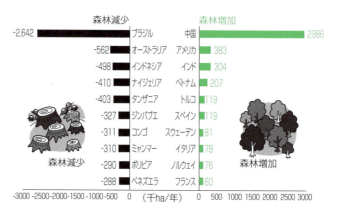

図2.1 世界の森林面積の増減（森林面積の変化が大きな国）
（資料：国連食糧農業機関「森林資源評価2010」）

見れば，世界の森林は減少を続けており，特にアフリカと南米での減少が著しい．森林減少の最も大きい国はブラジル，次いでオーストラリア，インドネシアであり，豊かな熱帯林が急速に失われている．その一方，中国は森林面積を急激に増やしている．中国はこれまでも砂漠化，洪水，土砂崩れ，渇水などの自然災害に悩まされてきたため，これらを防ぐための緑

貴重なブナ林

ブナ（学名：*Fagus crenata*）は，温帯林を代表する落葉広葉樹であり，山の照葉樹林帯と針葉樹林帯の間に存在する．漢字では「橅」と書くが，これは"役に立たない木"という意味で，「木」に「無」がつけられたといわれる．ブナは腐りやすいうえに加工後に曲がるため，用材としては好まれなかった．戦後の日本では，役に立たない木として日本全国でブナが大規模に伐採され，そのあとに古くからの重要木材であるスギが植林された．しかし現在では，林業後継者の不足によりスギ林が放置され，森林の荒廃が進んでいる．また，スギ花粉症の原因にもなっている．

ブナは4カ月以上も積雪があるような厳しい自然環境にも順応し，山域を保全するとともに抜群の水源かん養と肥沃な土壌の生成を行っている．また，ブナ林は人びとの暮らしや野生の鳥類，獣類，昆虫類，渓流の魚類や海浜の魚介類などの繁殖にも多大な恵みを与える貴重な財産であり，ブナ林を復活させる運動が各地で進んでいる．

白神山地は，青森県の南西部から秋田県北西部にかけて広がる山地で，人の手が加えられていないブナの原生林からなる地域であり，1993年に日本で最初の世界自然遺産に登録された．

白神山地のブナ林

化政策を積極的に推し進めてきた成果が現れている.

地球上で森林が果たしている役割は非常に大きい.2007年にIPCC(気候変動に関する政府間パネル)が発表した報告書によれば,世界の温室効果ガス(CO_2)排出量の約20％は,森林が農地などに転用されたことによる光合成量の低下が原因としている.森林からは木材のほかに食料,医薬品,工業原料などさまざまな資源が得られる.森林には,降雨を地下に浸透させて水を保存し,災害を防ぎ,水を浄化する働きもある.特に熱帯雨林は生物種の宝庫ともよばれ,地球の生物種の約半数がここに生息すると推察されている.

中国の緑化政策
経済成長が著しい中国では,国の主導で緑化政策が積極的に行われており,空前の緑化ブームとなっている.一方で,防災に貢献しているのか,生態系に配慮した植林が行われているのか,地域の景観に適合しているのか,などの批判も多い.

■ 日本の森林を考えてみよう

このように世界の森林が急激に減少しているなか,日本の森林面積は国土の約68％を占め,フィンランドの74％に次いで先進国のなかでは2番目に高い森林率の国である.また,**森林の蓄積量**も年々増加しているが,これは人工林での樹木の生長量が大きいことによる.1950～1970年頃,木造家屋の建材用に大量に植えられたスギやヒノキの人工林では,間伐などの手入れが十分に行われていないことで,森林がもつ水の保持力,土砂流出防止機能,生物の生息や生育環境としての質的低下などが危惧されている.植樹されたスギやヒノキは生長して50年前後を経て,利用可能な樹齢に達している.

現在,日本国内で住宅,家具,紙などとして利用される木材の約7割が輸入木材である.針葉樹はアメリカやカナダから,熱帯広葉樹は熱帯アジ

森林蓄積量
森林を資源として見るときの指標の一つ.木立の幹の部分の体積で表す.

図 2.2 日本の木材供給量と自給率の推移
(森林・林業学習館 https://www.shinrin-ringyou.com/data/mokuzai_kyoukyu.php)

ア地域からの輸入が多い．2000年頃から木材自給率は増加傾向に転じており，2009年に農林水産省は「2020年までに木材自給率50％を目指す」と宣言した．合板製造業で国産間伐材の利用が大きく増加したことや，ロシアが針葉樹原木の輸出関税を引き上げたことが木材自給率を高めた理由として考えられるが，目標の50％にはほど遠い現状である（図2.2）．

世界的な森林減少に関しては，木材の大量消費国である日本にも一定の責任がある．日本政府は違法伐採対策として，木材や木材製品については「合法性」，「持続可能性」が証明されたものを購入しなければならないという措置を，2006年に「**グリーン購入法**」に追加している．さらに，2011年には森林法の一部を改正し，森林・林業再生プランを法制面で具体化している．また，環境NGOや業界団体も，木材調達において合法性や持続可能性を確認するための取り組みを行っている．日本では山村の過疎化や高齢化など深刻な問題を抱えており，林業の活性化は重要な課題である．

> ● **グリーン購入法**
> 正式名称は「国等による環境物品等の調達の推進等に関する法律」．国や地方自治体などの公的機関が率先して環境負荷の少ない製品やサービスを購入することを定めた法律である（2001年4月1日施行）．

2.2 野生生物の異変

野生生物は，新種の誕生と絶滅を繰り返しながら進化を遂げてきた．ある程度までの絶滅は進化過程での自然現象であるが，人為的影響で多くの種が絶滅の危機に瀕している現状がある．

▍野生生物種の急激な減少

地球上には，クジラやゾウのように巨大な生物から水中のプランクトン，土壌中の微生物に至るまで，きわめて多種多様な生物が生存している．現在，科学的に明らかにされた野生生物の種数は約175万種であるが，地球上に存在する生物種の数は700万〜2,000万種と推定されている．しかし今日，地球の歴史始まって以来といわれるほど急激なスピードで生物の絶滅が進行しており，その原因の多くが人間の行動に起因している．

野生生物は，食料，燃料，衣料，装飾品，薬草の原料などとして，また，農作物や家畜の品種改良における遺伝子や種の源として人間の生活に必要不可欠な資源であり，経済的な価値が高い．また，それ以外にも，科学，芸術，文化を通じて人間に心の安らぎを与えてくれる．これらは，ある種の生物は「人間にとって役立つ」という見方であるが，一方では人間にとって有用でない生物種を軽視することにもつながっている．

野生生物種が絶滅するおもな原因には，① 人間の需要を満たすための乱獲，② 生物の生息・生育環境の破壊，③ 環境汚染，④ 外来種の侵入の影響などがある．野生生物種を守ることは，生物多様性（第1章を参照）を維持することとほぼ同じ意味をもつ．生物多様性が崩れやすい環境として，

森林，湿地湖沼，マングローブ林，サンゴ礁，草原，島などがあげられる．現在，種の絶滅が最も急激に進行しているのは熱帯地域であり，熱帯雨林の減少が，野生生物種が減少する大きな原因になっている．

2016年にIUCN（国際自然保護連合）が発表した**レッドリスト**によると，動物では合計12,316種，植物では11,577種が絶滅危惧種（近絶滅種，絶滅危惧種，危急種の合計）とされ，その数は年々増加する傾向にある．動物の絶滅危惧種を生物分類群ごとに見ると，哺乳類1,208種，鳥類1,375種，爬虫類989種，両生類2,063種，魚類2,343種，無脊椎動物4,338種となっている．レッドリストと並んで**レッドデータブック**も危機にさらされている野生生物の現状を広く伝え，自然保護活動の基盤として活用されている．レッドリストは更新される頻度が高く，レッドデータブックは記載される情報量は多いが更新される頻度が低い特徴がある．

日本でも環境省が作成したレッドリストが次つぎに改訂されている．また，各県や学会などによる地域のレッドデータブックが作成されている．**表2.1**は，環境省が公表している日本のレッドリスト2017である．爬虫類，両生類，汽水・淡水魚類では，それぞれ37，28，169種が絶滅危惧種（I類とII類の合計）であり，実に評価対象種の35％以上が絶滅のリスクを抱えている．環境省では，絶滅の恐れのある野生動植物の保護増殖・調査研究，普及啓発を進めるために野生生物保護センターを設置している．代表

> **レッドリスト**
> 野生生物について，生物学の観点から個々の種について絶滅の危険度を評価し，絶滅の恐れのある種を選定してリストにしたもの．

> **遺伝子銀行**
> 生物がもつ多様な遺伝子を絶やすことなく，個体レベルからDNAまで長期間保存し，必要に応じて利用者に提供するための機関．

> **ワシントン条約**
> 正式名称は，「絶滅の恐れのある野生動植物の種の国際取引に関する条約」．1973年に76カ国がアメリカのワシントンに集まって作成されたことから，このようによばれている．この条約の目的は，野生動植物の国際取引を規制することにより，絶滅の恐れがある野生動植物約800種の保護を図るものである．

生きていた！　クニマス

日本で絶滅してしまった魚類としてクニマス，ミナミトミヨ，スワモロコ，チョウザメの4種が記載されていたが，クニマスの生存が2010年に山梨県の西湖で確認された．

クニマスは，かつては秋田県の田沢湖のみに生活していたとされるサケ科の魚類である．1940年，水力発電所の建設に伴い田沢湖に玉川の水が導入されたが，この河川水が強い酸性であったため，クニマスを含む魚類が全滅したとされている．2010年，山梨県西湖でクニマスに似た特徴をもつ生存個体が発見された．中坊徹次（京都大学教授）と，タレントのさかなクン（東京海洋大学客員准教授）の研究グループによる解剖や遺伝子解析の結果，この魚はクニマスと同定された．発電所建設工事の5年前にクニマスの卵が西湖に放流された記録が残っていることから，その子孫が生き残っていたと思われる．絶滅種と決めるまでの学術調査が不十分であったという批判もあるが，難を逃れてひそかに生き延びていた絶滅種が確認されたことは，嬉しいニュースである．

表 2.1 日本のレッドリスト 2017

分類群		評価対象種数	絶滅	野生絶滅	絶滅危惧種				準絶滅危惧	情報不足	掲載種数合計	絶滅のおそれのある地域個体群
					絶滅危惧Ⅰ類			絶滅危惧Ⅱ類				
					ⅠA類	ⅠB類	計					
動物	哺乳類	160	7	0	12	12	24	9	18	5	63	23
	鳥類	約700	13	1	23	31	54	43	21	19	151	2
	爬虫類	100	0	0	4	9	13	24	17	4	58	5
	両生類	76	0	0	3	12	15	13	22	1	51	0
	汽水・淡水魚類	約400	3	1	71	54	125	44	34	35	242	15
	昆虫類	約32,000	4	0	68	105	173	185	352	153	867	2
	貝類[*1]	約3,200	19	0	13	7	264	323	446	89	1141	13
	その他[*1]無脊椎動物	約5,300	0	1	0	1	21	42	42	42	148	0
	動物小計		46	3			689	683	952	348	2721	60
植物等	維管束植物	約7,000	28	11	522	519	1041	741	297	37	2155	0
	蘚苔類	約1,800	0	0			138	103	21	21	283	0
	藻類	約3,000[*2]	4	1			95	21	41	40	202	0
	地衣類	約1,600	4	0			41	20	42	46	153	0
	菌類	約3,000[*2]	26	1			39	23	21	50	160	0
	植物等小計		62	13			1354	908	422	194	2953	0
13分類群合計			108	16			2043	1591	1374	542	5674	60

表 2.1 中のカテゴリーの詳細は以下のとおりである．絶滅：わが国では既に絶滅したと考えられる種．野生絶滅：飼育・栽培下でのみ存続している種．絶滅危惧種はⅠ類とⅡ類に分けられる．絶滅危惧Ⅰ類：絶滅の危機に瀕している種．AとBに分類．絶滅危惧Ⅱ類：絶滅の危険が増大している種．準絶滅危惧：存続基盤が脆弱な種．情報不足：評価するだけの情報が不足している種．
*1 貝類およびその他無脊椎動物は今回の評価より一部の種について絶滅危惧Ⅰ類をさらにⅠA類とⅠB類に区分して評価を行った．
*2 肉眼的に評価ができない種等を除いた種数．
出典：環境省．

的な保護事業としては，トキ（コウノトリ目トキ科，新潟県佐渡島），アホウドリ（ミズナギドリ目アホウドリ科，伊豆諸島鳥島と尖閣諸島），コウノトリ（コウノトリ目コウノトリ科，兵庫県豊岡市），ツシマヤマネコ（食肉目ネコ科，長崎県対馬），レブンアツモリソウ（ラン目ラン科，北海道礼文町）などがある．

現在，生物多様性の保全は三つの異なるレベル，すなわち「遺伝子」，「種」，「生態系」の各レベルで考える必要があるとされる．また，その保全方法は，「生息域内保全」と「生息域外保全」の二つに分けられる．生息域内保全は自然保護区域の設定，捕獲・採取の規制，生態系のバランス維持のための個体数調整などにより，保全対象の生物が生息する場で保全を図る方法である．生息域外保全は，動植物園や水族館，遺伝子銀行，種子銀行などで野生生物種や遺伝子の保全を図る方法である．生物多様性の保全のためには，国家間の協力も必要である．関連する国際条約として，ワシントン条約，ラムサール条約，世界遺産条約，生物多様性条約などがある．

● **ラムサール条約**

渡り鳥の生息地，飛来地として国際的に重要な湿地や湿原を保護するために，1971年にイランのラムサールで「特に水鳥の生息地として国際的に重要な湿地に関する条約」が採択された．日本は2015年現在で釧路湿原（北海道），伊豆沼・内沼（宮城県），藤前干潟（愛知県），三方五湖（福井県），丸山川下流（兵庫県），琵琶湖（滋賀県），宍道湖（島根県），石垣島（沖縄県）などの50カ所を登録している．

外来生物種の問題

近年，外来生物（種）[*1]が引き起こすさまざまな問題についての関心が非常に高まっている．外来種とは，その種の本来の分布域（歴史的な分布域）を越えて，それまでに生息していなかった地域に入ってきた生物種のことである．このような現象は，風や海流などの自然現象によって起こる場合のほかに，人がある目的をもって意図的にもち込んだり，海外との人や物の往来に伴って非意図的に起こる場合がある．

環境問題として取り扱うのは，おもに人がかかわるケース[*2]である．外来生物種問題は，それまで生息していなかった生物を島にもち込んだ場合などに国内でも発生するが，おもに外国から入ってきた生物を扱うことが多い．外来種によって生じる問題はさまざまあるが，大きく次の(1)，(2)，(3)にまとめることができる．

(1) 人の健康に対する影響

外来種によってもち込まれた病原菌による病気の発症．有毒な生物や，人を噛んだり，刺したりする生物もいる．

(2) 生物多様性への影響

在来の野生生物の減少や絶滅，地域の植生の変化などを引き起こす．

(3) 農林業，水産業への影響

野菜や木材などの質や生産量の低下，漁業の対象となっている魚介類の減少など．

例えば水圏生態系内では，外来魚が在来生物にさまざまな悪影響を及ぼしている．国内の湖沼では，以前はタナゴ類やモロコ類などの在来種がたくさんいたが，今では魚食性のブラックバスやブルーギルが圧倒的な代表種になってしまったところが多い．日本最大の湖である琵琶湖も同様である．日本にさまざまなバス類がもち込まれたのは，バス釣り師たちがこれら外来種を日本の湖沼にたくさん放流した結果である．

日本の環境省では，特定外来生物による生態系，人の生命・身体，農林水産業への被害を防止することを目的として，外来生物法（2005年施行）を定めている．この法律では，問題を引き起こす海外起源の外来生物を特定外来生物として指定し，その飼養，栽培，保管，運搬，輸入といった取扱いを規制し，特定外来生物の防除などを定めている．また，違反者にはかなり厳しい罰則も課せられる．2018年4月現在，動植物148種類が特定外来生物に指定されている．

哺乳類では，アカゲザル，ヌートリア，アライグマ，ジャワマングース，爬虫類ではカミツキガメ，タイワンハブ，両生類ではウシガエル，魚類ではブラックバス，ブルーギル，カダヤシ，チャネルキャットフィッシュ，

世界遺産条約

この条約の目的は，地球上の文化遺産や自然遺産の保全である．これらの遺産は特定の国や民族のものではなく，人類ひとりひとりのかけがえのない宝物であり，自然と文化は対立するものではなく互いを補い合う関係にあるという視点にたっている．日本国内では，自然遺産として白神山地，屋久島，知床半島，小笠原諸島が登録されている．富士山は世界文化遺産として登録されている．

生物多様性条約

1992年に採択された，生物多様性の保全とその持続可能な利用を図るための基本的な枠組みを示した条約．2010年に名古屋で開催された第10回締約国会議では，医薬品や食品のもとになる動植物など遺伝資源の利用を定める国際ルール「名古屋議定書」と，20項目にわたる生態系保全の世界目標「愛知ターゲット」が採択された．

[*1] 「外来」以外に，「移入」，「侵入」，「導入」などの類似した用語がある．

[*2] 農業における栽培種や水産業における養殖種の場合には，人の管理下にあるため自然生態系で増殖する可能性が低いので，外国から入ってきた生物であっても外来種とはよばない．

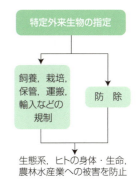

世界中を移動するバラスト水

バラスト水(ballast water)とは，荷物を積載していない船を安定化させるために，船底に重しとして入れられる海水のことである．大型貨物船は港で荷物を降ろす時に海水を取り込み，到着した港で荷物を積み込む前にその海水を捨てる．国際海事機構(IMO)の調査では，年間約120億tの海水がバラスト水として世界の海を移動していると推定している．

バラスト水には水生生物(貝，魚，海藻，プランクトン，細菌など)も含まれ，それらが本来の生息地でない環境へと移動することから，バラスト水は外来種移入の大きな原因になっている．そのため，2004年には「バラスト水規制条約」が採択された．現在では，造船業界を中心に，バラスト水中の生物処理技術やバラスト水のいらない船舶の開発が進められている．

オオキンケイギク

北米原産で5～7月に茎の先端に黄色い花をつける．繁殖力が強く，生態系に悪影響を及ぼす．日当たりのよい河川の堤防や道路の法面(のりめん)で大繁殖をして分布を広げている．著者らが所属している市民環境団体「武庫川流域圏ネットワーク」でも，市民・行政・学校関係者・企業の人たちと駆除を続けている．

甲殻類ではアメリカザリガニ，昆虫類ではセイヨウオオマルハナバチ，ヒアリ，植物では**オオキンケイギク**，ボタンウキクサ，オオフサモ，などである．また特定外来生物ではないが，生態系などに悪影響を及ぼす恐れのある，ミシシッピアカミミガメ，ムラサキイガイ，セイタカアワダチソウ，ホテイアオイなどが要注意の外来生物とされている．

2017年6月に兵庫県(神戸市，尼崎市)の港湾施設において南米原産で強い毒をもち，攻撃性の高い特定外来生物ヒアリ(fire ant)が発見された．その後，各地の港湾施設でも発見が続き，分布を広げないように緊急対策がとられている．

このような外来生物種による被害を予防するためには，次の三原則が重要とされている．①悪影響を及ぼすかもしれない外来種を国内に入れないこと，②飼っている外来生物を野外に捨てないこと，③野外にすでにいる外来生物の生息域を他の地域に広げないこと，である．

国内に侵入してしまった特定外来生物の分布を広げないために駆除が行われているが，図2.3に示したように，まずは侵入を未然に防ぎ，侵入してしまった場合にはできるだけ早期に効果的な対策を打つ必要がある．

なお，特定外来種の問題を取り扱っていると，「外来種はすべて悪い！」と勘違いをしている人たちに出会うことがある．日本国内での農業や園芸用の栽培植物の多くは外来種であり，輸入食品の種類も数限りなく多いという現実を踏まえて，外来生物を適切に管理する観点からの行動が求められる．

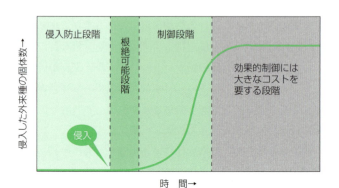

図2.3 国内に侵入した外来生物の侵入後の経過時間と駆除対策の有効性との関係

ブラックバス

国内で「ブラックバス」とよばれている魚は単一種ではなく，複数の種や亜種が含まれる．ブラックバスは，オオクチバスとコクチバスの2種に大別され，いずれも北アメリカが原産である．ゲームフィッシングの対象魚として世界的に人気が高いが，世界および日本の侵略的外来種ワースト100にも選定されている．駆除法としては，網で捕獲する方法以外に，人工産卵床を設置して産卵された卵を取り除く方法や，オスに手術を施して不妊化する方法などが行われている．

皇居のお堀で捕獲されたオオクチバス（近畿大学教授　細谷和海氏提供）

2.3 砂漠化

世界の乾燥地域は，地球の陸地面積の約41%を占めており，そこで暮らす人びとは20億人を超えるといわれている．砂漠化は毎年進行しており，深刻な食料不足，水不足，貧困の原因になり，多くの餓死者や難民を発生させている．砂漠化対処条約では，砂漠化を「乾燥地域，半乾燥地域，乾燥半湿潤地域における気候上の変動や人間活動を含むさまざまな要素に起因する土地の劣化」と定義している．

乾燥地域は，その程度によって次の四つに区分されている（表2.2）．サハラ砂漠やサウジアラビアの砂漠などの超乾燥地域（砂漠）は，人間活動がほとんど不可能な場所である．陸地面積の約12%を占める乾燥地域では牧畜は可能であるが，放牧のための移動が必要とされている．乾燥地域は気候変動の影響が最も表れやすい地域であり，アフリカのサハラ砂漠の南端にあたるサヘル地域では，急速に砂漠化が進行している．半乾燥地域で

砂漠化対処条約

深刻な砂漠化や干ばつに直面する国（特にアフリカ地域）において，砂漠化に対処するための国際連合条約．1996年に発効．この条約で先進国が負う義務として，途上国による砂漠化対処の努力を支援すること，砂漠化対処の計画や実施を援助するため資金を提供することがあげられる．

表2.2　世界の乾燥地域

分類	年間降水量	地球の陸地面積に占める割合	特徴	例
超乾燥地域（砂漠）	100 mm 以下	約8%	人間活動がほとんど不可能	サハラ砂漠やサウジアラビアの砂漠など
乾燥地域	100〜300 mm 程度	約12%	牧畜が可能（ただし移動が必要）	サヘル地域，ゴビ砂漠
半乾燥地域	200〜500 mm（冬が雨季），300〜800 mm（夏が雨季）	約18%	牧畜や農業が可能	北アメリカのロッキー山脈東側の地域
乾燥半湿潤地域	700 mm 以上	約10%	安定した農業を営める	スーダン

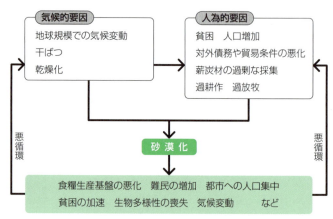

図 2.4 砂漠化の原因とその影響

は牧畜や農業も可能であるが，降雨量が少ない年には大きな干ばつ被害を受ける．乾燥半湿潤地域は年間降水量が 700 mm 以上あり，ある程度安定した農業を営めるが，人口増加や人間活動の影響を受けて砂漠化する危険性が大きい地域とされている．

図 2.4 に，砂漠化の原因とその影響を示す．砂漠化の原因は，気候的要因と人為的要因の二つに大別できる．具体的には，地球的規模での気候変動による乾燥地域の拡大や移動と，乾燥地域や半乾燥地域での脆弱な生態系中で行われる過放牧，過耕作，森林伐採などの人為的要因である．砂漠化の原因はさまざまではあるが，人為的な要因のほうが気候的な要因よりも影響力が大きいとされている．砂漠化の影響としては，食料生産基盤の低下，生物多様性の損失，気候変動への影響，貧困の加速，難民の増加，都市への人口集中などが考えられる．

以上のように，砂漠化は深刻な環境問題の一つとして捉えられているが，その一方ではアラブ首長国連邦のドバイのように，オイルマネーで裕福になった国が海水を淡水化して砂漠の中に巨大都市をつくったり，地道な植林運動で砂漠の一部を緑地に変えたりする活動も行われている．中国のゴビ砂漠やアフリカのサハラ砂漠では，広大な自然を相手にして，NPO などが地道な植林活動を続けており，砂漠の緑地化が進んでいる地域もある．しかし，地球全体で見れば砂漠化が進行している状況には変わりない．

2.4 有害廃棄物の越境移動

有害廃棄物の越境移動とは，有害な廃棄物が国境を越えて，発生国の外に運ばれることである．廃棄物とその処分場の歴史を振り返ると，人が住んでいない場所，人の目に見えない場所，人が住んでいても不満の声が少

ない場所，自分の生活圏外の他の市町村，他の府県，さらには他の国へと，処分が容易で規制のルーズな地域や国家を求めて，次第に遠方へと輸送されるようになってきている．

特に1980年代後半には，ヨーロッパやアメリカで発生した毒性，爆発性，感染性，腐食性などの有害性をもつ廃棄物が，規制が緩く処理費用も安価なアフリカや南アメリカなどの開発途上国に輸出された．そして，輸入国での不適切な処分や不法投棄によって被害が発生して，大きな社会問題となる事例が増大した．有害廃棄物の越境移動の問題として代表的な例を以下に示す．

(1) セベソ事件

1976年7月，イタリアのセベソで農薬工場の爆発事故が発生した．この工場は，スイスの製薬企業でTCP（トリクロロフェノール）を生産していたが，この爆発でダイオキシンを含む有害物質が周辺の土壌を汚染した．汚染土はドラム缶詰にされて工場内に保管されていたが，1982年9月に行方不明となり，8カ月後にフランスの小村で発見された．この事件が契機となり，有害廃棄物の越境移動が，ヨーロッパ域内における政治問題に発展した．

(2) ココ事件

1988年6月から翌年にかけて，イタリアの業者がポリ塩化ビフェニル（PCB）を含む廃トランスなどの有害廃棄物を，ナイジェリアのココ港付近に投棄した事件である．イタリア政府は，投棄された有害廃棄物を回収したが，住民の反対により自国イタリアに戻れず，欧州諸国にも入国を拒否されて，長期間フランス沖の公海に停泊した．この事件を受けて，アフリカ統一機構（OAU）は，アフリカ大陸での有害物投棄を全面禁止するなどの閣僚理事会決議を採択した．

(3) キアン・シー号事件

1986年，有害な一般廃棄物の焼却灰約14,000 tを積んだアメリカのキアン・シー号がバハマに向かったところ，その有害性を理由に同船の荷降ろしを拒否された．その後，キアン・シー号は，灰の荷降ろし地を求めて，船の名前をペリカン号と変えつつ1年半航海した．最後にはこの灰をインド洋に海洋投棄したのではないかとの疑いがもたれている．

この他にも同様の事件が次つぎと起こり，有害廃棄物の越境移動は地球規模での環境問題として認識されるようになった．1989年に国連環境計画（UNEP）はスイスのバーゼルで，有害廃棄物の越境移動の原則禁止と自国内処分の原則をおもな内容とする「バーゼル条約」を採択した．この条約の発効には20カ国以上の締約国を必要とし，1992年5月に発効した（**表**

表 2.3 バーゼル条約および国内法成立の経緯

年代	出来事
1980 年代	先進国から環境規制の緩い発展途上国への有害廃棄物の不適正な輸出が多発
	UNEP（国連環境計画）を中心に国際的なルールづくりが進む
1989 年 3 月	「有害廃棄物の国境を越える移動およびその処分の規制に関するバーゼル条約」締結
1992 年 5 月	バーゼル条約発効
1992 年 12 月	第 125 回臨時国会でバーゼル法成立　12 月 16 日公布

2.3）．バーゼル条約の締約国数は，2015 年 5 月現在で 181 カ国と EU 諸国およびパレスチナとなっており，2 年ごとに開催される締約国会議で内容の充実と見直しが行われている．その他，国際貿易における特定の有害化学物質および農薬の事前情報に基づく同意手続きに関するロッテルダム条約(1998 年)，残留性有機汚染物質(POPs)に関するストックホルム条約(2001 年)が締結されている．

2.5　開発途上国での環境問題

開発途上国
主として社会的・経済的な意味で発展の遅れている国を指す．発展途上国ともよばれる．経済協力開発機構の開発援助委員会が一定の基準に基づいて該当国を定めている．

　環境保全と開発の両立を図り，持続可能な開発を進めていくことは，世界共通の課題である．しかしながら，開発途上国では人口増加や貧困を背景とした自然環境の劣化や，経済成長に伴う深刻な環境汚染などが急速に進行し，開発途上国の人びとの生活の脅威となるとともに地球環境問題の一因にもなっている．

　その内容は違っても，どこの国にも環境問題は存在する．過去の歴史が示すように，先進諸国の環境問題の多くは，産業公害に代表されるような開発の結果として発生したものであった．今までに見られる開発途上諸国における環境問題の構造は図 2.5 のように示される．

スモーキー・マウンテン
フィリピンのマニラ市に位置するスラム街．ここで生活する貧しい人たちは，煙がでているような劣悪な環境下にあるごみ捨て場から廃品を回収して，生活の糧を得ている．

　開発途上諸国のなかでも低所得国においては，農村部での人口増によって，そこで生活できない貧しい人びとが職を求めて都市部に流入する現象が見られる．その結果，都市はスラム化し，劣悪な生活環境下で居住する人びとが増えている．その代表的な例は，フィリピンの**スモーキー・マウンテン**に住む人たちであろう．また，開発途上諸国のなかでも中所得国においては，工業化は進んでいるものの工場や自動車などの公害防止対策がきわめて不十分で，大気汚染，水質汚染，廃棄物問題などさまざまな公害問題が生じている．また，農村部での人口増は非持続的な食料生産につながり，その結果として森林減少，土壌侵食，砂漠化，生物多様性の減少などの地球環境問題を招いている．

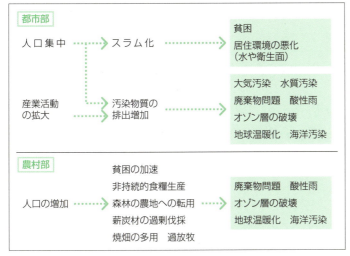

図 2.5　開発途上国における環境問題の構造

　開発途上諸国にも相当の幅がある．特に開発が遅れている国は後発開発途上国とよばれており，アジアやアフリカに多い．中国やインドは非常に急速な工業発展を遂げ，経済的に豊かな国になってきたが，その一方では公害対策の不備が原因で深刻な大気汚染や水質汚染を招いている．また，中国の二酸化炭素発生量は世界一となり，地球温暖化問題や酸性雨問題でも，世界に対してその責任を自覚しなければいけない状況になっている．

　先進諸国の今日の発展は，開発途上諸国の犠牲のうえに成り立っているといわれている．日本経済は資源を世界各国から輸入し，製品を海外に輸出することによって発展してきた．開発途上諸国の環境問題に対して，日本の支援が必要である．幸か不幸か，日本もまた高度経済成長期に急速な工業発展と悲惨な公害を体験した国であり，多くの経験が得られている．そして，今では世界に誇る優れた公害防止技術をもっており，それが環境対策に生かされている．

　現在，開発途上諸国の環境対策を高めるために，日本政府は**政府開発援助**を行っている．技術協力専門家や青年海外協力隊，シニア海外ボランティアなどの人材派遣，有償・無償の資金協力，環境分野の研究や研修を行う環境センターの設立などである．また政府だけでなく，事業者，NPO（non-profit organization）や NGO（non-governmental organization）の活動もたいへん重要視されている．

政府開発援助

ODA（official development assistance）．開発途上国への経済開発や福祉の向上に寄与することを目的として，資金協力，技術協力，国際機関への出資などがなされている．日本のODA 出資金額は 2000 年の時点では世界 1 位であったが，2015 年には 5 位になっている．

2章のまとめ

1. 地球上で森林が果たしている役割は非常に大きいが，特にアフリカと南米で熱帯林が急激に減少している．
2. 世界中で野生生物種が急激に減少している．その多くは人間活動が原因であり，生物多様性保全のために，各種の国際条約が結ばれている．
3. 近年では外来種問題が注目されている．外来種は人の健康，生物多様性，農林・水産業などに大きな影響を及ぼしており，対策が必要である．
4. 気候変動と人為的要因によって，特にアフリカでは砂漠化が進行している．
5. 有害な廃棄物が国境を越えて運ばれることが増え，バーゼル条約などで厳しく規制されるようになった．開発途上国での公害問題も多く発生している．

第3章 化学物質汚染研究の基礎

　環境中に放出された化学物質は，さまざまな経路を経て，河川水や海水に溶解したり，吸着しやすい媒体，例えば懸濁物質や土壌，底泥などに蓄積されたりする．このような化学物質の環境中での動きを把握するためには，環境中の媒体を正確に採取することが基本となる．また，化学物質のたどり着く媒体やその経路は，化学物質の物理化学的な性質により大きく変わるとともに，環境条件にも影響を受ける．例えば，大気中に放出されれば光化学反応を受け，水中なら加水分解の作用や微生物により他の物質に変換される可能性がある．また，土壌や底泥に蓄積した場合は，蓄積した地点の酸化還元状態やそこにいる微生物によって大きく物質の構造が変えられる．

　このような化学的および生物学的反応により，天然物や合成化学物質が生物にとって無害な物質に変換されるようなら，取り立てて問題とする必要はないが，逆に有毒な物質へと変換される場合もある[*1]．したがって，天然物であろうと人工物であろうと，環境中に放出された化学物質がどのような運命をたどるかを明らかにすることは，生物への影響を考えるうえで非常に重要である．

　この章では，環境化学物質の動態を研究するための基礎となる環境試料の採取方法，モニタリング手法，環境中での物質の挙動を推測するための物理化学的パラメータを紹介し，水中の微生物による合成化学物質の分解，生物による濃縮など，環境条件による物質の変化や性質について解説する．

＊1　生物に対して有害か無害かという表現は感覚的には捉えやすいが，実際には多くの要因，例えば種差，性差，年齢差などがかかわるため，単純ではない．詳細は第9～11章を参照されたい．

3.1　環境試料の採取

　環境は，大気，水圏，土壌に分けることができる．これらの環境から試料を採取する際には，調査目的に応じて，採取地点，採取方法，採取位置や時刻などを適切に決めなくてはならない．以下に，それぞれの媒体中の化学物質の採取方法について紹介しよう．

大気圏

　大気は人の目には見えないため，試料の採取方法は非常に難しい．また，汚染物質の性質，試料採取容器の材質，試料採取の捕集方法，捕集材質および汚染形態などさまざまな点に細心の注意を払わなければ，精度の高い結果を得ることはできない．

　例えば局地汚染と広域汚染の調査では，サンプリング地点が大きく異なる．局地汚染の場合，まずその汚染発生源を特定する．固定発生源ならば，発生源を中心に同心円上に，移動発生源ならば，風上側で1～2地点，風下側で5～10地点でサンプルを採取する．例えば排ガスのように車が発生源ならば，車道から5 m，10 m，20～300 m離れた場所にそれぞれ観測点を設置する．広域汚染調査の場合は，周囲に発生源と想定できる場所や，風などにより大気が乱れている場所は避け，対象地区を代表すると考えられる場所を選定する．

　採取位置には，乱気流などの影響を受けない地点を選ぶと同時に，測定対象物質による汚染を的確に把握できる高度を選ぶ．ガス状物質の場合は溶液吸収法や真空びん法，浮遊粒子状物質の場合はフィルター法によって採取する．フィルター法にも，吸引流量によってハイボリウムエアサンプラーとロウボリウムエアサンプラーがある（**図3.1**）．ハイボリウムエアサンプラーは，24時間程度で多量の粒子状物質を捕集できるため，短期捕集用に使用する．ロウボリウムエアサンプラーは1週間，半月間および1カ月間の連続捕集ができるため，長期間の捕集に用いる．分解の早い物質などは短期間で捕集しなければならず，ハイボリウムエアサンプラーを使用する．また，微量でも毒性の高い物質は，長期間捕集しなければ測定することができず，ロウボリウムエアサンプラーを使用する．このように，

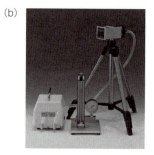

図3.1　大気の採取容器
(a) ハイボリウムエアサンプラー（https://www.sibata.co.jp/products/products185/）
(b) ロウボリウムエアサンプラー（https://www.sibata.co.jp/products/products160/?c=14）

目的別および物質の性質により捕集器は使い分けられている．また，最近ではキャニスターやパッシブエアーサンプラーなど，新たな捕集法で大気の採取が行われている．

■ 水　圏

水は一過性のものなので，機会を逃すと二度と同じサンプルを得ることができない．採水の目的，試験項目などをあらかじめ精査し，適切な方法でサンプリングを行う必要がある．採水容器は容器内に付着している目的物質を除去するため，洗剤，酸および有機溶媒などで洗浄する．採水前には，これから採水しようとする試料水で採水容器を2〜3回**共洗**いし，容器の付着物質が結果に影響しないよう工夫する．採水日の1週間前の天候が現在の水質に影響を及ぼすこともあるので，そのような点にも注意して記録する必要がある．また，反応性が高く変質しやすい物質は，実験室にもち帰るまでに変化してしまう可能性があるため，酸化防止剤などを添加し安定化する必要がある．採水容器については，ポリエチレン，ポリプロピレン，ポリスチレン，ポリカーバメイトおよびガラス製のびんが市販されているが，目的成分が溶出および吸着しないような材質を選ぶことが重要である．表層水を採取するときは金属製，ポリエチレンなど目的成分に応じた材質のバケツ，深度1〜2m程度ならばハイロート採水器，さらに深いときはバンドーン採水器や北原式採水器などを用いる（**図3.2**）．

採水する位置，時期および頻度などは，採取地や目的によって異なる．干満潮の影響を受ける河川域では，月に1回，順流時と逆流時に2回ずつ，つまり1日4回採水すると平均的な状況を知ることができる．湖沼やダム水では，富栄養化を調査するには停滞期（通常は夏）に，水温や濁りを調べ

> **共洗い**
> 採水前に分析対象水で容器を2〜3回すすぐ操作のこと．容器内部に付着している，分析対象試料以外の物質をあらかじめ除去する目的で行われる．

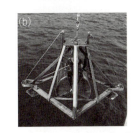

図3.3 エックマンバージ採泥器(a)とスミスマッキンタイヤー型採泥機(b)
（写真提供：株式会社離合社）

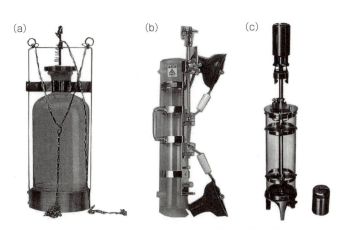

図3.2 ハイロート採水器とバンドーン採水器
(a) ハイロート採水器，(b) バンドーン採水器，(c) 北原式採水器〔RIGO Oceanographical and Liminologycal Apparatus General Catalogue125（株式会社離合社）より〕．

るには増水期と春夏秋冬の年4回の採水を行う．海水の場合は表層水(海水面下0.5 m以浅)，中層および下層水を採取する．最近では，採水地点を精度高く把握するためにGPS（全地球測位システム）が用いられるようになった．

底泥に関しては，潜水して直接採取するか，エックマンバージ採泥器やスミスマッキンタイヤー型採泥器を用いて表層下10 cm程度を採取する（図3.3）．深さ方向の調査では，柱状採泥器(コアサンプラ)を用いる．底泥の試料は，水の採取時期に揃えることが望ましい．

土 壌

土壌試料は，基本的には土壌汚染対策法に基づいて採取する．詳細は第6章で述べる．概況調査では，汚染の恐れがある場合は10 mメッシュごと，恐れがない場合は30 mメッシュごとに1カ所を選び，さらに採取地点1カ所につき中心1地点と四方位4地点の計5地点からサンプルを採取し，それを等量混合したものを試料とする．このときの深度は地表面下15 cmまでとする．ボーリングの場合は10 mまでを標準として，0〜0.5 m，0.5〜1 m，それ以深は1 mごとに採取する．汚染状況によっては，さらに深部まで対象とする．

> **ボーリング**
> 地中に円筒状の穴を掘削する作業をボーリングといい，地質調査，水文学，土木工学，石油や天然ガス採掘などによく用いられている．

3.2 モニタリング手法

測定方法

汚染状況を把握するために，汚染物質の濃度を測定する方法として，大きく分けて化学測定とバイオアッセイを利用する方法がある．化学測定は，対象とする物質の物理化学的性質により異なる．金属などの無機化合物の場合は，燃焼して生成する原子蒸気層中に一定の波長の光をあて，対象物質に吸収される吸光度により濃度を測定する原子吸光分析装置，分析対象元素が含まれる溶液をアルゴン雰囲気下でミスト状にして，高周波放電を行いアルゴンガスプラズマを生成させ，その際発光する光強度を測定する誘導結合プラズマ発光分析，そのプラズマ状態の物質の質量を測定する誘導結合プラズマ質量分析が主流となっている．

有機化合物の場合は，おもにクロマトグラフィーという手法が一般的に用いられ，個々の物質に分離して定量する．移動相に水やメタノールなどの液体を，固定相に樹脂を用いる場合を液体クロマトグラフィー，移動相にヘリウムなどの気体，固定相に樹脂を使用する場合をガスクロマトグラフィーという．このような手法で分離された物質を定性，定量的に測定する方法として，各物質固有の吸収波長の波形を利用するフォトダイオード

アレイ法や対象物質の質量数から検出する質量分析計をはじめ，さまざまな方法が考案されている．いずれにしても，対象となる物質の物性から測定方法を選択しなければならない．

化学測定法以外に，抗原・抗体反応や酵素の基質特異性を応用した生物学的分析法（バイオアッセイ法）も使用されている．特に，酵素により抗体を標識化しておき，抗原が存在すると発色することにより定量するELISA法が，高感度で特異性があるにもかかわらず，少量の試料で簡便であることからよく用いられている．また，サンプル中に藻類，ミジンコ，魚類を入れて，それらの健康状態や繁殖状況により，毒性の有無を評価するWET（whole effluent toxicity）という方法が排水管理などに利用されている．

対象媒体

化学物質の生物濃縮現象を利用して，生物が生息する場所の化学物質汚染状況を評価することができる．この目的のために用いる生物を**モニター（モニタリング生物）**とよぶ．自動車排ガスに含まれる多環芳香族炭化水素の一種であるピレンをモニタリングするのに，街路樹のツツジ，サクラ，モッコクの葉が使用される．これらの葉は気孔を通して大気を吸い込んでいるため，ガス状のピレンも同時に濃縮している．つまり，街路樹のピレンの量を測ることで，道路周辺の自動車排ガスによる大気汚染の状況を把握することができる．

環境省では海洋汚染のモニタリング生物にムラサキイガイ（*Mytilus edulis*または*Mytilus galloprovincialis*）を指定し，定期的に日本の沿岸部の特定海域から個体を採取し，組織中の有害物質濃度を長期間にわたって調べている．ムラサキイガイは1920年代に日本に棲みついた外来種で，潮間帯の岩礁部に足糸で付着する二枚貝である．世界中に広く分布し，重金属や化学物質を濃縮しやすいことから，ムラサキイガイおよび近縁種を利用した沿岸海域での環境モニタリングが世界各地で行われており，"mussel watch"とよばれている．水温が29℃以上ではムラサキイガイは生息できず，ミドリイガイ（*Perna viridis*）が岸壁に付着している．このミドリイガイもモニタリング生物として使用しているが，最近の知見によると物質によっては濃縮性が異なる場合もあるので，ムラサキイガイとミドリイガイの結果を比較する際は注意を要する．

日本の漁船は，世界中でイカを大量に漁獲している．1990年代前半から，これらの遠洋海域から日本に水揚げされるイカの肝臓を用いて，遠洋海域に関する生物モニタリングが開始され，squid watchとよばれている．アカイカ科（*Ommastrephes bartramii*）の寿命は1年と短いため，短期的な

汚染指標となる．寿命の長い魚類や海洋性哺乳類は，長年にわたって汚染物質を蓄積するためこのような調査には向いていない．

ここに紹介した以外にも，海洋汚染の生物モニタリングに利用されている生物種は数多く存在する．無脊椎動物では巻貝類，ワレカラ類，脊椎動物では沿岸性の魚類，カツオやマグロなどの外洋性回遊魚類，イルカやアザラシなどの哺乳類，海鳥などがあげられる．

他方，ある生物種の生存の有無や個体数などから環境の状況を評価する場合には，その生物種を**指標生物**とよぶ．大気中の二酸化硫黄の濃度に地衣類やコケは敏感で，濃度が上昇すると種類が減少する．またアサガオの葉の表面に現れる斑点の数や被害状況と光化学オキシダントの濃度が比例していることから，光化学オキシダントの指標生物としてアサガオが使用されることがある．また，水質とそこに棲む生物に関係があり，サワガニが棲んでいればきれいな水，カワニナならば少し汚い水，タニシならば汚い水，サカマキガイならばその水は大変汚いと判断することができる．

3.3 化学物質の挙動を支配する物理化学的因子

採取した試料を分析し，その結果に基づいて，環境中での化学物質の動き，つまり挙動を推測するが，その推測の一助となるのが，実験室内で求められる化学物質の物理化学的パラメータである．以下に，代表的なパラメータについて概説する．

▍蒸気圧

化学物質が大気に気散する可能性を予測するときは，それぞれの化学物質の**蒸気圧**が重要な因子となる．蒸気圧とは，一定の温度において気体と液体が平衡状態（気液平衡）にあるときの気体の圧力のことをいう．純物質の液体が入っている容器を密閉すると，液体中の分子が粒子間の引力を断ち切って気化しようとする（左図）．そのうち，液体の表面から気化する粒子と，気体から液体の中に飛び込む（液化する）粒子の数が等しくなる．このような状態を**平衡**といい，そのときに気体が示す圧力を蒸気圧という．蒸気圧の値が大きいほど，その物質は大気に揮散しやすいといえる．

「蒸発する分子 ＝ 凝縮する分子」のときを，気液平衡とよぶ．

▍ヘンリー定数

水中に溶解している物質の大気への拡散を予測する場合は**ヘンリー定数**が参考になる．この定数は，「揮発性の溶質を含む希薄溶液が気相と平衡にあるときには，気相内の溶質の分圧は溶液中の濃度に比例する」ということに基づき算出されている．

$$P = K_H \times C \tag{1}$$

P：気体の分圧，C：水中のモル分率，K_H：ヘンリー定数

式(1)から，ヘンリー定数が大きいほど，揮発しやすい物質であることがわかる．

水溶解度

水溶解度は，化学物質が水系にどれほど溶けこむかを推測する指標になる．水溶解度(WS)は，溶液中における溶質の割合から算出される〔式(2)〕．

$$WS = \frac{C_s}{C_w} \tag{2}$$

WS：水溶解度(mg/L)，C_s：溶質の量(mg)，C_w：溶液の体積(L)

有機塩素化合物などは水溶解度が低いため，懸濁物質や底泥への吸着，生物への濃縮率が高い．一方，界面活性剤などの水溶解度の高い物質は水中に存在する割合が高く，下水処理場では処理されずに放流水に含まれて，環境中に流出するものがある．

酸および塩基の解離定数(pK)

化学物質のなかには，溶媒の pH によって化学的な形態や物理化学的パラメータが変化する物質もある．

化学反応式において左から右へ進む反応を正反応，右から左へ進む反応を逆反応といい，正および逆反応が同時に認められる反応を可逆反応という．正逆反応の速さが等しくなり，反応が停止しているように見える状態を**化学平衡**という．

$$A \rightleftarrows B + C \tag{3}$$

このような物質は水中の pH により存在形態が変化し，カルボン酸やスルホン酸をもつ酸性化合物は，水中の pH よりも高いときは解離していない割合が高い．アミノ基などをもつ塩基性化合物は，水中の pH が高いときに解離している割合が高い．つまり，このような解離基をもつ化合物は，pH の変化で物質の形態が変わり，土壌などへの吸着係数や，後述する n-オクタノール・水分配係数に大きく影響を及ぼす．

土壌，底泥などへの吸着係数

環境中に放出された化学物質のほとんどは，最終的には陸上の土壌および水域の底泥に蓄積する．吸着の程度を左右する要因には，吸着する表面積の広さ，表面の結合箇所の性質，結合箇所の帯電，水素結合の有無，表

---

pH

水素イオン指数または水素イオン濃度指数ともいい，物質の酸性，アルカリ性の度合いを示す数値である．pH = 7 の場合は中性，pH が小さくなればなるほど酸性が強く，pH が大きくなればなるほどアルカリ性が強い．

面の疎水性度などの化学的および物理的な特性があげられる．

　吸着係数を求める場合は，式(4)を用いて求める．土壌吸着定数が大きいほど土壌に吸着した物質は水中に溶解しにくく，土壌粒子に吸着したまま水中へ移行し，土壌吸着定数が小さいときは水に溶解しやすい．疎水性の高い物質の場合は，土壌中の有機物に対する土壌吸着係数を求める場合がある．

$$K_{id} = \frac{C_{is}}{C_{iw}} \tag{4}$$

C_{is}：土壌または底泥の平衡濃度，C_{iw}：水中の平衡濃度，K_{id}：土壌吸着係数．

■ n-オクタノール・水分配係数

　人工有機化合物の生物濃縮係数や毒性は，その物質のもつ物理化学的性質，とくに脂溶性の程度と関係が深い．分配係数は，水と油のように相互に混ざり合わない2種類の溶媒間において両相に溶解した溶質の濃度比として定義される値である．環境汚染物質の分配係数として，n-オクタノールと水の間の分配係数が最もよく用いられている．

　水に溶けにくい疎水性の環境汚染物質は，生物体内の脂質に溶けて蓄積される．つまり，その生物濃縮は，生物体内の脂質への分配とみなすことができる．互いに平衡にある水相とn-オクタノール相間における化学物質の濃度は互いに一定比をもつ．そのとき式(5)のように示される．

$$P_{ow} = \frac{C_s}{C_l} \tag{5}$$

P_{ow}：オクタノール・水分配係数，C_s：n-オクタノール中の有機物質の濃度，C_l：水相中の有機物質の濃度

　P_{ow}は，有機物質の生物濃縮性を予測する際の重要なパラメータとなり，この値が大きいほど生物に濃縮されやすい物質であることが予測できる．例えば，東京湾のムラサキイガイ採取地点で周囲の海水を同時に採取し，ムラサキイガイ組織中の汚染物質濃度と海水中の汚染物質濃度を測定して，濃縮係数とオクタノール・水分配係数(P_{ow})との関係を求めると，**図3.4**のような結果が得られる．この図から，確かにビスフェノールA，アルキルフェノール類，PCB類などの内分泌攪乱化学物質(第10章参照)の生物濃縮係数はオクタノール・水分配係数と相関性が高いことがわかる．オクタノール・水分配係数が大きい，つまり脂溶性の物質は生体内の脂質と親和性が高く，組織や細胞に取り込まれやすいため，生物濃縮性が高いことを示している．

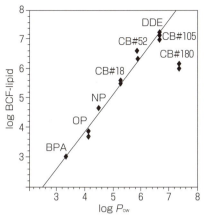

図 3.4 生物濃縮係数と分配係数の関係
ムラサキイガイにおける微量有機汚染物質の脂質あたりの生物濃縮係数（BCF-lipid）とオクタノール・水分配係数（P_{ow}）の関係をグラフに示した．試料は，東京湾の2地点で採取したもの〔高田秀重ら，『微量人工化学物質の生物モニタリング』，恒星社厚生閣（2004），p.31〕．

物理化学パラメータどうしの関係

化学物質の物理化学的パラメータと環境中での挙動の関係を，図 3.5 に示す．10^{-3}～10^{-1} g/L の水溶解度をもつ物質は，通常では水中に溶けた状態で存在するため，水汚染物質として注意が必要である．さらに，水溶解度の高い物質は蒸気圧も高くなるため，水中に存在するよりむしろ空気中に揮散し，大気汚染物質となる可能性がある．

一方，10^{-6}～10^{-4} g/L 程度の水溶解度をもつ物質は，懸濁物質(SS)に吸着されやすく，脂溶性ももち合わせるため，底泥や生物に蓄積されやすくなる．オクタノール・水分配係数は，生物の体内および底泥への吸着度を表す目安として使用され，基本的には水溶解度と反比例する．また，蒸気圧については液体または固体が蒸発してどれだけの圧力（濃度）になるかを示す指標であるため，水溶解度とは逆の挙動，つまりこの値が大きいほど大気への拡散が大きくなる．

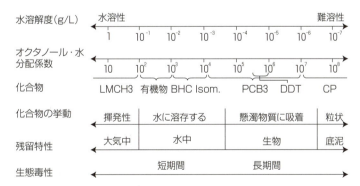

図 3.5 沿岸域および河口域における人工有機化合物の動態と影響
LMCH3：低分子量塩素化炭化水素，BHC Isom.：ベンゼンヘキサクロライドの異性体，PCB3：ポリ塩化ビフェニルの3塩素化体，DDT：ジクロロジフェニルトリクロロエタン，CP：塩化パラフィン〔田辺信介，立川涼，沿岸海洋研究ノート，**19**, 9 (1981)〕．

3.4 環境中での化学物質の変化

光化学反応

環境中に放出された化学物質は，太陽光に曝露される可能性が非常に高い[*2]．太陽光の高いエネルギーを受け取って光化学反応を起こし，化学変化を起こす物質もある．このような物質は，太陽光により化学結合が断ち切られたり，転移および分解し，構造が変化する．太陽からエネルギーを受け取る方法により「直接光分解」と「間接光分解」に分類することができる．

通常，化学物質がエネルギーを吸収すると，最低エネルギーの状態である基底状態から，最もエネルギーの高い状態である遷移状態になる．遷移状態になった化学物質は反応性が高くなり，化学変化を起こしやすくなる．このようにして，元の化学物質が直接エネルギーを得て他の物質に変わることを「**直接光分解**」といい，このような分解は，不飽和結合や芳香環をもつ物質によく見られる．

一方，「**間接光分解**」とは，ある物質が光を吸収し，それが共存物質と反応して化学反応を起こすことをいう（光増感反応ともよばれる）．

著者らは，船底防汚塗料として使用されているシーナイン 211，ジウロン，イルガロール 1051 およびカッパーピリチオン（CuPT）の光分解性について調べた．紫外光（254 nm）ではいずれの物質も 1 日以内に分解したが，太陽光（波長 290 〜 600 nm）で完全に分解されたのはカッパーピリチオンのみで，他の物質は 1 週間後も残存していた．

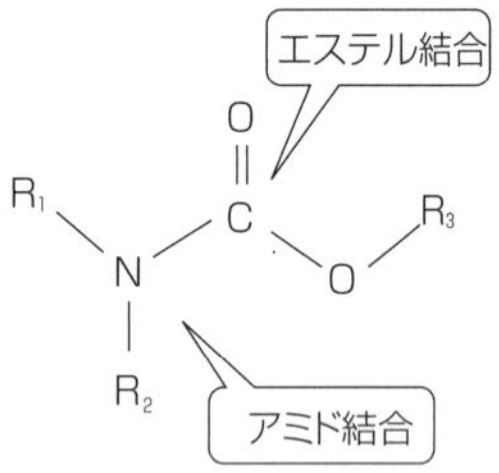

加水分解

地球の大部分は海水で覆われており，陸上にも湖や河川がある．環境中に放出されたいくつかの化学物質は，いずれは水圏に進入し，水と反応し構造を変える．この現象を**加水分解**という．加水分解の結果，たいていの分解物は，元の物質よりも極性が高くなる．

化学工業の中間原料やエステル，酸無水物，酸アミドを含む化学物質は，比較的加水分解を受けやすく，酸，アルコール，アルデヒドおよびアミンなどを生じる．農薬として使用されているカルボフランなどのカーバメート化合物は，エステル結合とアミド結合をもつため（図 3.6），アルコール（R_3OH），アミン（$R_1R_2NH_2$）および CO_2 に分解される可能性がある．一方，リン酸エステルおよびチオリン酸エステル類は，毒性の低い P=S 体から，加水分解によって毒性の高い P=O 体を生じることがある（図 3.7）．分解速度はその環境の pH に作用されやすく，2,4-ジニトロフェニル酢酸（DNPA）は，pH が高いほど 2,4-ジニトロフェノールと酢酸になる速度が

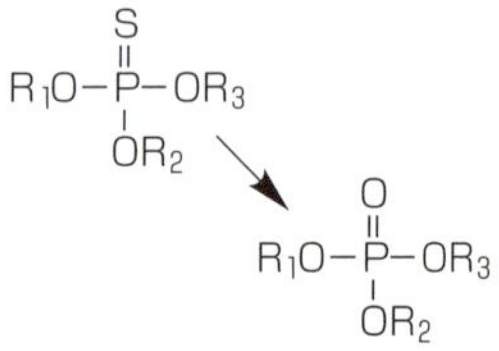

[*2] 波長 290 nm 以下の光はオゾン層で吸収されるため，地上へは届かない．したがって，290 nm 以下の光しか吸収しない化学物質は，自然環境では光分解されない．また，環境中に放出された後，すぐに土壌中へ浸透する物質も光分解を受けない．一方，蒸気圧の高い物質は大気へ移行して，光化学反応を受ける可能性が高い．

図 3.6　カーバメート化合物

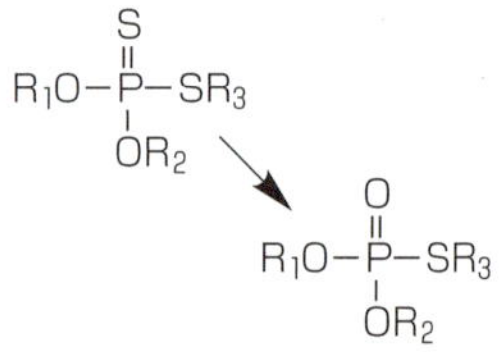

図 3.7　リン酸エステルおよびチオリン酸エステルの分解

増す.

酸化還元反応

金属類をはじめとする化学物質は，周囲の条件により，電子受容による還元や，電子供与による酸化を受け，まったく異なる生物学的および化学的な性質に変化することがある．例えば，ヒ素は As^{5+} と As^{3+} が環境中に存在するが，還元雰囲気では As^{3+} が優占種となる．鉄(Fe)は，還元環境では Fe^{2+} が多いが，空気に触れると酸化されて Fe^{3+} となり，不溶性の水酸化物 $Fe(OH)_3$ を生成する[*3]．また，水銀(Hg)はきわめて強い還元環境であるときは HgS の状態で存在するが，pH が高くなるほど Hg の割合が増える．さらに酸化環境になると，Hg_2Cl_2 や $HgCl_2$ のような塩化物を生じる．

有機化合物も，環境中で酸化還元反応を受ける．例えば，DDT（ジクロロジフェニルトリクロロエタン）は還元脱塩素化され DDD [2,2-ビス(4-クロロフェニル)-1,1-ジクロロエタン]になる．トリクロロエチレンも同様に還元され，トランス-1,2-ジクロロエチレン，シス-1,2-ジクロロエチレン，クロロアセチレン，アセチレンおよび塩化ビニルを生じる．

微生物分解

自然界は本来，人間の生活に伴い排出される多種多様な廃棄物を，自然の浄化力（自浄作用）により分解し除去する能力を備えている．しかし，環境に負荷される量が自浄能力を越えたときは，汚濁が進行する．

自浄作用の実態が何かをまず述べたい．河川では，河床や岸辺の礫表面に形成されている生物膜が自浄作用を担っており，さらに詳しく見れば，生物膜を形成している細菌，藻類，カビ，原生動物などの役割が大きく，特に細菌類が主役を担っている（図 3.8）．

以下に，細菌による人工有機化合物の分解に関する著者らの研究成果を紹介する．

[*3] 例えば深井戸の水を汲み上げると，最初は無色透明だったが，時間が経つにつれて赤褐色の沈殿を生じることがある．これは，井戸水中の無色の Fe^{2+} が酸化されて Fe^{3+} となり，$Fe(OH)_3$ をつくるためである．

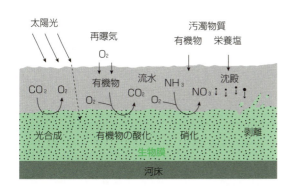

図 3.8 河川における自浄作用の模式図
〔微生物生態研究会編,『微生物の生態 12』, 学会出版センター（1984）〕

▶有機リン化合物の毒性について培養細胞を用いて調べた結果は，第7章で述べる．

　著者らは，有機リン化合物のなかから，身近な水環境や陸上の道路堆積物中に高頻度で検出される5種を選び，それらを迅速に分解する細菌の単離を試みた．大阪市内で有機汚濁レベルが相対的に高い寝屋川水系から採取した河川水に化合物を添加して2カ月間培養したところ，TBP（リン酸トリブチル）を迅速に分解する細菌を単離することができた．この分離株を同定したところ *Pseudomonas diminuta* という種類の細菌であり，この株から調製した粗酵素液を用いていくつかの性質を調べたところ，アルキル系リン酸トリエステルのTEHPを分解することができ，最適作用温度やpHはそれぞれ40℃，pH 8.0，酵素は菌体内の可溶性画分に分布していることも明らかとなった．

　アリール系のOPEである p-TCP についても同様の実験を行ったところ，兵庫県武庫川の上流で採取した河川水中から，分解菌（ここではNo.84株と称する）を単離することができた．初期菌濃度を 2×10^7 CFU/mL，初期TCP濃度を 20 μg/mL にすると，No.84株によって，1時間後にはTCPの70%が分解され，3時間後には90%が分解された（図3.9a）． p-TCPの分解に伴い，分解産物である p-クレゾールは指数関数的に増加し，5時間後に最大に達した．その後は p-クレゾールも分解され，24時間後には培養液中から消失した．PO_4-P は7時間で最大となり，以後は24時間までほとんど変化しなかった．

　細菌による人工の有機化合物の分解がただちに化合物の無毒化につながるとはいえないが，水環境中の化学物質の運命に大きな影響を与え，一般的には浄化に重要であると考えてよい．

▶化学物質の毒性評価法については第11章を参照．

　代謝産物の毒性評価の第一次スクリーニング（ふるい分け）として，培養細胞を用いることもできる．

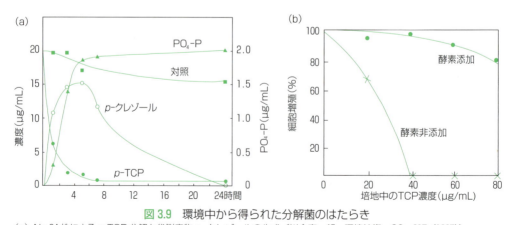

図3.9 環境中から得られた分解菌のはたらき
(a) No.84株による p-TCP分解と代謝産物 p-クレゾールの生成〔川合真一郎，環境技術，**26**，217（1997）〕．
(b) No.84株から調製した粗酵素液の添加によるTCPの細胞毒性緩和〔川合真一郎，環境技術，**21**，198（1992）〕．

TCP 分解菌を超音波処理にかけ，細胞を破壊して調製した粗酵素液をろ過滅菌した後，HeLa 細胞（ヒト子宮頸がん細胞由来の細胞）の培養液に少量加え，TCP の細胞毒性が緩和されるか否かを調べた．その結果，図 3.9b に示すように，粗酵素液を添加していない場合は 40 µg/mL の TCP 添加により細胞は完全に死滅したが，酵素を添加しておくと，60 µg/mL の TCP 濃度では細胞増殖は阻害されず，TCP 80 µg/mL のときでも，増殖が 20％阻害されたのみであった．このことから，単離した菌株がもっている TCP 分解能は，TCP の強い毒性を無毒化，あるいは軽減することが明らかとなった．

生物濃縮

生物が，環境中に存在する化学物質を体内に取り込み，蓄積して，その濃度が環境中よりもはるかに高くなるような現象を一般的には**生物濃縮**（biological concentration）とよぶ．生物濃縮される物質の毒性が強ければ，環境中の濃度が低くても，濃縮されることによる生体への影響，さらには生態系への影響を深刻に捉えるべきである．このことは，有機水銀による水俣病やカドミウムによるイタイイタイ病などの公害事件の歴史が証明している．

▶水俣病，イタイイタイ病については第 1 章を参照．

対象とする化学物質の生体内の濃度（C_b）と，その生物が生息する環境中の濃度（C_e）との比 C_b/C_e を，**濃縮係数**（biological concentration factor）と定義する．この定義から明らかなように，濃縮係数は，対象となる物質が生息環境から生物にどの程度のレベルで移行し，蓄積されるかを示す指標である．この濃縮係数は土壌と植物，環境水と水生生物，餌生物と捕食生物との間などで求めることができるが，もっぱら環境水と水生生物との間の値を考えることが多い．濃縮係数が定数として意味をもつためには，生息環境と生体との間で，その物質の分配が平衡状態に達している必要がある．

濃縮係数を求める方法は，① 自然環境における環境中濃度と，そこに生息する生物の体内濃度から求める方法，② 制御された環境条件下での生物の飼育実験によって求める方法，の二つに大別できる．前者の方法では，自然環境中の化学物質濃度は変動しやすく濃度も低いため，得られた分析値の解釈を慎重に行わなければならない．また，野生生物についてはそのサンプルの年齢，餌生物，生活歴などの生物学的情報が乏しい場合が多い．このような問題点を抱えてはいるが，実際に生物が生息している現場から得られたデータとしての意味は大きい．後者の方法では，化学物質の濃度や水温，溶存酸素，pH などの水質が制御された環境で実験を行えるので，データの信頼性が高い．しかし，自然界とはかなりかけ離れた条

件下であることが多いので，そのデータを単純に自然に当てはめて解釈するのは危険である．このように，どちらの方法にも一長一短があり，両者をうまく組み合わせて研究することが必要である．

濃縮係数が高い物質は，①環境中で安定，②生体に取り込まれやすい，③生体内で代謝・分解を受けにくい，④体外に排泄されにくい，などの共通した性質をもつ．濃縮係数は，新規化学物質の安全性評価や環境汚染の予測に重要な値である．

水中の環境汚染物質の生物濃縮には，水からの直接濃縮と食物連鎖経由の間接濃縮の二つの経路がある．食物連鎖によって環境汚染物質が濃縮される例として，アメリカのロングアイランド沿岸水域に生息する各種生物のDDT体内濃度の分析結果が有名である．図3.10は，WoodwellらがロングアイランドのDDT蓄積量を求めた結果を元にして，食物連鎖網とDDT濃縮倍率を示したものである．海水→水草・プランクトン→エビ・貝類・昆虫→魚類→鳥類へと，栄養段階が上がるごとに体内のDDT濃度が急激に高くなることが見てとれる．自然界の食物連鎖では，連鎖が1段階上がるごとに生物量が10分の1となる．したがって，生物体内で代謝作用を受けにくい有機塩素化合物などは，食物連鎖の各段階で10倍ずつ濃縮される計算になる．このことから，食物連鎖の高次に位置する生物では，水からの直接濃縮よりも食物連鎖による間接濃縮がおもな濃縮経路となる．

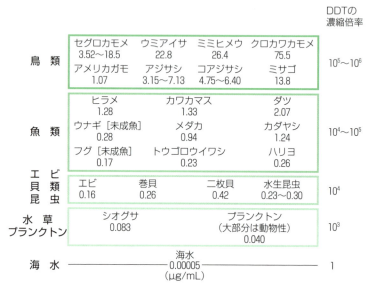

図3.10 ロングアイランド沿岸海域における食物連鎖によるDDTの濃縮
図中の数値はDDT濃度（μg/g湿重）を示す〔G. M. Woodwell et al., *Science*, **156**, 821 (1967)〕．

著者らは，黒潮縁辺部を回遊しているスジイルカや，北方海域に生息するイシイルカ[*4]などを用いて，体内の各種汚染物質の蓄積濃度が，成長段階や性状態とどのような関係にあるかを調べるプロジェクトに参加した．たとえば，スジイルカを用いることの意義として，次のようなことがあげられる．

① 歯を用いた年齢査定法が確立しており，かつ40年前後の長寿命生物であることから，汚染の履歴を見ることができる．② 餌生物，回遊の様式，群れと社会行動などの生態学的挙動が明らかにされており，生息海域の汚染レベルを評価できる．③ 哺乳動物なので，得られた知見をヒトにも適用できる部分がある．

図3.11はスジイルカの脂皮(皮下脂肪)におけるPCB濃度と年齢との関係を，オスとメスに分けて示したものである．この図からまず二つのことが目につく．第一に，スジイルカが性成熟に達する12歳頃から，メスの個体におけるPCB濃度が急激に低下している．第二に，出生直後の新生児～乳児期(平均離乳年齢は1.5歳)の個体における，濃度のバラツキが大きいことである．この二つの事実は密接に関係している．すなわち，成熟メス個体は妊娠，出産，授乳を介して母体内に蓄積したPCBを子供へ移しており，第1子は母体内の蓄積量の約70%を母乳経由で取り込むといわれている．第2子以後は母体内に残っているPCBの約70%を取り込むため，第1子における体内濃度とは大きな差が生じるわけである．このようなことが，DDTやHCHでもほぼ同様に起こっている．海産哺乳類の母乳の特徴は30～50%もの高脂質含量であり，ヒトやウシにおける4～5%とは大きく異なる．乳糖の含量ではまったく逆である．イルカ類で

*4 体長が5～6 m以下の小型ハクジラ類をイルカとよぶ．

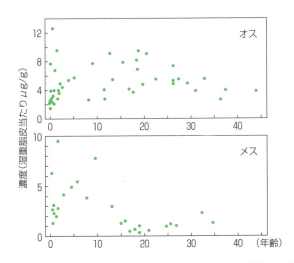

図3.11 スジイルカの成長に伴う脂皮中のPCB濃度の変化
〔S. Tanabe, *J. Oceanogr. Soc. Jpn.*, **41**, 358 (1985)〕

は乳汁を合成する際に母体中の脂肪が動員されるが，その際に脂溶性の高い有機塩素化合物も同じように動員され，その結果，母乳に含まれることになる．

PCBやDDTがいろいろな生物の脂肪組織に蓄積されることはよく知られており，総脂質含量の高い脂皮やメロン（前頭部の脂肪組織），乳腺，乳汁，さらに膵臓や腎臓ではPCBやDDT濃度が一般に高い．ところが，全脂質含量が高いにもかかわらず，脳組織（大脳，小脳，延髄など）ではPCBやDDTの蓄積濃度が低い．前者の組織では脂質の大部分が中性脂肪（トリグリセリド）で占められているが，脳組織のように総脂質含量は高くても，中性脂肪に比べて極性が高い，すなわち相対的に水に溶解しやすいリン脂質や総コレステロールが多い組織では，PCBなどの濃度も低いといえる（図3.12）．

上にも述べたように，海産哺乳類で得られた知見をヒトに適用しうる例として母乳汚染の問題がある．ヒトと鯨類では乳汁中の脂質，とくに中性脂肪含量が大きく異なる．イルカで起こっていることと同様の深刻な現象がヒトの乳児で起こっているとはいえないが，程度の差こそあれ，類似の現象が生じていることは十分考えることができ，母乳汚染問題が今もなお社会問題として大きく取り上げられるゆえんである．

図3.13は，大阪府在住の25～29歳の母親における，母乳中のβ-HCH，DDE，PCBs，DDT，クロルデン，ヘキサクロロベンゼン，ヘプタクロロエポキシドおよびディルドリン濃度の経年変化（1972～2003年）を示したものである．これら8種の有機塩素化合物濃度は年々減少してお

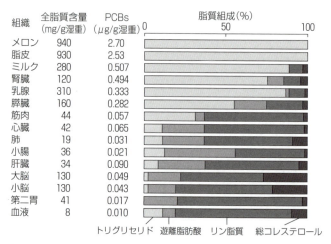

図3.12 スジイルカの妊娠雌の各組織における全脂質含量，PCB濃度および脂質組成の関係
〔S. Kawai, et al., Mar. Poll. Ball., **19**, 129 (1988)〕

3.4 環境中での化学物質の変化

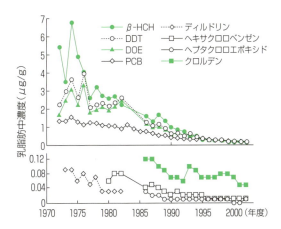

図 3.13 母乳中の有機塩素化合物濃度の経年変化
〔小西良昌,公衛研ニュース,第 26 号（2005）〕

り,ほぼ定常状態に達しているが,物質によって低減傾向は異なっている.また,先進国と発展途上国における,母乳中の有機塩素化合物濃度を比較すると殺虫剤の DDT や HCHs による汚染は発展途上国や旧社会主義国において顕著であるが,PCB は先進国において高いことが特徴的である.このように母乳中の汚染物質濃度は,それぞれの国における残留性人工有機化合物の使用状況を端的に表している.

母乳中の有機塩素化合物濃度は,母親の年齢,出産回数,授乳期間,栄養状態などいろいろな要因によって変動するが,図 3.14 はインド,ベトナムおよびカンボジアにおける,母乳中のダイオキシン類や DDTs 濃度と出産回数との関係を示したものである.出産回数が多い母親の母乳ほど,有機塩素化合物濃度は低いことがわかる.脂肪組織に蓄積したこれらの有機塩素化合物が母乳中の脂肪に移行し,授乳により新生児へ移行することが明らかである.先に,スジイルカにおいて有機塩素化合物が授乳を介して乳仔に移行することを述べたが,同様のことがヒトでも起こっていること

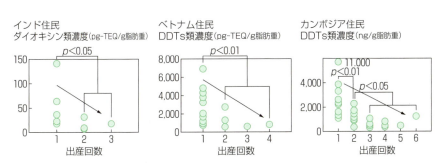

図 3.14 母乳中のダイオキシン類および DDTs 濃度と母親の出産回数の関係
（注）細線と p はその間で有意差がみられた関係を示す.
〔田辺信介,生活衛生,**46**, No.6, 229（2002）〕

とを明白に示している．ただし，海産哺乳類とヒトでは，蓄積されている有機塩素化合物の濃度や母乳中の脂肪含量が異なること，さらに薬物代謝酵素活性の強さが異なるため，それぞれの種における影響の度合いを同列に論じることはできない．

生物学的半減期

生物学的半減期 (biological half-life) は，濃縮係数とともに，環境汚染物質の生物濃縮や蓄積，排泄の総合的指標として有用である．生体に蓄積された汚染物質はいつまでも生体内に保持されているのではなく，代謝・排泄作用によって，生体残留量は次第に減少する．生物学的半減期は，汚染物質の新たな吸収がない場合に，その物質の体内残留量が初期量の半分に減少する期間と定義されている．生物学的半減期の長い物質ほど排泄速度が遅く，残留性が強く，体内の最大蓄積量は大きくなる．

表 3.1 に，無機水銀および有機水銀の魚類に対する生物学的半減期を示す．魚の種類や水銀化合物の種類によっても半減期は異なる．なお，人体でのメチル水銀の生物学的半減期は 70〜80 日であり，摂取されたメチル水銀は生体内に長期間留まり，悪影響を与え続けることを示している．人工有機化合物の生物学的半減期には薬物代謝酵素が大きくかかわっている (第 11 章を参照)．

表 3.1　水銀化合物の魚類における生物学的半減期

水銀化合物名	魚　類	生物学的半減期 (日)
塩化第二水銀	ニジマス	110
	コイ	90
	ナマズ	140
塩化メチル水銀	ニジマス	220
	コイ	230
	ナマズ	190
塩化エチル水銀	ナマズ	160

腹腔内投与，水温 16℃，3 匹平均，^{203}Hg 法による．
〔山中すみへら，日本衛生学雑誌，**28**，582 (1974)〕

3章のまとめ

1. 環境試料の採取は環境調査の基本であり，調査目的に応じて採取地点，採取方法，採取位置および時間などを適切に決めなくてはならない．
2. 環境中における化学物質の挙動は，物理化学パラメータに支配されることが多く，逆に物理化学的パラメータから環境中での物質の動きを推測することができる．
3. 環境中に放出された化学物質は，光分解，加水分解，酸化還元反応，微生物分解を受けて構造が変化していく．
4. 生物が環境中に存在する物質を取り込み体内に蓄積して，その濃度が環境中よりもはるかに高くなる現象を，生物濃縮という．
5. 海洋生態系の頂点に位置するイルカ類では，授乳を介して母親から乳仔へ PCB や DDE などの化学物質の移行が顕著である．
6. 生物濃縮を利用して，生物の生息範囲における環境汚染の実情を評価することができる．この目的で用いられる生物を，モニタリング生物とよぶ．
7. 生物学的半減期は，その物質の体内残留量が初期量の半分に減少する期間と定義されており，体内残留量の尺度となる．

第4章 大気汚染

大気汚染とは，人間の経済活動，火山噴火や地震などの自然災害，火災事故などによって大気が有害物質で汚染され，ヒトの健康や生活環境，動植物に悪影響が生じる状態のことを指す．大気汚染の特徴としては，有害物質の拡散速度が非常に大きいため，物質によっては地球規模の汚染になる確率が非常に高く，人体への影響も顕著であることがあげられる．また，一度大気を汚染してしまうと回復は困難であり，たとえ元に戻すことができたとしても長期間を必要とするのも特徴の一つである．つまり，汚染を未然に防ぐことが最も重要であるといえよう．

この章ではまず，地球的規模の環境問題となっている地球の温暖化，オゾン層破壊，酸性雨，黄砂および浮遊粒子状物質を取り上げる．その後，地域的な汚染であるが人間生活に密着していて，人体への影響について特に注意を要する光化学オキシダント，アスベストおよび揮発性有機化合物を取り上げ，問題点と解決策を示す．

4.1 地球の温暖化

*1 地球の平均温度とは，2000年まではアメリカ海洋大気庁気候データセンター（NCDC）が世界の気候変動の監視に利用するために整備したGHCN（Global Historical Climatology Network）のデータ（約300～3,900地点）を，2001年以降については気象庁に入電した月気候気象通報（CLIMAT報）のデータ（約1,000～1,300地点）すべてを平均化したものである．

陸域と海上を合わせた世界平均地上気温[*1]は，1880年から2012年の期間に0.85℃，1850～1900年の期間平均に対する2003～2012年の期間平均の上昇量は0.78℃上昇している（図4.1）．さらに，この上昇率は北半球の高緯度で顕著である．気温の上昇に伴い，世界的な海面水位も1901～2010年で190 mmの上昇が観察された（図4.2）．さらに，海水温も1971～2010年で0.11℃/10年の割合で上昇し，この影響は水深3,000 m以深でも見られている可能性がある．また，北半球の中緯度付近では降水量が1901年以降増加している．

これらの現象の要因が，水蒸気などのような自然本来の影響（自然起源）なのか，人間活動により発生するもの（人為的起源）なのかについて，シミュレーションにより推測した結果，「温暖化の要因の95%以上が人為的起源である」とIPCC第4次評価報告書で結論づけられた．温室効果に大きく

4.1 地球の温暖化

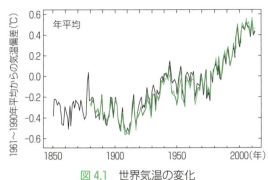

図 4.1　世界気温の変化
複数のデータセットが存在するため複数の線が存在する．陸域と海上とを合わせた世界平均地上気温の偏差．
(IPCC の資料より作成)

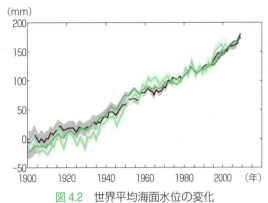

図 4.2　世界平均海面水位の変化
(気象庁 HP http://www.data.jma.go.jp/kaiyou/db/tide/knowledge/sl_trend/sl_ipcc.html より作成)

寄与している人為的起源の物質には，二酸化炭素(CO_2)，メタン(CH_4)，一酸化二窒素(N_2O)，ハイドロフルオロカーボン類(HFCs)，パーフルオロカーボン類(PFCs)，六フッ化硫黄があげられる．

気候変動枠組条約に基づき，先進国はこれらの温室効果ガスの排出削減率をそれぞれ定めている．これらの数値は 1990 年の排出量を基準にしており，1997 年に京都議定書において，加盟国は共同で約束期間内にこの目標値を達成しなければならないと決議された．アメリカは現在も議定書を批准していないが，ゴア前副大統領が著書『不都合な真実』で地球温暖化問題を「人類史上最大の危機」と指摘したことを受けて，オバマ前大統領は「2020 年までに温室効果ガスを 2005 年の量に対して 17％削減する」と明言していることなど，地球的規模の汚染物質による深刻な環境問題として世界的に受け止められている．国連気候変動枠組条約第 21 回締約国会議(COP21)が 2015 年 12 月にフランスで開催され，パリ協定が採択され，2016 年 11 月に発効された．その内容には次ページの項目が盛り込まれた．

わが国では，2013 年度比で 2030 年度には 26％排出削減目標を掲げている．2017 年には COP23 がドイツのボンで開催され，パリ協定のルールづくりについて交渉を加速することが確認された．しかし，本協定においてもアメリカは脱退を表明している．

地球温暖化のメカニズム

図 4.3 に示すように，太陽は赤外線を地球に向けて放つ．その一部は地球大気中の二酸化炭素，水蒸気に吸収され，残りは宇宙に放出される．このような，赤外線を吸収する大気の成分を，**温室効果ガス**(greenhouse effect gas)という．温室効果ガスは，赤外線を熱に変えて地上に伝達する(温室効果)．この温室効果が効き過ぎていると，吸収熱が放出熱を上回り，

IPCC

「気候変動に関する政府間パネル(Intergovernmental Panel on Climate Change)」の略称．国際的な専門家でつくる，地球温暖化についての科学的な研究の収集，整理のための政府間機構である．学術的な機関であり，地球温暖化に関する最新の知見の評価を行い，対策技術や政策の実現性と効果，それらを行わなかった場合の被害想定結果などに関する科学的知見を提供している．

第4章 大気汚染

パリ協定

(1) 世界共通の長期目標として産業革命からの平均気温の上昇を2℃よりも下方に抑え、さらに1.5℃に抑える努力。
(2) 主要排出国を含むすべての国が削減目標を5年ごとに提出し、それを更新。
(3) わが国提案の二国間クレジット制度(JCM)も含めた市場メカニズムの活用。
(4) 長期目標を設定し、それに基づき、各国計画プロセスや行動の実施、その結果を報告書として提出。また、この流れを定期的に更新。
(5) 先進国が資金の提供を継続するだけでなく、途上国も自主的に資金を提供。
(6) すべての国が共通かつ柔軟な方法で実施状況を報告し、レビューを受ける。
(7) 5年ごとに世界全体の実施状況を確認する仕組み(グローバル・ストックテイク)。

＊2 高山の雪線以上のところで凝固した氷河が浸食されて溶けだし、その流れがせき止められてできた湖のこと。

地球の温暖化が生じるのである。温室効果ガスとして温暖化への寄与率が最も高いのが、二酸化炭素、次いでメタン、一酸化二窒素、フロン類である(図4.4、図4.5)。

また、自然に生じる水蒸気も温室効果をもつ。温室効果ガスの増加により大気が暖まると、水分の蒸発量が増えて大気中の水蒸気が増し、温室効果が高まって気温が上昇する。気温が上昇すると土壌に棲む微生物が活性化され、餌である有機物の分解が加速される。すると、二酸化炭素やメタンおよび水蒸気が発生し、それが温室効果ガスを増やすという悪循環が起こる。これを、"温暖化増幅現象"または"フィードバック効果"という。

地球温暖化の影響

地球の温暖化現象によって、氷河湖＊2の面積や数の増加、山岳地帯での地盤の不安定化、北極圏や南極圏の生態系の変化などが生じている。また、この半世紀でキリマンジャロやアルプスの氷河と積雪面積、グリーン

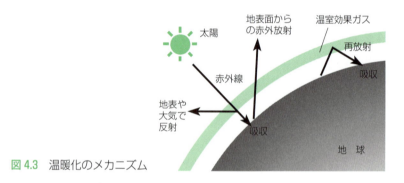

図4.3 温暖化のメカニズム

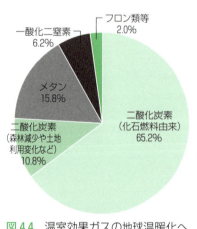

図4.4 温室効果ガスの地球温暖化への寄与の割合
(2010年の二酸化炭素換算量での数値：IPCC第5次評価報告書を改変)

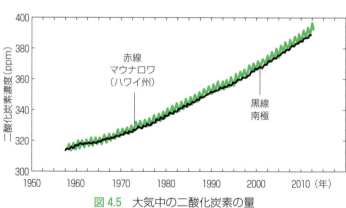

図4.5 大気中の二酸化炭素の量
〔IPCC AR5 WGI SPM Fig. SPM.4(a)〕

ランドの氷床，シベリアの永久凍土の明らかな減少が見られ，その他の地域でも，氷河の融解や雪解け水による河川流量の増加，水没の危機に瀕している島国ツバルなどの報告がある．その他，水の循環や水質への影響，干ばつや森林火災の増加による農業や林業の生産量減少，陸上および水生生物の生息域の変化，藻類，プランクトン，魚類の種類組成や個体数の変化など，水域から陸域を含めてさまざまな悪影響が生じる可能性が示唆されている．

　では，気温の上昇率の低い持続的発展型社会にするには，どのようにすればよいのだろうか．パリ協定で定義されている，平均気温の上昇を2℃未満に抑えるためには，1870年以降のすべての人為起源の発生源からの二酸化炭素累積排出量を約2.9兆t未満に留めなければならないが，約1.9兆tが2011年までにすでに排出されているので，今後難しい課題となるであろう．その対策の一つとしてエネルギーを石油，石炭から，天然ガス，太陽光，風力やバイオマスに移行し，二酸化炭素の排出を極力抑制することが重要である．原子力という方法もあるが，発電所周辺への環境および健康影響などを鑑みると，複雑な問題がある．東日本大震災による福島原子力発電所の事故に見られるように，現在の技術では汚損した環境を修復することは困難で，放射能汚染を止められないことが明らかになった．このようなことを考えると，できるだけ原子力発電に頼らない方法を考えていく必要がある．省エネルギー，リサイクルおよび環境教育に力を入れていくことも必要であろう．

> **ツバル**
> 南太平洋に位置する平均海抜2mの島国である．海面上昇によりすでに洪水や海水の浸水，塩害が生じている．このまま地球温暖化が進むと，島自体が水没することが懸念されている．

▶放射線については，第8章を参照．

4.2　オゾン層の破壊

　地球の上空に降り注ぐ紫外線や雷雲の放電により，大気中の酸素分子(O_2)は2個の酸素原子に分解する．その酸素原子が他の酸素分子と衝突するとオゾン(O_3)が生じる．ここで生じたオゾンが高度20～30 km付近の成層圏に滞留することでオゾン層が生成した．このオゾン層により，太陽光から来る有害な紫外線は緩和，吸収され，生物が地上で繁栄することになった．

　地球の成層圏のオゾンの量は，1979～2000年にかけて減少しており，特に南極の上空では，毎年9～10月頃(南極の春頃)にかけてオゾン濃度が極端に減る様子が観察されている(図4.6)．この様子を人工衛星からの解析図で見ると，まるでオゾン層に穴があいたように見える．こうしてこの現象は，「オゾンホール」とよばれるようになった．最近では，オゾン量はほぼ一定で推移している．

　オゾン層を破壊していた代表的な物質は，フロンの一種であるクロロフ

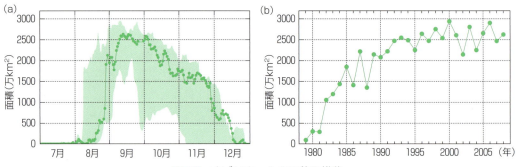

図 4.6 オゾンホールの面積の推移
(a) 季節的な変化の様子. 赤線は 2010 年の日別の値, 薄緑色の帯は 2000～2009 年の日別の値の最大値と最小値を示す.
(b) 1970 年以降の変化の様子. 年ごとのオゾンホールの最大面積をプロットした.
(気象庁 http://www.data.jma.go.jp/gmd/env/ozonehp/link_hole_areamax.html より作成)

*3 冷凍機・冷房機内を循環して, 試料から熱を奪い, 外部へ放出させる操作を仲介する媒体.

紫外線

波長が 10～400 nm の電磁波. 人間の健康や環境への影響の観点から, A 波 (400～315 nm), B 波 (315～280 nm), C 波 (280 nm～) に分けられる. A 波にはタンパク質の変性や細胞の機能の活性化, B 波には, 日焼け現象の原因や発がん性がある. C 波には強い殺菌作用があり, 生体に対する影響が三つのなかで最も強い. オゾン層はおもに B 波と C 波を吸収する.

オゾン層

約 25 億年前に微生物によりつくられ始めた酸素は大気中に蓄積し, 約 23 億年前, 酸素が光化学反応を起こしてオゾンが発生し始めた. 現在のようなオゾン層が形成され紫外線が吸収されるようになったのは, 約 4 億年前と考えられている. オゾン層におけるオゾン濃度は 0.1～10 ppm, 地上 20～30 km に層が形成されている.

ルオロカーボン (CFCs) であった. CFCs は, 冷蔵庫やエアコンの冷媒[*3], 建材用断熱材の発泡剤, スプレーの噴射剤, 半導体や液晶の洗浄液など, 日常生活の近いさまざまな場所で使用されてきた. CFCs は安定なために, 大気に放出されるとそのまま成層圏まで上昇し, そこで強力な紫外線により分解され, 塩素原子を生じる (1). その塩素原子が触媒となり, オゾンを次つぎと分解していく. オゾン層を分解していくメカニズムは式 (2), (3) に示すことができる. すなわち,

$$CF_2Cl_2 + 紫外線(200～220\ nm) \longrightarrow CF_2Cl + Cl \tag{1}$$
$$Cl + O_3 \longrightarrow ClO\cdot + O_2 \quad 【オゾンの消費】 \tag{2}$$
$$ClO\cdot + O \longrightarrow Cl + O_2 \tag{3}$$

最近では, CFCs の代替物質としてハイドロフルオロカーボン (HFC), パーフルオロカーボン (PFC) および六フッ化硫黄 (SF_6) が使用されるようになった. しかし, これらの物質はオゾン層にはほとんど影響を及ぼさないが, 温室効果ガスとして作用するため, 地球温暖化の面で懸念が残った. 現在では, 寿命の短い HFC やノンフロンである NH_3, プロパン, シクロペンタン, イソブタン, プロピレンなどが使用されている.

現在, モントリオール議定書で規制されている物質の対流圏中の量は減少し続けているが, ハイドロクロロフルオロカーボン (HCFC) とハロン -103 は依然増加している. オゾン全量を見ると 1980～1990 年代初めに減少したが, 2000 年以降ではわずかに増加傾向が見られる. モントリオール議定書が完全に遵守されれば, 中緯度帯と北極では今世紀中頃より前に回復し, それより少し後に南極オゾンホールも回復すると予測されている.

4.3 酸性雨

pH5.6以下の雨のことを，**酸性雨**とよぶ．**図4.7**に示すように，大気中に放出された窒素酸化物(NOx)や硫黄酸化物(SOx)が，気流によって遠隔地に運ばれながら酸化され，一部は水と反応して硝酸や硫酸の微粒子となる．これが，霧に吸着されたり雲の凝結核となり，雨や雪および霧となって地上に降りてくる[*4]．日本でも，2003年には欧米並みのpH4.41という酸性雨が観測された．

酸性雨が降り，土壌や河川，湖沼などが酸性化すると，木枯れ，水生生物の死など，生態系の変化が起こる．また，大理石でつくられた建造物が溶解したり，スモッグなどの発生率が高くなるなどの影響もある．ヨーロッパでは，国土の森林面積の50％以上に被害を受けている国も多く，酸性雨は「緑のペスト」とよばれている．日本でも，岐阜県と長野県にまたがる乗鞍岳の山麓で白骨化した木々が目立ち，酸性雨の影響が危惧されている．

[*4] 上空から雨のしずくが降下する際に，大気中のNOx，硝酸，SOx，硫酸などの酸性物質を取り込んで地表に届く場合もあり，これは「湿性沈着」とよばれている．また，ガスやエアロゾルとして地表に沈着するものは「乾性沈着」という．

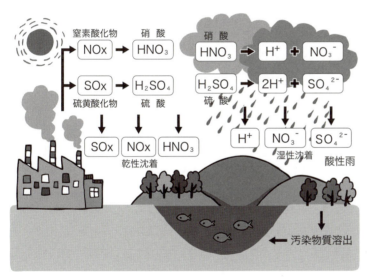

図4.7 酸性雨による汚染

4.4 黄砂

黄砂とは，中国大陸内陸部の砂(鉱物粒子)が，偏西風に乗って日本に飛来する現象である(**図4.8**)．黄砂は自然現象として古くから観察されていたが，最近では，中国大陸の過放牧や農地転換による土地の劣化，森林減少という人為的要因によって，頻度や飛散量に変化が現れたとされている．

黄砂の粒子は，おもに石英や長石などの造岩鉱物や，雲母，カオリナイ

黄砂

中国内陸部のタクラマカン砂漠やゴビ砂漠、黄土高原などの乾燥～半乾燥地域の土壌(鉱物粒子)が、風によって数千メートルの高度にまで巻き上げられ、それが偏西風に乗って日本に飛来する現象.

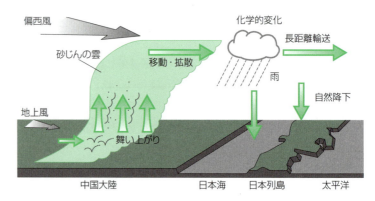

図4.8 黄砂のメカニズム
中国大陸から砂が舞い上がり、偏西風に乗って移動、拡散する. 一部は大気中で化学変化を起こし、雨とともに、または自然に黄砂として地上に落下する.

ト、緑泥石などの鉱物からなるが、その他にも、自然由来でないと考えられる物質(アンモニウムイオン、硫酸イオン、硝酸イオンや人為的に合成された化学物質など)も検出されている. このような化学物質を含む粒子が大気中に浮遊していて、これを吸引することを考えると、人間の健康への影響はいうまでもないであろう. また、黄砂粒子が核となって雲の発生頻度が高くなり、黄砂を含む雨が降った地域では土地の劣化による農業生産の低下や洗濯物への汚れの付着など、生活にも影響が現れている. また、海洋へ落下した黄砂は、海水のミネラルバランスを変化させ、海洋表層プランクトンが増殖することで、海洋生態系のバランスが崩れようとしている.

日本では、特に2～5月に黄砂の飛来頻度が高く、これまでは九州北部や関西中心だったが、最近では札幌まで飛来するようになった. 現在、黄砂飛来に対する取り組みがさまざまな方面で行われている. 発生源対策としては、土地被覆状況の改善と復旧、風による浸食や砂の移動の緩和、人為的な影響の緩和、土地環境容量の改善などが行われている. また、日本では気象庁による黄砂予報の発表、環境省による日中韓三カ国黄砂局長会議、黄砂モニタリングネットワークなどが設けられ、黄砂の発生状況をできるだけ早く国民に伝える試みがなされている. 住民は、この黄砂発生の情報を得たならば、マスク装着、外出を控える、外出後の洗顔などを行い、黄砂から身を守ることが重要である.

4.5 浮遊粒子状物質

工場などから排出されるばい塵、物の粉砕などによって発生する粉塵、石炭や石油の燃焼、ディーゼル車の排出ガスに含まれる黒煙や土ぼこりなどの飛散、または硫黄酸化物、窒素酸化物、揮発性有機物などのガス状

質が化学反応を生じ粒子化して大気中を浮遊する．最近では，中国で石炭を燃焼させることにより生じる微粒子が，偏西風により日本にやってきて飛散していることが話題となっている．これを**粒子状物質**(PM)という．このうち，粒径が 10 μm 以下のものを**浮遊粒子状物質**(PM10)といい，これらは大気中に浮遊し，吸引されると肺や気管などに沈着しやすく呼吸器系に影響を及ぼす．粒径が 2.5 μm 以下の微小粒子状物質(PM2.5)は気道より奥の肺胞などに付着するため，ぜんそくや気管支炎を引き起こすことが最近明らかにされた．PM2.5 は，発生源から直接大気中に放出される一次生成粒子と，ガス状物質が大気に放出され，その後化学変化する二次生成粒子から生成する．

一次生成粒子は化学工場か自動車のエンジン，ごみ焼却場からの燃焼粒子，花粉などである．二次生成粒子は，揮発性有機化合物がオゾンなどと反応し化学変化を生じたものや，SOx や NOx が光化学反応を受け硫酸や硝酸になる過程でアンモニウムと反応したアンモニウム塩や硝酸塩や硫酸塩などがある．PM2.5 の割合は，一次生成粒子に比べ二次生成粒子のほうが高い．浮遊物質のなかで PM2.5 は，大部分が粒径 0.1 〜 0.3 μm であり，発がん性や気管支ぜんそく，花粉症などの健康影響との関連が懸念されている（図 4.9）．

PM2.5 の拡散を防止するには，国内および国外における発生源対策が必要である．国内では，自動車 NOx・PM 法において，首都圏，近畿圏，中京圏において PM が新たな規制対象に組み込まれることや，PM10 に関しては，大気汚染防止法で，「1 時間値の 1 日平均値が 0.10 mg/m^3 以下であり，かつ 1 時間値が 0.20 mg/m^3 以下であること」という環境基準があったが，PM2.5 には基準がなかった．しかし，2009 年には大気汚染防止法

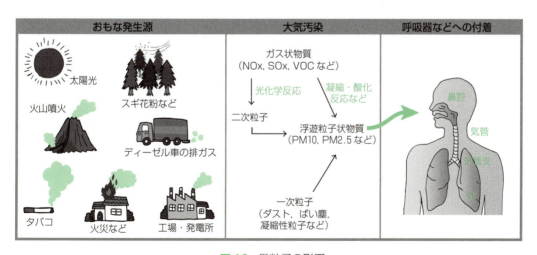

図 4.9 微粒子の影響

で「1年平均値15 μg/m³以下かつ1日平均値35 μg/m³以下」と環境基準が定められた．さらに，2009年に施工された自動車の排気ガス規制において，ディーゼル車に対して排気ガスや粒子状物質のガソリン車なみの厳しい削減を義務付けた．中国ではPMの削減目標や燃料転換を掲げた「大気汚染防止行動計画」を実行したり，日中韓3カ国環境相会合でも，優先的に取り組む課題としてPM2.5などの越境移動問題を含む大気環境改善を取り上げたりしている．

4.6 光化学オキシダント

光化学オキシダント

光化学オキシダントとは，大気汚染防止法では「オゾン，PANその他の光化学反応により生成される酸化性物質（中性ヨウ化カリウム溶液からヨウ素を遊離するものに限り，二酸化窒素を除く）をいう」と定義される．つまり，オゾン，アルデヒド，PANなどを含む酸化性物質をオキシダントとよび，そのなかで，中性ヨウ化カリウムでヨウ素を遊離する物質を全オキシダントという．そこから二酸化窒素（NO_2）を除いたものを光化学オキシダントという．

光化学スモッグ

光化学スモッグの原因物質は光化学オキシダントであり，これに触れると，目やのどへの刺激や息苦しさを感じる．光化学オキシダントの濃度の1時間値が0.12 ppmを超えると光化学スモッグ注意報が発令され，その際は外出や屋外での運動を避けることが望ましい．また，光化学スモッグ警報は，（自治体により値が異なるが）多くの場合1時間値が0.24 ppmを超えると発令される．

小学校時代，光化学スモッグ警報が発令されたため，運動場にでることを禁止された経験をもつ人は少なくない．その原因物質が，**光化学オキシダント**である．光化学オキシダントは，自動車や工場の排ガスに含まれる窒素酸化物（NOx），揮発性有機化合物（VOC），非メタン炭化水素（NMHC）などが紫外線による光化学反応を経てオゾンを主成分とする他，アルデヒド（R-CHO），パーオキシ・アセチル・ナイトレート（PAN：RCO_3NO_2）を生じる．これらが光化学オキシダントといわれる成分である．4.2節で説明したように，オゾン層は有害な紫外線を吸収する重要な働きをしているが，その一方，オゾンは毒性の高い物質であり，人体のみならず，樹木や農作物にも障害を引き起こす．

大気中の光化学オキシダント濃度が最も高かった1970年代には，光化学スモッグが多発したが，その後は減少した．ところが，1990年頃から再び，光化学スモッグの発生回数が増加したのである．1970年代では，7〜8月の夏場に発生することが多かったが，最近は春にも発生し，夜間でも光化学オキシダントが減少しない状況になっている．また，汚染域も拡大しており，都市や工業域だけでなく，離島や山岳域などにも広がっている．この原因として，中国大陸の東岸で排出された汚染物質が，東シナ海上空の高気圧の北側で吹く西風によって，朝鮮半島南部を経て九州北部から東日本に運ばれ，日本の広範囲に高濃度のオゾン域を形成していることが考えられている．光化学オキシダントの問題は，国内だけでなくアジア諸国からの影響も無視できない国際的なものになっている．環境省は「大気汚染物質広域監視システム」により，都道府県などが発令した光化学オキシダント注意報・警報の発令情報をリアルタイムで収集し，これらのデータを地図情報などとして，ウェブサイトで一般に公開している．

ロンドン型スモッグとロサンゼルス型光化学スモッグ

スモッグは，程度によっては死者をだすこともある重大な公害である．1952年，イギリス・ロンドンで「ロンドン型スモッグ事件」は起こった．このときには，12月4日からの10日間で約4,000人もの死者がでた．ロンドン型スモッグは，冬の早朝に起こりやすい（表）．特にこのときは寒波が襲来しており，家庭用暖房のために石炭が多量に使わればい煙が増加したことと，ロンドン上空に逆転層を形成するような気象条件が重なった．死者が多くでたのは，ばい煙中の硫黄酸化物と煤が，ぜんそくを悪化させたためといわれている．

ロサンゼルス型スモッグは1943年に初めて観測されている．これは，自動車の排ガスに含まれる窒素酸化物が原因となって光化学スモッグが発生したと考えられている．表を見ると，通常のスモッグであるロンドン型と光化学スモッグであるロサンゼルス型とで発生条件などがまったく異なることがわかる．

日本の光化学スモッグは，その日の最高気温が25℃以上，日照時間が2.5時間以上，午前9時時点の地上と高度1,000 mの気温差が7℃以下である場合に生じやすいといわれている．

表：ロンドン型とロサンゼルス型のスモッグの比較

特徴	ロンドン型	ロサンゼルス型
発生ピーク時間帯	早朝	日中
最頻発気温	-1〜4℃	24〜32℃
発生時の天候	相対湿度が高く霧を伴う	相対湿度が低く晴天
発生時の大気雰囲気	還元性	酸化性
典型症状の現れる患部	気管支	目

4.7 アスベスト問題

　鉱物繊維であるアスベストは，熱や摩擦に強くて切れにくく，酸やアルカリにも強い物質であることから，日本では昭和50年代頃から約3,000種の用途に使用されてきた．おもな用途は石綿工業製品と建材製品であるが，使用量の90％は鉄骨造建築物をはじめとした耐火被覆剤などの建材製品である．しかし，アスベストには毒性があり，肺の中に入ると，15〜40年の潜伏期間を経て，肺がんや悪性中皮腫などの病気を起こすおそれがある．アスベストはクリソタイル（白石綿），クロシドライト（青石綿），アモサイト（茶石綿），アンソフィライト（直閃石），トレモライト（透閃石），アクチノライト（緑閃石）の6種類があり，クリソタイル，クロシドライトおよびアモサイトは三大アスベストとよばれている（図4.10）．使用量が多いのがクリソタイル，毒性が高いのはクロシドライトとアモサイトである．

　WHOは，1972年にアスベストの発がん性を指摘し，日本では1975年9月に吹き付けアスベストの使用が禁止され，2004年には石綿を1％以上含む製品の出荷が原則禁止された．また，吹き付け石綿が使用された建物を解体する際には都道府県知事に届け出が必要で，飛散防止対策として，プラスチックシートなどを使った隔離や，作業の安全性のために作業場に

アスベスト

天然に産出する繊維状の鉱物で，マグネシウムのケイ酸塩を主成分とする細かい結晶体である．耐熱性に優れ，しなやかで安価であるため「魔法の鉱物」といわれていた．

白石綿（クリソタイル）　　青石綿（クロシドライト）　　茶石綿（アモサイト）

図 4.10　市場に流通しているアスベストの種類
（一般社団法人　JATI 協会提供）

はエアーフィルターなどを設置し十分に換気するなどの措置を講じなければならないと法律で定められている．しかし，2005 年には，アスベスト工場の労働者やその周辺の住民が中皮腫で死亡していることが顕在化し，2006 年には，石綿による健康被害の救済に関する法律や被害防止のため石綿の除去を進める法律などが制定され，アスベスト対策が強化されている．今日でもアスベスト被害の申請が後を絶たず，「石綿による健康被害に係る医学的判断に関する検討会」や「中央環境審議会環境保健部会石綿健康被害救済小委員会」で審議を行い，認定されれば医療費などが支給されている．

4.8　化学物質による室内汚染

室内では，防虫剤，消臭剤，新建材，塗料などさまざまな化学物質が使用され，それが揮発し人間に影響を与えていることがある．特に家庭内およびその周辺で害虫などを防除するためピレスロイド系殺虫剤，有機リン系殺虫剤，カーバメート系殺虫剤が使用され，それらがガス状または室内の埃などに付着してその周辺に住む人間に吸引されている．また，マンション新築時やリフォームした時に，建材などに含まれるホルムアルデヒドや塗料成分に人間が曝露し，吐き気，耳鳴り，じんましんなど多岐にわたる症状がでる**シックハウス症候群**が生じた．

▶シックハウス症候群は第 7 章も参照．

シックハウス症候群に関しては 1997 年に揮発性有機化合物 9 物質の室内濃度基準値が設定され，建築基準法においても，建材に対するホルマリンの使用制限，換気設備の義務付け，クロルピリホス使用建材の制限が設けられた．さらにシックハウス症候群と類似の症状に化学物質過敏症があり，特定の化学物質に曝露され続けていると，その物質のわずかな量を曝露するだけでアレルギーなどの症状がでる．このように，日常生活でもさまざまな化学物質に曝露しているので，常時換気に気をつけることが大切である．

4章のまとめ

1. 地球的規模の汚染といわれる地球の温暖化，酸性雨および黄砂は，各国間で対策が講じられているが，ほとんど改善傾向が見られない．
2. 自動車の排気ガスなどから放出される，粒径が 10 μm 以下の浮遊粒子状物質を PM10 とよび，2.5 μm 以下の微小粒子状物質を PM2.5 とよぶ．これらは気道を通り肺や肺胞に沈着する．
3. 室内汚染としてアスベストやシックハウス症候群などが深刻化し，アスベストは肺に入ると長い潜伏期間を経て肺がんや悪性中皮腫などを引き起こす．現在，アスベストを含む製品は出荷が禁止されている．

第5章
水質汚染

第4章で述べた大気汚染の場合と同じように，1950年代後半から1970年代のいわゆる高度経済成長期の水質汚染は深刻であり，四大公害問題のうちの三つ，すなわち，水俣病，新潟水俣病およびイタイイタイ病は水界の汚染によるものであった．大都市周辺の河川や湖沼，そして沿岸域の汚染は特にすさまじかった．汚染[*1]の直接的な原因は下水道の未整備や沿岸の埋め立てなどであったが，その根底には環境に対する配慮の欠落，つまり工場排水や家庭排水，畜産排水などの垂れ流しが大きく影響していた．その結果，多くの都市河川は"どぶ川"の様相を呈して景観は悪化，内湾には赤潮が常時発生して水生生物の生存が脅かされ，河川や湖沼および沿岸域の漁業は大打撃を受けた．

ヨーロッパでは18世紀中頃の産業革命時期，ロンドンのテムズ川やパリのセーヌ川における汚染が激化した．道路の下に下水道が張り巡らされていたが，そこには未処理の廃水が流れ，最終的にテムズ川やセーヌ川へ流れ込んでいた．飲料水源の汚染により伝染病も多発したという．

一方，その頃（江戸時代中期）の日本では，隅田川はシラウオが泳ぐほど清浄だったと伝えられている．当時のし尿は重要な肥料とされ，かまどの灰も同様であった．古着は古着屋が引き取って商売をし，ろうそくから垂れたろうを回収する生業（なりわい）も成立していたという．江戸時代は完全なリサイクル社会であったといえよう．

第二次世界大戦後の昭和20年代も，物が不足し，物を大切にすることが徹底された時代である．しかしその後，市場に物があふれ，飽食の時代に移るにつれて，環境汚染は激化した．そのようななかで，1980年代に入り，「かけがえのない地球を守る」，「持続可能な発展（sustainable development）」が叫ばれ，過去の汚染の反省に立って，環境保全，環境修復に対する努力が世界的になされ，今日に至っている．

この章では，私たちの暮らしに身近な河川，湖沼および海域の水質汚染の現状を解説し，その解決策を探る．

＊1 汚染と汚濁の語の使い分けは厳密ではないが，一般的な有機物が原因となる場合は（有機）汚濁，合成化学物質や重金属の場合は汚染を使用することが多い．

5.1 河川や湖沼の汚染

有機汚濁

人間のさまざまな活動により，河川や湖沼，沿岸域に多種多様な物質が流入するが，水中には数多くの微生物が生息しており，ある程度の量までの汚濁物質は微生物によって分解され，物理化学的作用（吸着・沈殿，光分解など）も伴って浄化される．これを**自浄作用**という．

しかし，自浄能力を越えた有機物の負荷や微生物が分解できない物質の流入などがあると，水質汚染が起こる．1960～1970年代の河川および湖沼の有機汚濁は，下水道の普及率が低かったことや，し尿以外の厨房排水，洗濯・風呂の排水が直接的に河川に流入したことにより進行した．特に都市部では，BOD（biochemical oxygen demand，生物化学的酸素要求量）が 50 mg/L を超えることは珍しくなかった．

有機汚濁が進行すると，水中の微生物が有機物を分解するために水中の酸素を大量に消費し，溶存酸素濃度が低下する．その結果，魚類や貝類など水生生物の生存が脅かされ，透明度は低下し，悪臭が発生する．このような「死の川」は景観を損ない，水辺は「憩いの場，うるおいの場」とはかけ離れた状況となる．

しかし，1970年頃をピークに各地のBODは徐々に低下し，大阪市内の河川を例に取ってみると，1980年以降，ほとんどの地点でBODが 10 mg/L を超えることはなくなった（図 5.1）．これには下水道の普及，1960年代の四大公害問題に代表される深刻な環境汚染の反省と環境保全に対する意識の向上などがかかわっている．

▶ 自浄作用については 3.4 節に詳しく述べられている．

BOD

生物化学的酸素要求量．試水を密閉したガラス容器に入れ，5日間 20 ℃で放置後の酸素消費量を mg/L で表したもの．BOD 値が高いことは，水中の微生物が利用できる有機物量が多いことを間接的に示している．

水質の環境基準

水質の環境基準は環境基本法により定められており，① ヒトの健康保

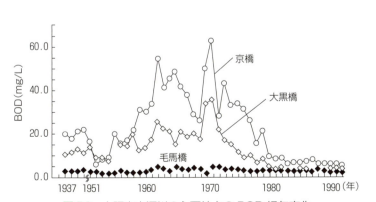

図 5.1 大阪市内河川の主要地点の BOD 経年変化
〔宇野源太，『都市河川の環境科学』，環境技術研究協会（1994）を改変〕

COD

化学的酸素要求量．試水中の有機物を過マンガン酸カリウム（$KMnO_4$）などの酸化剤で酸化したときに消費される酸素量を mg/L で表したもので，水中の有機物量の指標として用いられる．しかし，酸化されずに残ったり，有機物以外も酸化される場合には問題が残る．最近では，有機物量の指標として，全有機炭素(TOC)を使うことが多くなった．

護に関する環境基準（健康項目）と，②生活環境の保全に関する環境基準（生活環境項目）の二つが，公共用水域に対して設けられている．生活環境項目はBOD，COD（chemical oxygen demand，化学的酸素要求量）など9項目からなり，河川，湖沼，海域など水域別および水の利用目的別に，それぞれ異なる基準項目と類型指定（AA，A，B，C，D，E）がされている（表5.1）．

環境基準類型が当てはめられた3,300の水域について，有機汚濁の代表的指標であるBOD（河川に適応）またはCOD（海域と湖沼に適応）の基準達成率を見ると（平成27年度），河川で95.8％，海域で81.1％となっているが，湖沼では58.7％程度の水域でしか達成されていない（図5.2）．閉鎖性海域の海域別のCOD環境基準達成率の推移は，大阪湾を除く瀬戸内海での達成率が77％で最も高く，次いで大阪湾（75％），伊勢湾（69％），東京湾（63％）の順である．

5.2 海洋汚染

陸上における人間の諸活動により生じる廃棄物などは直接的または間接的に河川などの水系に入り，最終的には海域に到達する．特に沿岸域に生息する生物は，流入する汚染物質の影響を受けやすい．

*2 重金属による海洋汚染では水俣病をまず取り上げなければならないが，第1章に詳述したので参照してほしい．

■ 重金属[*2]

海水中の重金属は，岩石の風化や火山の噴火など自然現象に由来するものと，人間活動に由来するものとに分けられる．沿岸域や内湾の海水中および底泥中の重金属濃度については，大部分が人間の活動に由来するものであり，1960年代以降，多くの調査研究が実施され，膨大な知見が集積

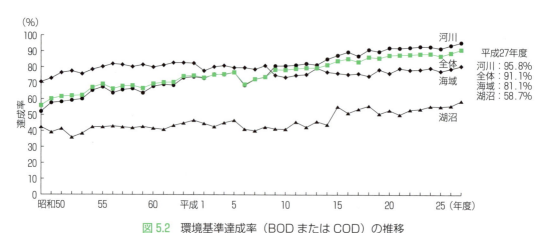

図5.2 環境基準達成率（BODまたはCOD）の推移
河川はBOD，湖沼および海域はCODでの基準（環境省，『平成27年度公共用水域水質測定結果』を改変）．

表5.1　生活環境の保全に関する環境基準（河川）

類型	利用目的の適応性	基準値				
		pH	BOD	SS	DO	大腸菌群数
AA	水道1級 自然環境保全およびA以下の欄に掲げるもの	6.5以上 8.5以下	1 mg/L以下	25 mg/L以下	7.5 mg/L以上	50 MPN/100 mL以下
A	水道2級 水産1級 水浴 およびB以下の欄に掲げるもの	6.5以上 8.5以下	2 mg/L以下	25 mg/L以下	7.5 mg/L以上	1,000 MPN/100 mL以下
B	水道3級 水産2級 およびC以下の欄に掲げるもの	6.5以上 8.5以下	3 mg/L以下	25 mg/L以下	5 mg/L以上	5,000 MPN/100 mL以下
C	水産3級 工業用水1級 およびD以下の欄に掲げるもの	6.5以上 8.5以下	5 mg/L以上	50 mg/L以下	5 mg/L以上	―
D	工業用水2級 農業用水およびEの欄に掲げるもの	6.0以上 8.5以下	8 mg/L以下	100 mg/L以下	2 mg/L以上	―
E	工業用水3級 環境保全	6.0以上 8.5以下	10 mg/L以下	ごみなどの浮遊が認められないこと	2 mg/L以上	―

＊基準値は日間平均値．MPN（most probable number, 最確数）．

されている．開発途上国の沿岸域では水銀，カドミウム，銅，鉛，亜鉛などの重金属による局地的汚染や魚介類への生物濃縮を通じた人体被害が知られている．

　日本においても，1960～1980年代の沿岸域や内湾において重金属濃度が高かったが，その後，海水中の濃度は顕著に低下した．しかし，底泥中の濃度は海水のそれに比べると低下傾向が緩やかである．**表5.2**は1972年，1990年，2000年および2016年における大阪湾奥部における表層泥中の重金属濃度の推移を示したものである．後背に人口密集地を抱えていない岩手県大槌湾の調査結果（2000年）も比較のために示した．1972年から1990年までの各重金属の濃度低下は顕著であるが，1990年から2016年までの26年間では濃度レベルに大きな違いはないことがわかる．

　社会一般では，重金属に関する汚染の問題は沈静化しているように受け止められているが，今もなお重金属によって環境が汚染されている実例もある．著者らの研究グループは，2007年から2010年にかけて，京都府舞鶴湾周辺域で，海域，陸域での各種の環境試料や生物試料をサンプリングして，**表5.3**に示したような評価法を用いて鉛汚染の実態調査を行った．その結果，廃バッテリーから鉛を精錬してリサイクルする工場の周辺が，

SS
浮遊懸濁物質．水中の懸濁物質（1 μm以上，2 mm以下）をろ紙を用いてろ過し，乾燥後，秤量してmg/Lで表す．水域の汚れの指標の一つとして用いられる．

DO
溶存酸素．水中に溶けている酸素のことをいい，mg/Lで表す．水温や塩分濃度により値は変わる．水中の微生物により多量の有機物が分解されると酸素が消費され，DOは低くなる．魚類などの水生生物は，DOが低下すると生存できなくなることがある．

表 5.2 大阪湾の底泥における重金属濃度の年次比較

調査年度	n	T-Hg	Cd	Cu	Zn	Pb	Ni	Mn	Cr	Fe
大阪湾										
1972[a]	50	0.08～7.20 (1.53)	0.60～39.05 (4.34)	10.3～838.0 (117.9)	113～2254 (633)	20.5～711.3 (112.2)			9～1024 (147.4)	1.00～4.91 (3.22)
1990[b]	25	0.03～0.84 (0.32)	N.D.～2.69 (1.00)	13.8～145.9 (58.6)	112～463 (259)	17.5～98.3 (45.8)	18.3～62.0 (39.7)	444～1518 (931)	25～138 (75)	1.24～3.91 (2.72)
2000[c]	21	0.01～0.85 (0.34)	0.06～2.40 (1.23)	8.7～94.6 (44.9)	26～436 (242)	15.6～94.6 (57.8)	12.1～63.1 (37.8)	435～2880 (888)	3～84 (49)	0.65～6.32 (3.47)
2016[d]	5**	0.16～0.36 (0.24)	0.43～0.91 (0.68)			39～60 (48)			71～92 (79)	
岩手県大槌湾										
2000[c]	7	0.01～0.08 (0.04)	0.08～0.71 (0.23)	10.3～53.3 (40.0)	114～611 (325)	12.1～24.8 (20.0)	8.4～44.6 (29.1)	154～443 (316)	12～37 (26)	3.30～8.90 (5.98)

* Fe 以外の金属は µg/g 乾重, Fe は%乾重. カッコ内は平均値.
** 5 地点：忠岡港沖, 尾崎沖, 築港沖, 阪南港西, 大和川河口中央
〔a: 城ら, 大阪水試研究, 4, 1 (1974), b: 山本義和ら, 日本水産学会春季大会講演要旨集 (1991), p.66, c: 長岡千津子, 山本義和ら, 日本水産学会誌, 70, 159 (2004)〕, d: 大阪府公共用水域環境データベース, 平成 28 年度大阪湾底質調査結果表 (1)〕

表 5.3 舞鶴湾での陸域・海域の鉛汚染の調査方法

現地試料分析	海域	生物試料	ムラサキイガイ	・海水域の生物影響（数年分の経過含む） ・食品の安全性
			アサリ	・底泥域の生物影響（数年分の経過含む） ・食品の安全性
		底泥・土壌	表層泥	・汚染の現状把握（平面的） ・浚渫・覆砂対策の効果評価
			柱状試料	・汚染の現状把握（垂直的） ・汚染の歴史的評価
	陸域		土壌	・二次汚染源となる周辺環境の汚染状況把握 ・大気経由の陸上汚染の評価
			スス状物質	・大気経由の陸上汚染の評価
			樹皮	・陸上生物に対する影響
			樹皮付着物	・大気経由の陸上汚染の評価
ムラサキイガイの移植実験				・海水域の生物に対する影響 （リアルタイムな汚染状況把握）
溶出試験 （表層泥・土壌）				・二次汚染源としての危険性の評価 （基準値による客観的評価が可能）

〔江口さやか, 山本義和ら, 環境技術, 39, 238 (2010)〕

鉛で汚染されていることが明らかとなった．特に, 工場に隣接する海の底泥からは, 8,700 µg/g 乾重ときわめて高濃度の鉛が検出された.

工場周辺の鉛汚染は, 工場から排出される粉塵, 排水, 排気に由来すると考えられる．鉛の精錬過程で発生した粉塵が, 工場に出入りする車両に付着して道路沿いに拡散し, 周辺土壌を汚染している．工場排水にはかつては工場排水基準値の 6,100 倍もの高濃度の鉛が含まれており, これが工場周辺の海底泥や貝類などの汚染を引き起こしたと考えられる．この海域のムラサキイガイ, アサリ, カキの鉛含有量は食品衛生基準を超える危険なレベルにまで達している．また, 移植実験を実施し, ムラサキガイによる鉛の取り込みを調べた. 図 5.3 は, 鉛汚染源工場から約 3 km 離れたと

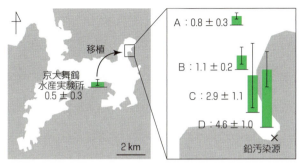

図 5.3 ムラサキイガイの移植実験による鉛汚染源の確認
ムラサキイガイを鉛の非汚染海域（京都大学舞鶴水産実験所）から汚染海域に移植 13 日後の軟体部鉛濃度の変化を調査した．N=10，数値は鉛濃度（平均値±標準偏差），単位は μg/g で示した．〔江口，山本ら，環境技術，**39**，238，（2010）より改変〕

ころ（京都大学舞鶴水産実験所）に自生しているムラサキイガイを，工場に近いA～Dの4地点に移植し，13日後に軟体部の鉛濃度を分析した結果を示している．汚染源に近づくほど鉛濃度が顕著に高くなっている．また，ムラサキイガイは別名ムール貝として料理の材料にも利用されていることから，食品の安全性の観点からも検証した．D地点の鉛濃度 4.6 μg/g 湿重は，EUで定められている食品安全基準 1.5 μg/g の数倍に達する値であった．この鉛汚染は，原因となる鉛を長期間にわたり排出してきた事業者に最も大きな責任があるが，それを監督すべき立場にある行政の姿勢，さらには汚染を取り締まる法律面での不十分さが問題点としてあげられる．環境に優しいとされるリサイクルの過程でこのような鉛汚染が起こっている現実に矛盾を感じざるを得ない．いったん広がった重金属汚染を回復することがいかに困難であるか，また，汚染の事後対策よりも予防の強化がいかに重要であるかがわかるだろう．

油汚染

　油による海洋汚染は，世界の主要なタンカー航路上に集中して起こっている．このことは，1970～1995年に油流出事故のあった場所（**図 5.4a**）と1995年の石油の主要な輸出入ルート（**図 5.4b**）を比べてみるとよくわかる．海洋の油汚染のおもな原因は，タンカーの座礁・衝突・火災などの事故（**表 5.4**）であるが，海底油田の開発に伴う油の流出や陸上からの流入などによっても，汚染は進行している．

　1990年の中東湾岸戦争の際に，油田の破壊によって大量の石油（20～54万 t）が海洋に流出したことや，1997年に日本海でロシアのタンカー，ナホトカ号の船体が荒天により切断され，船首部が島根沖から福井県三国港沖まで漂流している間に大量の重油（約 5,300 t）が流出し，その油が沿

第5章 水質汚染

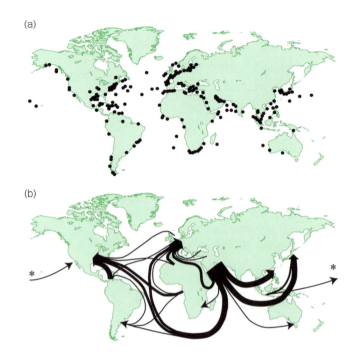

図 5.4 世界の原油の流れと油流出事故
(a) 1970～1995 年に起こった油流出事故の発生場所を黒い丸で示す（ITOPF の資料より）．
(b) タンカーによる原油の輸出入ルート（「海運統計要覧 1997」より）．

表 5.4 主要なタンカー油流出事故

年	船　名	旗　国	汚染被害国	流出量(t)	事故内容
1967	トリー・キャニオン	リベリア	イギリス・フランス	119,000	座礁
1972	シー・スター	韓国	オマーン	120,000	衝突
1976	ウルキオラ	スペイン	スペイン	100,000	座礁
1977	ハワイアン・パトリオット	リベリア	アメリカ	95,000	破損
1978	アモコ・カディス	リベリア	フランス	223,000	座礁
1979	アトランティック・エンプレス	ギリシア	トリニダード・トバゴ	287,000	衝突
1979	インデペンデンタ	ルーマニア	トルコ	95,000	衝突
1983	カストロ・デ・ベルバー	スペイン	南アフリカ	252,000	火災
1988	オデッセイ	リベリア	カナダ	132,000	破損
1989	エクソン・バルディス	アメリカ	アメリカ	37,000	座礁
1991	ABT サマー	リベリア	アンゴラ	260,000	火災
1993	ブレア	リベリア	イギリス	85,000	座礁
1996	シー・エンプレス	リベリア	イギリス	72,000	座礁
1997	ナホトカ	ロシア	日本	6,200	破損
1999	エリカ	マルタ	フランス	10,000+	破損
2002	プレスティージ	バハマ	スペイン	10,000+	破損

注）流出量は ITOPF 資料等による．ナホトカの流出量は海底沈没部分の貨物油を含まない．
（平成 12 年 7 月　海上技術安全局安全基準課安全評価室のデータより作成）

岸部に漂着したため，大被害を与えたという事件もあった．
　海洋に流出した油の動向は，油種によって異なる．大気中に揮発しなかったものは油膜やタールボールとして風や海流にのって移動し，海岸に漂着する．一部は海水に溶解して懸濁状態となり，比重の重いものは沈降する

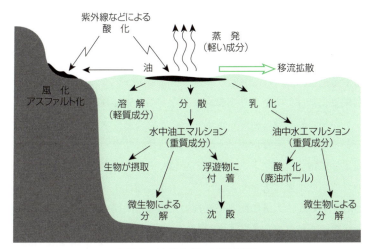

図 5.5　油の分解・風化過程
〔青海忠久, 『重油汚染・明日のために』, 海洋工学研究所出版部 (1998), p.177 より改変〕

(図 5.5). 海中には重油を分解する細菌も存在し, 流出油はゆっくりと分解される.

　流出油の対策としては, オイルフェンスを設けて拡散を防ぐとともに, 油を海水に分散させるために界面活性剤を投入することが多い. しかし, 界面活性剤そのものが水生生物へ与える影響も危惧される. また, 水中の重油分解細菌の活性化のために栄養塩類が投入された例は, 油汚染に対するバイオリメディエーションの活用として注目されている. 上述のナホトカ号の流出油対策では, 多くのボランティアの奮闘による, 沿岸に漂着した油を柄杓とバケツで汲み取る人海戦術が最も功を奏した. 油による海洋汚染は, 海鳥, 底生生物, 貝類, 海藻類, 魚類などに影響が現れる. 体表面が油に覆われることにより行動の自由が奪われたり, 物理的に窒息したり, また流出油に含まれる有害物質により, 生殖や生育および摂餌活動に障害が現れたりする. 人間の活動においても, 漁業や観光産業などに被害が及ぶ.

▶バイオリメディエーションについては, 6.4 節を参照.

　2010 年 4 月, アメリカ・ルイジアナ州沖合約 80 km の水深 1,500 m における海底油田の石油掘削施設の爆発により, 流出が止まるまでの 3 カ月間に約 59 万 t もの大量の原油が噴出し, メキシコ湾沿いの州の生態系や経済活動に深刻な影響を及ぼしつつあることが報道された. この事故は, **表 5.4** のエクソン・バルディス号事故における流出量を大幅に上回り, アメリカ史上最悪の流出事故といわれている. さらに, 2010 年夏のウッズホール海洋研究所の調査により, 海面から消失した原油の一部が, 水深 1,100 m のところで, 厚さ 200 m, 長さ 35 km にわたるプルーム (羽毛状の水塊) を形成していることがわかり, 水中の生物への影響が危惧されて

いる．海底油田の開発は今後も盛んになると思われ，原油流出事故の発生頻度は高くなると予想される．

富栄養化と赤潮

富栄養化とは，陸上から窒素やリンなどの栄養塩類が湖沼や沿岸，内湾域などの閉鎖的水域に過剰に流入することにより，水域が栄養塩類過多になることである．栄養塩類は水域の一次生産，すなわち食物連鎖の根底に位置する植物プランクトンの増殖に必須であり，その一次生産は食物連鎖を通じて高次生産に大きく影響する．栄養塩類は本来的には動物および植物起源であるが，大量の肥料や洗剤の使用など人間の諸活動により多量の栄養塩類が水域に流入すると，植物および動物プランクトンの異常発生(これを**赤潮**という)をもたらすことになる．

赤潮の色は，原因プランクトンの種類によって，赤色，茶褐色，緑色などさまざまであり，有害プランクトンによる赤潮は深刻な漁業被害を引き起こす．かつては春先から秋口までが赤潮発生時期と捉えられていたが，近年は発生期間の長期化と恒常化が問題視されている．1970年以降の瀬戸内海における赤潮の発生件数は，1970年代半ばをピークにして減少しているが，1980年代後半からはほぼ横ばい状態である(図5.6)．閉鎖性の6海域(瀬戸内海，東京湾，伊勢湾，大阪湾，有明海，八代海)における全窒素および全リンの環境基準達成状況は，瀬戸内海における達成率が最も高い．

しかし近年は，栄養塩不足の水域もあり，ノリ養殖に支障をきたしていることが明らかにされている(p.78，コラム参照)．しかも，ノリにとって

赤潮

動物および植物プランクトンの異常発生により海水が着色する現象．陸上から窒素やリンなどの栄養塩類が過剰に供給され，日射量と水温が上昇する時期に起こりやすい．赤潮の発生により，物理的に鰓が詰まって魚が呼吸困難に陥ったり，有毒物質の分泌により魚類が斃死し，大きな漁業被害をもたらすことがある．

近年の瀬戸内海における主要な赤潮の発生種は次のとおりである．

珪 藻：*Skeletonema* spp., *Chaetoceros* spp., *Eucampia zodiacus*, *Thalassiosira* spp.

渦鞭毛藻：*Karenia mikimotoi*, *Cochlodinium polykrikoides*, *Noctiluca scintillans*

ラフィド藻：*Heterosigma akashiwo*, *Chattonella antiqua*, *Chattonella marina*, *Chattonella ovata*

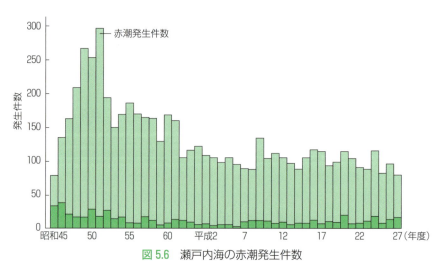

図5.6 瀬戸内海の赤潮発生件数
グラフ中の濃い緑色の棒グラフは，漁業被害を伴った件数(瀬戸内海漁業調整事務所指導課ホームページより改変)．

なけなしの栄養塩類が大型の珪藻類に利用されていることが明らかとなり，この栄養塩不足をどのようにして解決すべきかが大きな課題となっている．ノリ養殖漁業者が「きれいな海より豊かな海を！」と叫ぶ言葉には，これからの水環境問題への問題提起が含まれている．つまり，きれいさだけを追求することですべてが解決するのではないのである．

赤潮とは別に青潮という現象がある．

青潮

富栄養化の著しい海域で底層の低酸素水塊が表面に上昇した際に，水に硫黄粒子や硫黄化合物が含まれているため，水面が青白く見える現象をいう．魚介類の大量斃死を招くことがある．

■ 漂流物質（プラスチック類，幽霊漁具）

近年，海面に浮遊する廃棄物，特に環境中で分解されない発泡スチロールやプラスチック類による海洋汚染が国際的な問題になっている．プラスチック類のおもなものは，タバコのフィルター，洗剤や食品の容器類，サンダル，おもちゃ，スーパーなどのレジ袋，切れた漁網，ひも，ロープ，釣り糸などである．環境省の海洋ごみの実態調査（2010～2014年）によると，5年間の総計でごみの個数が最も多かったのは山口県下関市で，50 mの海岸線に約47,000個漂着した．種類別に見ると，調査した7カ所すべてでプラスチック類が最も多く，全体の8～9割を占めていた．茨城県神栖市については，2011年の東日本大震災と台風の影響が大きかった（図5.7）．近年，世界的に注目されているマイクロプラスチックについては後述する．

海鳥の胃中からプラスチック類が検出されることが知られている．また，レジンペレット（海上を漂流するプラスチックの小粒子）をイルカやウミガメ，海鳥が誤食することがあり，その物理的障害とともに，レジンペレット中の微量有機汚染物質の影響も危惧されている．これらの海洋浮遊物質

図5.7 漂着ごみ（人工物＋自然物）の個数（5年間の合計：人工物の破片および灌木は除く）
（環境省，海洋ごみの実態把握調査『2010～2014年度漂着ごみ調査結果』）

は風や海流によって漂流し，太平洋ではハワイ北東部などの特定海域に集積されるため，その海域は特に大きな影響を受ける*3．

プラスチック類と並んで大きな問題となるのは，幽霊漁具といわれる漁業廃棄物である．漁網やロープなどが何らかの事故で，あるいは意図的に投棄されると，海洋哺乳動物，海鳥，ウミガメ，魚類などが，これらの漁具に絡まって死亡することがある．漁具を利用する場は海洋生物資源が豊富な場所でもあるため，幽霊漁具が生物に及ぼす影響は大きい．また，人の目には直接触れないが，海底に堆積した漁具類も多く，それらは底生生物に何らかの影響を与えている．

▌マイクロプラスチック

近年，微細なプラスチックによる海洋汚染が大きな問題となり，注目されている．プラスチックの生産量は世界で年間約3億1,100万tに達し，そのうちの約1億tがごみとなり，少なくとも800万tが海に流出しているといわれている．

環境省によると，日本周辺のマイクロプラスチックの分布は**図5.8**に示したように日本の周辺海域，とくに日本海側での分布が顕著である．

いろいろなルートを通じて海洋中に負荷されたプラスチック類（発泡スチロール，ペットボトル，プラスチック片など）は約25万t以上に達すると推定されており，波浪や太陽光により数μm〜5 mmのプラスチック小片（5 mm以下のものがマイクロプラスチックと定義されている）に崩壊，細粒化しながら沿岸部から沖合に拡散・沈降することがよく知られて

*3 海洋生物による誤食の記録の多くは沿岸付近のものであり，外洋域での実態はよくわかっていない．

▶人工の有機化合物による海洋汚染は先進国，開発途上国いずれにおいても深刻であるが，詳細は第7章で取り上げる．

図5.8 日本周辺のマイクロプラスチックの分布
〔単位体積（m³）あたりの個数，2014年〕
〔環境省，海洋ごみ実態把握調査（マイクロプラスチックの調査）〕

いる．このマイクロプラスチックは太平洋海域に生息するプランクトン個体数の約6倍以上ともいわれており，世界的な問題となっている．南極海も含めた世界中の海に拡散したマイクロプラスチックは魚類やウミガメ類，鯨類だけでなく，ハシボソミズナギドリなどの海鳥に取り込まれ，生存を脅かすことが危惧されている．海鳥ではプラスチックが胃の体積の半分以上を占めることもあり，消化を妨げる可能性も考えられる．また，微細でかつ疎水性のプラスチック類はPCBなどのPOPs（残留性有機汚染物質）を吸着しやすく，各種生物に取り込まれた後に脂肪組織に蓄積し，生体に何らかの影響を及ぼすことが危惧されており，今後の重要な検討課題である．

▶残留性有機汚染物質については，第7章を参照．

　プラスチックは安定で分解しないといわれているが，近年，プラスチックを構成する基本単位であるモノマーまで分解することも明らかにされている．海浜に漂着したプラスチックは滞留中に温度や紫外線の影響で，ポリスチレンはスチレンオリゴマーに，また，ポリカーボネイト／エポキシ樹脂の原料であるビスフェノールAに分解され，再び海洋環境に拡散することが示唆されている．

　最近，ガの幼虫がポリ袋を分解することがわかった．ハチノスツヅリガの幼虫は釣り餌としてはブドウムシという名で，ペットの爬虫類の餌としてはハニーワームとよばれ，もともとはミツバチの巣の中の蜜ロウを食べて育つため，有機化合物を分解する能力が高い生き物である．ポリ袋を食べた幼虫の体内ではポリエチレンがエチレングリコールに分解されていた．この幼虫がもつポリエチレンを分解する酵素を特定して生産できれば，大量のポリエチレンごみの処理に利用できるのではないかと期待されている[*4]．

＊4　詳細は以下の文献を参照されたい．P. Bombelli, C. J. Howe, F. Bertocchini, Polyethylene bio-degradation by caterpillars of the wax moth *Galleria mellnella*, *Current Biology*, **27**, 292 (2017).

　海洋中のプラスチックは海溝部の深海域の海底にも集積しており，深海域におけるプラスチックの分解速度は太陽光の影響を受けやすい表層に比べて遅くなることが考えられる．ごみに印刷されている文字などから，それぞれの海域に隣接する国が起源のものも多く見られ，海洋のプラスチックごみ対策は一国だけで解決できる問題ではなく，周辺国，特にプラスチックの海洋流出量が多いアジア諸国で問題を共有し，協力して解決しなければならない．2015年にドイツで開催された主要7カ国（G7）首脳会議で，「世界的な課題であることが警告され，2017年イタリアでのG7は「地球規模の脅威」と訴え，国際的な対応を急ぐように求めている．レジ袋の規制について，EUは加盟国に1人年間40枚まで使用を減らす目標を掲げている．ちなみに，わが国では年間1人300枚のレジ袋が使われており，現在のところ法的規制や数値目標もなく，自治体ごとの対応にゆだねられている．

　再利用できる製品の普及や，環境中で分解されやすい生分解性プラス

チックを使った代替品の開発が促される．歯磨きや洗顔料に使用されているスクラブ（マイクロビーズ）を起源とするマイクロプラスチックについても使用を規制することが求められており，アメリカでは2015年に規制法が成立し，製造を禁じ，販売も2018年6月までとしている．わが国では，2016年3月，業界団体が各社に使用中止を呼びかけた自主規制の段階である．

日常生活の隅々までプラスチックが浸透している「プラスチック社会」を急激に変換することは至難の業であろうが，「使い捨てない」，「レジ袋をもらわないようにする」など身近なところから見直していくことが大切であろう．

ノリの色落ち問題

近年，有明海（佐賀県，熊本県，長崎県）や兵庫県播磨灘の海苔養殖において，ノリの「色落ち」問題が深刻化している．播磨灘では，1996年頃から色落ち現象が頻発するようになり，2003年以降は毎年のように色落ち現象が見られる（図）．この原因は，養殖海域における無機溶存態窒素（アンモニア態，亜硝酸態および硝酸態の窒素）やリンなど栄養塩類の不足である．

海水中の栄養塩が不足すると，ノリは光合成を十分にできなくなり，糖類からアミノ酸を合成する窒素同化作用が低下する．アミノ酸は，タンパク質や核酸，クロロフィル（葉緑素）などの合成に不可欠であるが，アミノ酸合成が不十分になると光合成色素の合成も円滑に進まず，色調が低下し，色落ちが発生する．ノリは黒くて艶のあるものが美味とされ高価格で売れるが，色落ちノリはタンパク質量が低下して味が良くないため値が落ち，養殖業者にとっては大きな痛手となる．栄養塩不足の原因は，陸上から海域への供給量の低下と，大型珪藻の増殖による過剰な消費である．色落ちにかかわる大型珪藻は，有明海ではリゾソレニア類，播磨灘ではユウカンピアやコスキノディスカス類とわかっている．

色落ちの対策としては，二期作の漁場では栄養塩が不足する時期にノリ網の張り替えを避けること，栄養塩類の補給方法の工夫，大型珪藻を食べる貝類の養殖，色落ち耐性株の育種などが考えられている．

図：兵庫県におけるノリ養殖の動向
〔兵庫県のノリ養殖生産動向（兵庫県漁連資料より）〕

5章のまとめ

1. 河川における一般的な水質汚濁は，この50年間に大きく改善されたが，湖沼における環境基準の達成率は約50％である．
2. 海底油田の掘削の増加に伴い，海洋における大規模な油汚染事故が生じた．
3. 内湾や沿岸域における恒常的な富栄養化が見られる一方で，海域によっては栄養塩不足による養殖ノリの色落ち問題が深刻である．
4. マイクロプラスチックによる海洋汚染は海洋生態系の保全に支障をきたすことが明らかにされつつあり，レジ袋などの使用規制に関する取り組みが世界的に進み始めている．

第6章 土壌汚染

6.1 土壌汚染とは

アメリカ・ニューヨーク州，ナイアガラフォールズ市のラブカナル地区で，1970年代中頃から，「地下室の壁が黒くなる，悪臭がする」との苦情が多発した．調査の結果，ラブカナル地区は廃棄物処分場の跡地を整地してつくられた住宅地であり，その土壌からはベンゼン，トルエンなど80種類以上の化学物質が検出された．また，その地区で住民の健康調査を行ったところ，特定の通りに面した家で流産率が高く，先天性障害児出産が集中していた．これは土壌汚染が顕在化した例であり，この事件を契機に，アメリカでは**スーパーファンド法**が成立した．しかしこのような法律にもかかわらず1981年には，アメリカ・カリフォルニア州サンノゼ市，シリコンバレーの工場の地下タンクから1,1,1-トリクロロエタンやトリクロロエチレンなどの揮発性有機塩素系溶剤が漏洩し地下水に侵入するという事故も起こっている[*1]．

このように，土壌中の重金属や有機溶剤，農薬，油などの物質が，自然環境やヒトの健康・生活へ影響を及ぼす可能性のある状態を**土壌汚染**といい，典型七公害の一つとされている．近年，企業の工場跡地などの再開発に伴い，重金属，揮発性有機化合物などによる土壌汚染が顕在化し，明らかにされる土壌汚染の数は一時増え続けたが，ここ5年ほどは横ばいになっている（図6.1）．

表6.1に，日本における土壌汚染の法制度の変遷について示す．1970年に「農用地の土壌の汚染防止等に関する法律」が策定された後，1994年には，土壌環境基準が策定され，2002年にようやく「土壌汚染対策法」が公布された．この法律は，先のラブカナル地区のような事件を未然に防ぐこと，つまり，工場や事業場により汚染された土地が放置・転用されることによってヒトの健康に影響が生じることを防ぐ目的でつくられた．もし**土壌溶出量基準**および**土壌含有量基準**に適合しなければ，その土地は指定区域として台帳に記載され，閲覧できるようにしなければならない，とい

スーパーファンド法

1980年に成立した法で，汚染の調査や浄化はアメリカ環境保護庁が行い，汚染責任者を特定するまでの間，浄化費用は石油税などで創設した信託基金（スーパーファンド）から支出するというもの．浄化の費用負担を有害物質に関与した，すべての潜在的責任当事者(potential responsible parties, PRP)が負うという責任範囲の広範さが，この法律の特徴である．

[*1] この事故は，その地下水を水道原水にしていた地区があったために訴訟問題へと発展した．

土壌溶出量基準

土壌中の有害物質が溶け込んだ地下水などを飲用することによる，有害物質の体内への取り込み防止を目的につくられた基準．土壌に10倍量の水を加えて十分に振り混ぜた場合に溶出してくる特定有害物質の量を，種類ごとに定めた基準である．

土壌含有量基準

有害物質を含む土壌を直接摂取することを想定してつくられた．

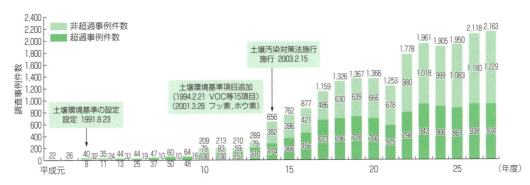

図 6.1 土壌汚染の事例数
(『平成 28 年版環境白書』)

表 6.1 日本における土壌汚染の法制度の変遷

年	出来事
1970 年	**農用地の土壌の汚染防止等に関する法律** 農畜産物を経由した人への健康影響や農作物の生育阻害の防止を目的に制定され,カドミウムは米の含有量が,銅,ヒ素については農用地土壌の含有量が基準値として定められた
1986 年	**市街化土壌汚染に係る暫定対策指針** 環境庁がカドミウムなど重金属等に係る土壌汚染の調査・対策の一般的な技術手法を示した
1991 年	**土壌の汚染に係る環境基準** 人の健康を保護し,生活環境を保全するうえで維持されることが望ましい基準として,カドミウム等の 10 物質について環境基準が定められた
1994 年	**土壌環境基準** 揮発性有機化合物 15 物質(2001 年フッ素とホウ素が追加され合計で 27 項目)の基準値が制定された
1997 年 1 月〜 1999 年 1 月	**土壌の汚染に係る調査・対策指針および運用基準** 1997 年 1 月,それまでの指針を見直し新たな土壌汚染の調査・対策指針の策定に着手し,1999 年 1 月に,「土壌・地下水汚染に係る調査・対策指針および運用基準」を策定するとともに,その細目を「運用基準」として提示した
1997 年 7 月	**ダイオキシン類対策特別措置法** ダイオキシンによる土壌汚染についても都道府県知事が対策地域および対策計画を定めるとともに,対策計画に基づき事業を実施することができるようになった
2002 年 5 月	**土壌汚染対策法** 工場跡地を宅地などに転用する際,土地所有者が汚染の有無を調べて都道府県知事に報告するよう定めた.この法律は,2003 年 2 月より施行された
2003 年 2 月	**土壌汚染対策法 施行**
2005 年 3 月	**油汚染対策ガイドライン** 事業者対象に,油漏れなどで油を含む土ができ,その場所が油臭いとか敷地内の井戸水に油膜が生じたときに,どのように考え,どのような調査や対策を行えばよいかを検討する際のガイドラインである
2010 年 4 月	**土壌汚染改正法 成立** 土壌汚染対策法の成立後,さまざまな課題が明らかになったことから,それを解決するために改正された

う法律である.この法律は 2010 年 4 月に,汚染調査の正確性と掘削除去を主体とする浄化対策の改善を目的に改正された.本法では,第 1 種特定有害物質と第 3 種特定有害物質には土壌溶出量基準,第 2 種特定有害物質には土壌溶出量基準に加えて土壌含有量基準が設けられ,適合,不適合についての必要性が示された.この調査結果をふまえて都道府県知事は,土

> **特定有害物質**
> 第 1 種特定有害物質は揮発性有機化合物 12 種,第 2 種特定有害物質は重金属等 9 種,第 3 種特定有害物質は農薬 4 種と PCB を示す.

壌汚染の健康被害防止措置として，事業主に対し，汚染除去などの措置命令や汚染除去に要した費用の請求，土地の形質変更の届出および計画変更の命令をだすことができる．

なぜ，土壌汚染が問題であるのか．それは，有害物質に汚染された土壌を知らないうちに経口摂取している場合や，汚染された地下水を飲用している場合もあるからである．このように，土壌汚染，特に有害物質による汚染を放置すれば，ヒトの健康に影響を及ぼしかねない．土壌汚染対策法では，1)地下水等経由の摂取リスク(土壌に含まれる有害物質が地下水に溶けだして，その有害物質を含んだ地下水を飲んで口にすることによるリスク)と，2)直接摂取リスク(有害物質を含む土壌を口や肌などから直接摂取することによるリスク)に分けて健康リスクを考えている．

6.2 土壌汚染の要因

土壌汚染の要因には，自然の土壌に含まれている物質の溶出による自然的起源と，人間活動により生じる人為的起源がある．以下に，それぞれの場合についての汚染物質や汚染形態について説明する．

■ 自然的起源による汚染

ヒ素，鉛，フッ素，ホウ素，水銀，カドミウム，セレンまたは六価クロムが環境基準を超えて検出された場合，それらは自然的起源である可能性が高い．ヒ素や鉛などの物質は地核では鉱物として存在し，通常は地表で暮らす動植物に影響することはないと考えられる．しかし，地殻の岩石が風化して土になるときや土壌が露出しているところでは，土粒子の表面が酸化される．すると，土粒子に含まれていた物質は，水に溶けやすく生物に吸収されやすい重金属イオンやオキソ酸という物質になり，地下水などに溶出してくる．

フッ素は蛍石や氷晶石などの鉱物に含まれているため自然界に広く分布し，土壌や岩石中には 200 ～ 500 mg/kg，海水中にも 1.2 ～ 1.4 mg/L 含まれている．ホウ素も地殻中に 10 mg/kg，海水中に 4.4 mg/L 含まれている．このため，火山地帯の地下水，温泉，地下水への海水の混入や，海底堆積物からの溶出により，土壌や水が汚染されることがある．また，石油や石炭などの化石燃料にも水銀，カドミウム，鉛などが含まれているため，燃焼時にこれらの金属が大気中に揮散し，環境へ負荷を与えている．

自然由来の金属元素が原因で汚染が引き起こされた事例を示そう．ヒ素による汚染は世界中で発生している．ネパール，バングラディシュ，パキスタンやミャンマー，カンボジアでも，河川および井戸水がヒ素により汚

● 自然要因による汚染事例 ●

ネパールのテライ平原 20 県にある 18,635 本の井戸を調査した結果，17 県で，当時の EPA の水質基準である 50 µg/L 以上 (2005 年 1 月 23 日より 1 µg/L となっている) のヒ素が検出され，テライ平原中央部のナワールパラシ県では 570 µg/L もの高濃度で検出された．バングラディシュでも全国 64 県中 61 県で汚染が見つかった．中国の内モンゴルや山西省でヒ素曝露を受けている人は 60 万人ともいわれている．

染されている.また,ハンガリー盆地でも深井戸を水道水源にしている40万人もの人が50 µg/L以上のヒ素に曝露されていた.台湾でも深井戸からヒ素が平均500 µg/L,最高1,820 µg/Lで検出され,中毒症が多発していた.

フッ素に関しては,近畿地方の温泉などを含む数地域の調査の結果,1.72〜23.6 mg/Lのフッ素が検出された.その供給源は,近畿地方の地盤を形づくっている花崗岩中の黒雲母であった.房総半島中部の温泉やガス採取井戸などの地下水からはホウ素が検出され,これは,昔の海水が地層に閉じ込められたまま残っている化石海水と,かつて海であったときに堆積した地層が陸地になった海成堆積層が原因であった.

人為的汚染

人為的な汚染としては,揮発性有機塩素化合物,重金属,硝酸性窒素および油による汚染がある.第一種特定有害物質の揮発性有機塩素化合物は,高い揮発性,不燃性,油への高い溶解力を有するため,合成原料,金属関連産業や半導体産業などの洗浄,発泡剤,反応溶媒・溶剤など,工業分野のあらゆるところで使用されている.それらが土壌を汚染する要因には,揮発性有機塩素化合物を含む汚泥の埋立て処分,液状またはドラム缶に入れた廃溶剤の不正投棄などがある.揮発性塩素化合物が環境中に排出されると,大部分は大気に揮散するが,もし排水中などに溶解すると,排水路の割れ目などを通して土壌に浸透し地下水を汚染する.揮発性塩素化合物は水よりも重いため,水とともに地下に浸透し,水を通さない**帯水層**付近で貯まって高濃度になっていることがある.この場合,横方向への拡散は小さく,高濃度に汚染されている領域は狭い範囲に限られている.

重金属汚染については,前項で述べたように,鉱物にこれらの物質が含まれているために,鉱床における採鉱活動および精錬作業中に鉱石やその粉末が環境中に放出され土壌を汚染する.足尾銅山鉱毒事件では,採掘の際発生していた亜硫酸水素が周辺の森林を枯れさせてしまった.そのため銅を含んだ水が洪水となって,住民に被害をもたらしたのである.イタイイタイ病は,富山県神通川上流の神岡鉱山で亜鉛を採掘した際に,カドミウムを含む鉱山廃水が流域の土壌とコメなどの農作物を広範囲に汚染し,汚染された農作物を摂取した流域の住民に骨軟化症を引き起こした健康被害である.重金属汚染の場合は,自然的要因か人為的要因か,無機態か有機態かなどを見きわめ,対処方法を考えなければならない.

硝酸性や亜硝酸性窒素の原因物質である窒素系肥料の使用は,アジア域を中心に年々増加傾向にある.また,家畜ふん尿中にも窒素化合物が多く含まれている.作物に吸収されなかった余剰窒素や家畜舎からの排水が環

帯水層
粘土などの不透水層の間にある,砂や礫からなる地層.この地層中では,地下水が流れる.

▶足尾銅山鉱毒事件とイタイイタイ病については,1.4節を参照.

> **窒素安定同位体比**
>
> 同位体とは，同じ原子番号をもつ元素の原子において，質量数が異なる核種のことである．窒素は ^{14}N（陽子7個＋中性子7個からなる）のほかに ^{15}N（陽子7個＋中性子8個からなる）という同位体をもつ．^{14}N と ^{15}N の存在比は土壌の窒素分の由来により異なり，例えば，雨水や植物由来の窒素や化学肥料などを使用している土壌の窒素安定同位体比は，空気中の窒素安定同位体比とほぼ同じだが，堆肥などの有機質を使用した土壌中の窒素安定同位体比は ^{15}N の割合が増す．このように同位体の存在比を利用して汚染源を究明することができる．

境中に放出され地下水に侵入していく．これらの窒素は通常はアンモニア性窒素のかたちで放出されるが，環境中では亜硝酸性窒素（NO_2^-）および硝酸性窒素（NO_3^-）へと変化していく．

アメリカ・ビッグスプリング盆地では，農地への施肥量に比例して地下水の窒素濃度が上昇した．また，静岡県の茶園地帯や高原野菜畑地帯などでは地下水の窒素濃度が増加する傾向にある．硝酸および亜硝酸性窒素濃度の高い地下水を飲用すると，チアノーゼ症状を呈するメトヘモグロビン血症を引き起こすことが知られており，特に乳幼児に対するリスクは高い．また，体内でアミンやアミドと反応して，発がん性が疑われているニトロソアミンが生成されることも指摘されている．最近では，**窒素安定同位体比（$\delta^{15}N$ 値）**を用いることで，硝酸性窒素の起源が化学肥料か，下水処理水および有機質肥料由来かを推定できるようになった．

6.3 地下水・土壌汚染調査の方法

　土壌汚染対策法での土壌汚染調査は，1）特定有害物質を使用する施設を廃止したとき，2）3,000 m² 以上の土地の形質変更を行う場合で，知事等が調査の必要を認めたとき，3）土壌汚染によるヒトの健康に係る被害が生じる恐れがあると知事等が認めるときに行われる（**図6.2**）．はじめに地歴調査（土地の登記簿，航空写真，住宅地図などの資料調査，アンケー

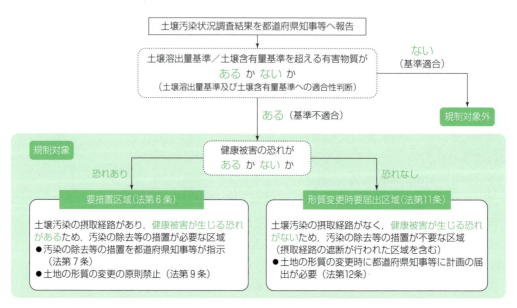

図6.2　土壌汚染調査計画の流れ（「要措置区域」「形質変更時要届出区域」に指定されるまで）
〔「土壌汚染対策法のしくみ」，環境省・(公財)日本環境協会を参考に作成〕

ト調査, 聞き取り調査, 現地調査)を実施し, 地形・水文地質構造, 地下水汚染状況, 汚染物質の使用状況, 土地・地下水の利用状況, 過去の事業活動を把握する. この結果に基づき, 1) 汚染の恐れがない, 2) 汚染の恐れが少ない, 3) 汚染の恐れがある, の3段階に分けて評価される. 2) 汚染の恐れが少ない, または3) 汚染の恐れがあると判断された場合は概況調査計画を立案する.

概況調査は, 地下水・土壌汚染発生の可能性や汚染物質の移動に関する仮説を具体的な事実に基づいて検証し, 対象地における地下水・土壌汚染発生の有無を確定することを目的として, 表層土壌ガス, 表土を対象に検査する.

調査方法については確認された物質により異なり, 第一種特定有害物質(揮発性有機化合物)については, 汚染の恐れがある場合は, 10 m × 10 m 格子に1カ所, 汚染の恐れが少ない場合は 30 m × 30 m 格子に1カ所をサンプリングし, 深さ1 m でガス調査を行う. ここで, 汚染物質が検出された場合は, 土壌溶出量調査を行う.

第二種(重金属類)および第三種特定有害物質(農薬等)については, 汚染の恐れがある場合は, 10 m × 10 m 格子に1カ所, 汚染の恐れが少ない場合は 30 m × 30 m 格子に対して5カ所土壌を採取し, それぞれを等量混合して1検体として, 溶出量調査と含有量調査(第三種特定有害物質は溶出量のみ)を行う.

概況調査によって汚染が確認された場所については, 対策の必要性の有無を判断する詳細調査が行われる.

第一種特定化学物質の場合は, 土壌ガス調査とボーリング調査が行われる. ボーリング調査の調査深度は 10 m までを標準とする. 土壌試料は, 地点の状況により異なるが, 基本的には表層から 0～50 cm, 50～100 cm, 深さ1 m 以深は1 m ごとに調査深度まで採取する. 第二種および第三種特定化学物質の場合は, 表層の土壌と深さ 5～50 cm までの土壌を当量混合したものを検体とする. ただし, 土壌汚染が自然由来であるか, 埋立地であるかによっても採取方法が若干異なる.

概況調査および詳細調査によって汚染物質の移動経路が把握され, 現状における環境影響が許容される範囲にあると判断された場合には, 周辺への汚染拡散の危険性について継続的に監視する長期モニタリングが行われる. 長期モニタリングでは, 地下水の基準超過項目を中心にモニタリングするのが一般的である.

土壌汚染状況調査の結果, 基準値を超過していた場合について, 健康被害の恐れの有無に応じて, **図 6.2** に示すフローに従って要措置区域または形質変更時要届出区域(要措置区域等)に指定される. 土壌汚染状況調査

● 健康被害の恐れの有無 ●
・周辺の土地において地下水の飲用等があるかどうか.
・人が立ち入ることができる土地かどうか.

の結果，汚染状態が土壌溶出量基準または土壌含有量基準に適合せず，土壌汚染の摂取経路があれば，要措置区域に指定され，汚染の除去などの措置が必要となる．また，汚染状態が土壌溶出量基準または土壌含有量基準に適合しなかったが，土壌汚染の摂取経路がない区域は形質変更時要届出区域に指定され，汚染の除去などの措置は必要ではない．土壌汚染が自然由来の性質を有する場合は，この区域になる．

6.4 土壌汚染の対策および浄化技術

連続遮水壁
遮水壁とは浸透する水（浸透水）を遮断する目的で設ける壁をいい，それが連続に並べられたものをいう．

汚染の対策および浄化方法は，地下水の摂取などによるリスクに対する汚染の除去などの措置と直接摂取によるリスクに対する処置とで異なる．前者の場合は封じ込めや不溶化で，後者の場合は立ち入り禁止，盛土，舗装，土壌入れ替えで周囲と遮断する（図6.3a）．土壌汚染の除去については，掘削除去（図6.3b）および原位置浄化（土壌ガス吸引，図6.4）を行う．地下水汚染の拡大を防止するためには，地下水揚水や透過性地下水浄化壁を設ける．

また対策は汚染の原因物質により異なり，重金属汚染の場合は，まず連

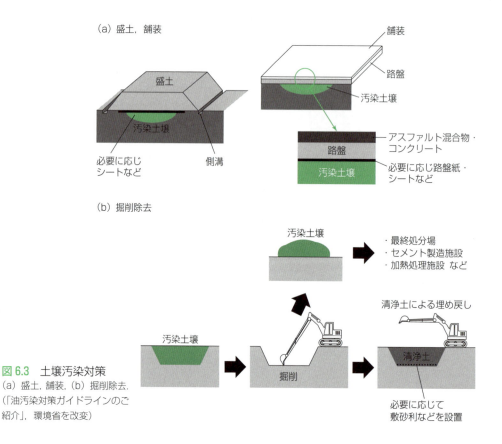

図6.3　土壌汚染対策
(a) 盛土，舗装，(b) 掘削除去．
（「油汚染対策ガイドラインのご紹介」，環境省を改変）

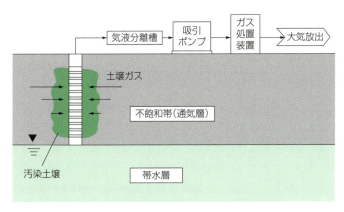

図 6.4 原位置浄化（土壌ガス吸引の概念図）
（「油汚染対策ガイドラインのご紹介」，環境省を改変）

続遮水壁などを用いて汚染土壌を封じ込め，汚染物質の拡散を防止する．そして，化学反応を利用して，重金属類を不溶化した後，セメント軟化体などに封じ込め固化する．または，土壌粒子が小さいほど高濃度になるという重金属汚染の特徴[*2]を利用して，汚染土を粒の大きさで分類し，汚染濃度が低い粗粒分は水で洗浄した後に浄化土として埋め戻し，汚染濃度の高い微細な粒子は**オフサイト処理**するという方法もよく用いられる．

揮発性有機化合物（VOC）汚染では，大きく2種類の方法が用いられる．

原位置抽出法としては，地表面と地下水面の間に存在するVOCを強制的に吸引除去する土壌ガス抽出法，地下水を汲み上げ地下水中に溶解した汚染物質を除去した後，再度元に戻す地下水揚水工法，一本の井戸に複数の空気噴出装置を設けることにより，揮発性有機化合物の回収効率を高める工法などがある．

原位置分解法としては，化学的処理法として，過マンガン酸カリウム（過マンガン酸カリウム法）または過酸化水素と硫酸鉄溶液（フェントン法）を帯水層に注入し，酸化力で有機物質を分解する方法や，鉄粉を土壌に混合することでVOCの脱塩素化を行う方法がある．また，低コスト技術として生物処理（バイオリメディエーション技術）がよく用いられる．地下水の汚染で問題とされるトリクロロエチレン（TCE）やテトラクロロエチレン（PCE）など，ドライクリーニングで洗浄剤として用いられる塩素系有機溶剤やガソリン，ディーゼル燃料，ジェット燃料などの石油系炭化水素で汚染された地下水はバイオリメディエーションを用いたシステムで浄化している．例えば，1989年にアラスカ沖で大規模な原油流出事故が生じた際，海岸に窒素やリンを含む栄養塩を散布し，石油分解菌を活性化することで浄化を行った．また，1990年代の湾岸戦争で破壊されたクウェートの石油施設から流出した原油による土壌汚染においても，バイオリメディエー

*2 土壌粒子が小さいほど，粒子表面の面積が大きくなるため，重金属の吸着面も大きくなる．そのため，粗い土壌に比べて細かい土壌では，重金属の濃度が高くなる．

オフサイト処理

汚染された土や水を処理施設に輸送し，汚染物質を抽出するなどして浄化後，土壌をセメントの原料などに再利用すること．反対に土壌などを現場の外にださずに作業現場内で浄化処理することを，オンサイト処理（顧客敷地内処理）という．

バイオリメディエーション技術

生物を示すBioと，修復を意味するRemediationを組み合わせた造語．微生物がもつ有害物質の分解や無毒化の能力を用いて，環境に負荷をかけず比較的安価に環境を浄化，修復する技術を指す．

ションによる浄化が行われ，現在は植物が育つほどに回復している．

さらにバイオレメディエーションのなかにも，分解微生物を添加し浄化を促進させる**バイオオーグメンテーション**がある．この方法は，土着でない微生物を野外で注入することにより，地下水や土壌の微生物生態系が撹乱されないかという危惧があり，現実的には実施が困難と考えられている．また，窒素やリンを含む栄養塩と酸素を汚染土壌に供給し，汚染土壌中に存在している分解微生物を人為的に活性化し分解処理をする**バイオスティミュレーション**がある．有機溶剤などによる汚染の場合は，微生物を活性化させる有機物としてメタンが注入される．実際の修復作業に入る前には，地下水中の汚染物質の濃度測定，地下水の流動状況調査が必須であり，さらに，実験室レベルでの予備実験の結果を踏まえ，注入井の掘削場所，深さ，本数などが決定される．水資源としての地下水の重要性を考えると，将来的にもバイオスティミュレーションによる環境修復が一層注目されると思われる．いずれの汚染の場合も，汚染の種類，状況およびコストを照らし合わせて，最適な方法を模索することが重要である．

6.5 油汚染対策ガイドラインによる調査および対策

油汚染問題とは，図 6.5 (a) に示すように，鉱油類を含む土壌（油含有土壌）が存在する土地やその土地にある井戸の水，池，水路などにおいて，油臭や油膜による生活環境保全上の支障を生じさせていることをいう．この問題は，土壌汚染対策法とは別に油汚染対策ガイドラインによって，どのように考え，どのように調査や対策を行えばよいのかを示されている．油汚染問題では，図 6.5 (b) に示すようにガソリンスタンド，油槽所，化学工場などの跡地など，汚染源と考えられる敷地内だけでなく，地下水により浸透油が地下へ運ばれ，その周辺で汚染が発覚する場合もあり，広範囲に調査を進める必要がある．

初めに行われる状態把握調査では，資料等調査，現地踏査などで，鉱油類かどうかや油種の同定，全石油系炭化水素（TPH）濃度の程度，周辺の油汚染問題を生じさせる恐れの程度などを検討する．さらに，対象となる土壌の範囲，周辺土地へ影響をおよぼす恐れの有無，井戸水への影響などの対策スキームを設定し対策を行う．対策例については，工場などのように一般の大人が立った状態で利用する土地と，児童公園などの利用者が地表の土壌に触れることが想定される土地に分けて対策を考える．対策方法は，盛土，舗装や掘削除去が行われる．また，汚染土壌からガスが発生する際は原位置浄化を行う．

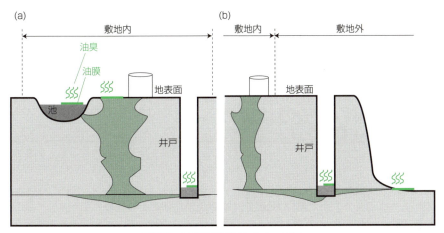

図 6.5　油汚染問題のイメージ図
（a）油含有土壌が存在する土地の地表または井戸水などに油臭や油膜が生じている場合，（b）油含有土壌が存在する土地の，周辺の土地の地表または井戸水などに油臭や油膜が生じている場合．

6章のまとめ

1. 日本の土壌汚染に関する法律は，1970年の"農用地の土壌の汚染防止等に関する法律"が最初であり，その約30年後に"土壌汚染対策法"が制定された．
2. 土壌汚染の要因には，人間活動により生じる人為的起源と，自然の土壌に含まれる物質の溶出による自然的起源がある．
3. 土壌汚染に関する調査や対策等は土場汚染対策法と油汚染対策ガイドラインによる．

第7章 化学物質による汚染

CAS
アメリカ化学会(American Chemical Society)の情報部門，Chemical Abstracts Serviceの略語．公表された化学物質の情報が集められ，体系化されている．

アメリカのCASへ登録される新規の化学物質の数は年々増加し，2015年の時点では約1億種に達している．このような化学物質の供給の増加に伴い，私たちの身の回りにも化学物質を利用した製品が増え，日常生活はより快適になった．その一方で，いくつかの化学物質は環境中に流出し，ひそかに生態系を脅かしたり，自然現象に影響を与えたりしている．

化学物質のリスク評価は，因果関係がはっきりしている場合(例えばある生物の障害や致死状況と原因物質が明らかな場合)には比較的簡単に行えるが，自然界ではそのような事例は少ない．しかし因果関係が立証されるまで何も規制措置を取らずに放置すれば，事態は深刻化する．そのため近年は，**予防原則**，あるいは**慎重さの原則**(precautionary principle)とよばれる考え方が浸透してきた．これは「深刻な，あるいは取り返しのつかない損傷の起こる恐れのある場合，科学的に十分解明されていないからといって，それを理由に，環境破壊を防ぐための費用や効果的な対策を延ばしてはならない」という考え方で，特に新規の化学物質による汚染を未然に防ごうというものである．このような世界的な動きにより，公害病のように深刻で緊急を要する化学物質汚染は減少しているが，今も多くの問題が確認されている．

この章では，代表的な環境汚染物質として知られている重金属，農薬，船底防汚物質，界面活性剤，医薬品および家庭衛生製品，製品に使用されている化学物質および非意図的化学物質について，各物質の特徴と汚染の現状を概説する．

7.1 重金属

▶足尾銅山鉱毒事件については1.4節を参照．

純粋な状態で，密度が4 g/cm^3以上の元素を重金属という．日本の公害の原点ともいわれる足尾銅山鉱毒事件も，銅を含む排水などにより農作物や健康への被害を生じた例である．鉛による汚染も古くから知られ，ローマ時代には鉛が水道管や食器に使用されていたため，鉛中毒者が増加した．

水銀汚染の例としては，熊本県水俣湾およびその周辺で発生した有機水銀中毒症がある．水俣病の原因物質と発症機構を追究している期間に，新潟県の阿賀野川流域においても，同じ原因で第二水俣病が発生している．

近年では公害病となるまでではないが，兵庫県淡路島の11地点（A～K）で，そこに生息するムラサキイガイ軟体部のカドミウム濃度（μg/g 湿重）を分析した例がある（図7.1）．各地点10個体の平均値と標準偏差で示した結果から明らかなように，A地点の 0.87 μg/g は，他の地点に比べて明らかに高濃度である．著者らがこれまでに分析した約1,000個体の国内産ムラサキイガイのカドミウム濃度は，0.2～0.4 μg/g を示す場合が多かったが，最も高い例としては兵庫県芦屋市での 2.31 μg/g がある．ノルウェーではムラサキイガイを指標とした重金属のモニタリング調査結果[*1]の評価基準が定められており，これを参照すると，淡路島のA地点は「やや劣悪」に位置付けられる．

▶水俣病については，1.4節，15.4節で詳しく述べている．

[*1] ノルウェーのカドミウム環境階級区分（μg/g 湿重）
6.84 <　　　非常に劣悪
3.42～6.84　　劣悪
0.86～3.42　　やや劣悪
0.34～0.86　　やや良好
< 0.34　　　良好

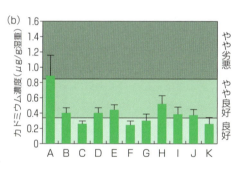

図7.1　淡路島で採取したムラサキイガイ軟体部のカドミウム濃度（2002年）
（a）採取地点，（b）濃度の測定結果．グラフ右側に，ノルウェーの環境階級区分を示した〔江口，山本ら，2003年度日本水産学会講演要旨集 (2003), p.163〕．

7.2　農薬

■農薬の歴史

人類の歴史のなかでも画期的なことの一つである農耕生活が始まったのは，およそ1万年前といわれている．自然界ではもともと，多種多様な植物と動物，さらに微生物がバランスを保ちつつ生息していた．しかし，人間の手によって，1種の植物（作物）が1カ所で大量に栽培されるという状況が起こったことにより，その生態系のバランスが崩れ，作物を害する昆虫や病気などが異常発生するようになったのである．病害虫を防除する手段がなかった時代は，ただ神仏に病害虫の退散を祈願する以外にすべはなかった．江戸時代中期以降の「虫送り（虫追い）」，「虫除け札」などはその典型であろう．古くは聖書の中にも，農作物を荒らすイナゴやウンカなどの

害虫について記載されており，また，中世のヨーロッパでは害虫を宗教裁判にかけることなども行われた．農耕という営みがなされて以来，冷害や干ばつのような異常気象，あるいは作物の病害虫の大発生による農作物の不作，凶作は人を飢えさせ，餓死させている．

わが国では，1670年に筑前（現在の福岡県）において水稲害虫，とくにウンカ類の注油駆除法が偶然発見された．これは，鯨油やときにはナタネ油を水田に注いで油の被膜をつくり，そこへ害虫を払い落とし，虫の気門をふさいで窒息させるという殺虫法である．この方法は明治時代になって鯨油から石油に代わりはしたが，第二次世界大戦後，DDTやHCHが導入されるまで続けられてきた．もちろん明治以降，天然物を有効成分とする農薬も使用されてきた．

DDTは1948年に，そしてHCHは1949年にそれぞれ農薬登録がなされ，

毛髪の水銀分析

体内に存在している水銀の量は，毛髪の水銀濃度から推定することができる．毛髪の微量元素分析は，過剰摂取による有害性や不足による欠乏症を判定するため，予防医学的観点で行われている．毛髪をサンプルに用いると，①被験者に痛みを与えず手軽にサンプルが得られる，②血液などに比べて高濃度の微量元素が蓄積されている，③濃度が体調や食事などの外部環境に左右されにくい，などのメリットがある．

WHOが定めた，健康に影響がないとされる毛髪水銀濃度は，成人では50 μg/gとされている．しかし，2003年にFAO/WHO合同食品添加物専門家会議は，胎児に軽度の影響が現れる恐れがある母親の毛髪水銀値として14 μg/gを定めている．これらのことから，妊婦の場合は10 μg/g以下が望ましいと考えられる．

著者らが勤務する大学での環境科学実験において，2002～2009年に調べた大学1年生の女性640人の毛髪水銀濃度の平均値は，1.34 ± 0.90 μg/gである．この値は，国立水俣病総合研究センターの調査結果や，WHOなどが示す日本人女性の平均値とよく一致している．なお，毛髪水銀濃度は加齢に伴って増加し，男性は女性よりも高い傾向がある．

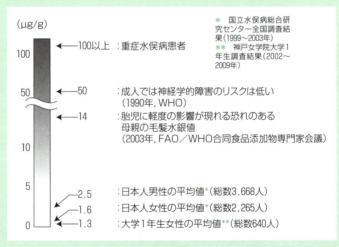

図：毛髪の水銀濃度と健康リスクとの関係

1971年に環境中における残留性や生物への蓄積性および毒性のために両者とも登録が抹消されるまで，イナゴ類，ウンカ類やメイガ類の防除に活躍した．また，1952年に有機リン系殺虫剤のパラチオンが導入され，国産化後，全国に普及した．

わが国で登録されている農薬数は，1990年において原体(工業的純度の有効成分)で367種，商品としては5,795種にのぼっているが，1971年の農薬取締法の大改正を境にして，残留性の大きいもの，あるいは急性毒性の強いものは，販売禁止や使用の規制措置がとられている．農薬登録のために要求される毒性試験項目は，使用者(散布などの作業者)・消費者に対する安全性，さらに環境中に残留したときの各種生物に対する毒性を考慮して定められている．

コバネイナゴ

セジロウンカ

ニカメイガ

代表的な3種の農業害虫

農薬の分類と出荷量

農薬は，殺虫剤，殺菌剤，除草剤，殺鼠剤，植物生長調整剤，誘引剤など用途別に，分類することができる．現在使用されている農薬の大部分は薬効成分が合成化学物質である**化学農薬**[*2]であり，**特定農薬**とよばれる除虫菊や木酢液などの天然成分を用いるものはわずかである．化学農薬のほかに昆虫，線虫，菌類などを利用する生物農薬もある．

化学農薬を化学構造により分類すると，ネオニコチノイド系，カルバメート系，ジチオカルバメート系，ジフェニルエーテル系，天然物系，トリクロロピリジル系，トリアジン系，ピレスロイド系，フェノキシ系，有機塩素系，有機水銀系，有機スズ系，有機リン系の各薬剤，抗生物質に分けられる．さらに剤型別に分類すると，粉剤，粒剤，乳剤，水和剤，油剤，燻蒸剤などとなるが，これらを組み合わせたものもある．

農薬の出荷量(平均的には生産量の95%)の推移を見ると，1974年の約75万tをピークに年々漸減し，1999年では33万6千t，2015年では約23万tとなっている(**図7.2**)．このような生産量の低下は，全国的な水稲栽培面積の減少，また最少の散布量で最大の効果を期待する低用量化の技術が進んできたためと考えられる．用途別に見ると，2015年では殺虫剤が全体の33%程度を占め，殺菌剤18%，除草剤が33%である．このほか，1999年の農薬製剤の輸入量は1万773tである．

単位面積あたりの農薬の使用量は2009年度において中国が最も多く18 kg/haであり，日本と韓国が13 kg/haと続き，世界各国のなかでも抜きんでて多い[*3]．

*2 化学農薬の呼び名には，化学名，一般名，国際標準名，商品名などさまざまあり，混同しやすい．一例をあげると，一般名：MEP，国際標準名：フェニトロチオン，化学名：O,O-ジメチル-O-4-ニトロ-m-トリルホスホロチオエート，商品名：スミチオンと，いくつかの呼び方がある．

特定農薬

原材料に照らし，農作物や人畜および水産動植物に害を及ぼす恐れがないことが明らかなもの．特定防除資材ともよばれる．

*3 日本における農薬の総使用量が最も多いのは水田稲作で，全体の46.6%を占めている．各農協が作成する作物別の防除暦(農薬カレンダー)に従って使用される．

農薬と農作業

農薬のなかで除草剤の占める割合は殺虫剤と同様で33%であることは

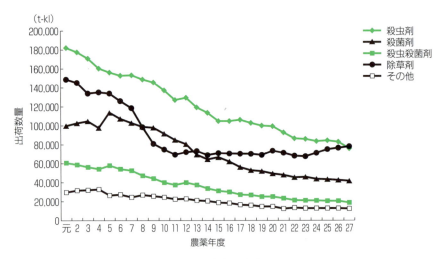

図 7.2　農薬の出荷量
農薬の出荷および輸出入実績等に関する調査結果（直近 3 カ年分）については，農林水産省消費・安全局農産安全管理課農薬対策室内で閲覧できる．

> **農薬年度**
> 農薬年度は 10 月～9 月の年度表示のこと．米穀年度（11 月～10 月），大豆年度（10 月～9 月）など生産物の生産や収穫によって，いろいろな区分の年度がある．

上に述べたとおりであり，この割合が大きいことも戦後の農業技術の特徴の一つである．これは作物の収量だけでなく，水田での作業による除草や機械除草などの省力に寄与している．水稲作における除草労働時間は，高温多湿の夏の盛りに，腰をかがめた姿勢を長時間続けるという苛酷な労働に従事せざるを得なかったのが，除草剤の登場で，1949 年（除草剤使用前）の 50.6 時間 /10 a から 2013 年度（同使用）の 1.3 時間 /10 a にまで減少した（**図 7.3**）．この背景には農業就業人口が減少し，かつ年齢層が高くなっている状況があり，兼業農家が多くなったことも除草剤の使用による労働時間の短縮とかかわっている．

農薬の毒性評価

殺虫剤は農作物の害虫を駆除するために用いられるが，目的とする害虫

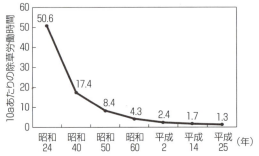

図 7.3　水稲作における除草剤利用による労力の軽減
（資料：農林水産省，「米生産費統計」ほか）

以外の生物（ヒトも含めて）の生存を脅かすがゆえに，過去に多くの問題を引き起こしてきた．そのため，害虫のみを選択的に駆除し得るような，つまり選択毒性を重視した殺虫剤が開発されるようになった．**表7.1** は，有機リン系殺虫剤の選択毒性係数を示したものである．この係数は哺乳動物（マウスやラット）に対する LD_{50} 値を昆虫（イエバエ）に対する LD_{50} 値で割った数値である．この係数が大きければ大きいほど，（急性毒性に関してだが）ヒトを含めた哺乳動物にとって安全な殺虫剤であるといえる．しかし，農薬が影響する昆虫のなかには，害虫の天敵となるものや農作物に被害を与えないものも多く，そこまでを考慮した農薬を開発するのは容易ではない．

　農薬を毒性によって分類すると，「毒物および劇物取締法」に基づいて，特定毒物，毒物，劇物，それ以外の普通物に分けられる[*4]．また，農薬取締法で決められたコイとミジンコを用いた急性毒性試験法により，毒性の弱い順にA類からD類にまで分類される（**表7.2**）．魚類の急性毒性を評価する LC_{50} は，供試生物の種類や薬剤の剤型，さらに実験条件によって左右される．このように，農薬は決して安全な化学物質ではないため，どのような使い方をするかによって安全性は大きく異なってくる．低農薬や省農薬を心がけることが最も重要である．

LD_{50}

半数致死量(50% lethal dose)のこと．物質の急性毒性の強さの指標で，その物質をある状態の動物に与えた場合にその半数が死に至る量（体重1 kgあたり）を示す．

LC_{50}

半数致死濃度(50% lethal concentration)のこと．物質の急性毒性の強さの指標で，その物質をある状態の水生生物に与えた場合にその半数が死に至る水中の濃度を示す．

[*4] ある物質が毒物に分類されるか劇物に分類されるかは，LD_{50} および LC_{50} の値が判定基準となる．「毒物及び劇物取締法」では，経口投与で，LD_{50} = 50 mg/kg 以下程度を毒物とし，LD_{50} = 300 mg/kg 以下程度を劇物としている．

表7.1　有機リン系殺虫剤の選択毒性係数

化合物名	選択毒性係数 （マウス LD_{50} / イエバエ LD_{50}）
シュラーダン〔$(Me_2N)_2P(O)$〕$_2$O	0.007
テップ	0.2
パラチオン	5
マラチオン	100
フェニトロチオン（スミチオン）	150

〔深海　浩，『変わりゆく農業』，化学同人(1998)〕

表7.2　農薬の魚毒性分類と供試生物の LC_{50} 値

分類	コイ	ミジンコ
A類	10 mg/L 以上	0.5 mg/L 以上
B類	10〜0.5 mg/L 以上	0.5 mg/L 以下
B-s類	2 mg/L 以下で，B類のなかでも注意を要するもの	
C類	0.5 mg/L 以下	
D類	0.1 mg/L 以下	

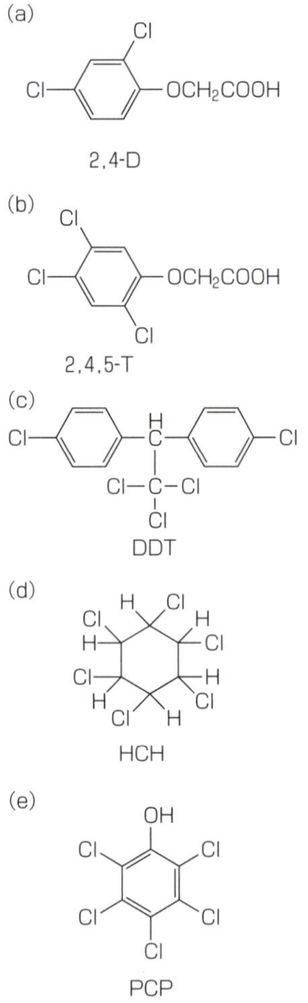

有機塩素農薬

　有機塩素農薬とは，化合物中の一つ以上の水素が塩素に置換された炭化水素であり，DDT や HCH などがこれに属する．図 7.4 に，代表的な有機塩素農薬の構造を示す．

　有機塩素化合物合成は，今世紀はじめのカセイソーダ工業の発展と深い関係がある．石けんや繊維，紙，パルプの製造に欠かせないカセイソーダは，食塩水の電気分解により容易につくることができるようになったが，カセイソーダとほぼ同量の塩素ガスが生じ，その用途は水道水の殺菌剤程度であった．ところが，第一次世界大戦において，ベルギーの戦場でドイツ軍が英仏連合軍に対して塩素ガスを毒ガスとして使用し，短時間で連合軍側に死者 5,000 人，中毒患者 15,000 人という甚大な被害をもたらした．このあと塩素ガスの需要は急激に高まり，生産量もうなぎ上りに増大した．そしてさらに，単なる塩素ガスよりも一段と強力な有機塩素化合物が，次つぎと合成され実戦に投入された．

　戦後はこの過剰生産される塩素ガスを平和利用するということで，溶剤や工業薬剤，そして殺虫剤，殺菌剤，除草剤，さらに塩化ビニル樹脂，合成ゴムへと用途が加速度的に拡大していった．このように有機塩素化合物は，カセイソーダ製造副産物としての塩素ガスにはけ口を求めるところから，化学物質の主役に躍りでたのである．

　第二次世界大戦後，DDT や HCH は，ウンカやメイガの防除，シラミの防疫など，農薬および衛生害虫駆除のために使用されてきた．しかし，長期間における環境中での残留，食物連鎖を通じての生物濃縮，水生生物や人間に対する高い毒性のため，DDT は 1971 年 5 月，HCH は 1971 年 12 月に農薬登録が失効し，使用禁止となった．しかし，開発途上国の一部では，マラリアを媒介するハマダラカの防除のために現在でも DDT が使用されている．DDT や HCH は，環境中に地球的規模で拡散しており，かつては日本のような先進国でも高濃度に検出されていたが，現在では多くの開発途上国が存在する熱帯および亜熱帯地方で濃度が高くなっている．開発途上国から排出された DDT や HCH はその地域だけに留まらず，偏西風にのって極地にまで移動し，ホッキョクグマなどにも蓄積している．

有機リン農薬

　環境中によく見られる人工の有機化合物の種類は膨大な数にのぼるが，このうち規制対象になっている物質はわずかであり，大半が対象外である．DDT や HCH などの殺虫剤，工業薬剤の PCB などの有機塩素化合物に代わって大量に使用されている物質群の一つに，有機リン農薬や有機リン酸トリエステル類がある．

図 7.4　代表的な有機塩素農薬の構造
(a) 2,4-D（2,4-ジクロロフェノキシ酢酸），(b) 2,4,5-T（2,4,5-トリクロロフェノキシ酢酸），(c) DDT（ジクロロジフェニルトリクロロエタン），(d) HCH（ヘキサクロロシクロヘキサン），(e) PCP（ペンタクロロフェノール）．

▶有機塩素農薬の生物濃縮については第 3 章参照．

表 7.3 代表的な有機リン農薬の名称

イプロベンホス	$(OC_3H_7)_2OP=S(CH_2)(C_6H_5)$	殺菌剤
ダイアジノン	$C_4HN_2CH_3CH(CH_3)_2OP=S(OCH_2CH_3)_2$	殺虫剤
フェニトロチオン	$C_6H_3CH_3NO_2OP=S(OCH_3)_2$	殺虫剤
DDVP	$(CH_3O)_2(CCl_2=CHO)P=O$	殺虫剤

1971年に，DDTやHCHなどの有機塩素農薬の使用が中止され，その代替物質として有機リン農薬が使用されるようになった(**表 7.3**)．これらの農薬もまた環境中へ広がっている．有機リン農薬は，生物に対しアセチルコリンエステラーゼ活性阻害を起こすのが特徴的である．

▶ アセチルコリンエステラーゼ阻害については9.4節を参照．

代表的な有機リン化合物であるイプロベンホス，ダイアジノンおよびフェニトロチオンの淀川河川水中での濃度の推移を調べた研究によると，殺菌剤のイプロベンホスと殺虫剤のダイアジノンはいずれも，使用時期である夏季に濃度が上昇し，冬季に低下するという傾向を示していた．一方，2007年に全国で年間680 tが使用されていた殺虫剤フェニトロチオンには，明瞭な季節変化が見られなかった．これは本剤が農薬としての用途だけでなく，衛生害虫の駆除や都市防疫用(カ，ハエ，ゴキブリの防除)としても使用されているためと考えられた．

有機リン農薬は一般的に，有機塩素農薬に比べて，環境中での残留性が低く，生分解性が高いといわれ，今後も大量に使用されると考えられる．しかし，水中濃度が低いとはいえ，水生生物への影響が危惧される物質群である．

ネオニコチノイド系農薬

米にカメムシが付くと，米粒に茶色い縞が入った斑点米ができ，米の商品価値が下がる．そこで，カメムシを駆除するために**ネオニコチノイド系農薬**が使用されてきた．この農薬は，有機塩素農薬の代替物質として使用されていた有機リン，カーバメート，ピレスロイド系農薬に対して害虫が耐性をもちだして効能が低下したため，1990年代より家庭菜園，ガーデニング，野菜の栽培や水田など至る所で使用されている農薬である．この農薬は，神経のニコチン性アセチルコリン受容体に結合して情報伝達を阻害して，昆虫を麻痺させ致死の効果を発現する．ヨーロッパやアメリカではおもにトウモロコシやヒマワリなど畑作物に，東南アジアでは水田で広く使用されている．

図 7.5に示すように，現在ではネオニコチノイド系農薬である，イミダクロプリド，クロチアニジン，チアメトキサム，アセタミプリド，チアクロプリド，ニテンピラム，ジノテフランの7種が農薬登録され，出荷量

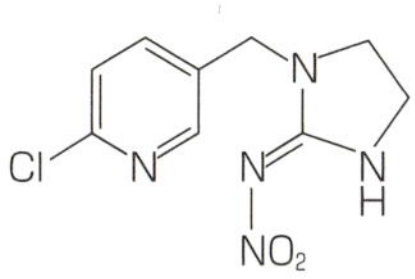

イミダクロプリド

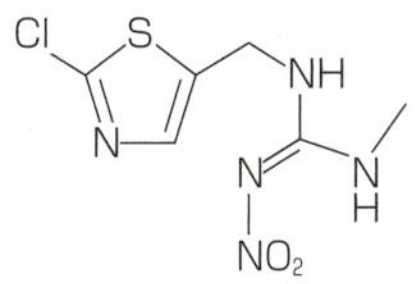

クロチアニジン

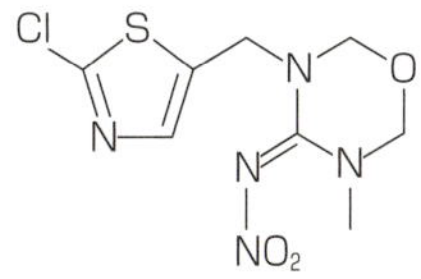

チアメトキサム

図 7.5 使用されている代表的なネオニコチノイド系農薬の構造

が増加している．また最近出荷量が急速に増加している農薬にフェニルピラゾール系農薬のフィプロニルがある．ネオニコチノイド系殺虫剤が注目されるようになったきっかけは，世界的にミツバチ群の大規模な崩壊や失踪（蜂群崩壊症候群）がわかってきたことによる．わが国ではトンボ類の個体群減少が問題となった．たとえば2005年，岩手県の養蜂家が飼っていたミツバチが約700群死滅した．放飼していた近くには水田があり，その水田で使用されていたネオニコチノイド系農薬の関与が示唆された．つまり，大量死したミツバチからネオニコチノイド系農薬の一種であるクロチアニジンが検出された．また，2008年夏に移動養蜂業者のハチが大量死した事例があり，その原因として，放した周辺の水田にまかれたネオニコチノイド系農薬の可能性が疑われた．ミツバチなどのハチ類が植物の授粉に大きな役割を果たしていることはよく知られており，ミツバチの不在により，農業に大きな障害が生じることになる．

　ミツバチの大量死にはいくつかの原因が考えられている．① 農薬などの化学物質．② ダニ（ミツバチヘギイタダニ），③ 単細胞真菌類（ノゼマ原虫など），④ ウイルス（イスラエル急性まひウイルス）などであるが，一つの要因だけでなくいくつかの要因が複雑に絡み合った結果ともいわれる．大量死したミツバチからネオニコチノイド系農薬が検出されたり，実験的にネオニコチノイド系農薬に曝露したミツバチが行動異常を起こすことが確かめられていることから，①の農薬のなかでも，ネオニコチノイド系化合物の可能性が高いと考えられている．また，オランダではネオニコチノイド系のイミダクロプリドが散布された地域では昆虫を餌とする15種の鳥類の個体数が激減していることが報告され，昆虫類への影響だけではないことが明らかにされている．最近，カナダのチームが現実に近い条件でクロチアニジンを含む人工花粉を与えたミツバチに超小型のチップを装着し，追跡調査をしたところ，対照群と比べて投与群では寿命短縮が生じること，群れの中に女王蜂がいる割合が減少することなどを明らかにしている．

　2013年，EUではネオニコチノイド系農薬のイミダクロプリド，クロチアニジン，チアメトキサムを使用禁止とし，アメリカやカナダでも規制の方向にあるが，わが国ではまだ規制措置が取られていない．さらに，近年，マウスを用いた実験で，ネオニコチノイド系農薬は胎盤・母乳を介して胎児や乳児に移行し，生殖細胞に影響を及ぼす可能性や，オスの子供の性的行動や攻撃的行動，多動行動など発達神経毒性が見られることが報告されている．また，ネオニコチノイド系農薬は注意欠陥多動性障害，うつ病，学習障害との関連などが危惧されており，今後，哺乳動物に対する影響を究明することが急務であろう．最近の報告によると，日本の児童（3歳児）

の尿の検査では約80％がネオニコチノイド系農薬に，100％が有機リン農薬，ピレスロイド系農薬に汚染していたという．

ネオニコチノイド系農薬は浸透性があるため，使用された作物は洗浄しても除去することができない．米や茶葉内に蓄積され，数十〜数百 mg/kg で検出されている．しかし，植物に移行する経路である水環境中の調査事例は少ない．農薬類は畑や水田で散布されたのち，最終的に河川や沿岸域に到達することはいうまでもない．ネオニコチノイド系農薬についても近年水系での濃度分布に関するデータが蓄積されており，愛媛県松山平野の河川においては7種のネオニコチノイド系農薬の濃度が平均値で3〜400 ng/L であることが報告されている．また，底泥からは植物と同様のレベルで検出されたと報告されている．今後，食物へのおもな侵入経路を解明する必要がある．

7.3 船底防汚物質（有機スズ化合物，代替物質）

有機スズ化合物

有機スズ化合物とは，スズから4本の結合の手が伸び，それらにブチル基やフェニル基のような有機官能基が結合したものの総称である．金属と有機物の両方の性質をもち，環境中に放出された有機スズ化合物は水中で分解されて，トリ体はジ体を経て，さらにモノ体へと変化する．

有機スズ化合物のなかでもトリブチルスズ化合物（TBT）とトリフェニルスズ化合物（TPT）は，1960年頃より船底や漁網などの防汚塗料として使用されてきた．これらの物質は，動物や植物に対しても高い毒性を示すため両者に対する防汚効果に優れており，加えて溶出量が制御でき，持続性も高いため，その需要は年々増加してきた．しかし，カキの形態異常や，イボニシやバイなどの新腹足類に対するインポセックス[*5]作用など，環境ホルモン様の作用を生じさせ，水産資源の減少を引き起こした．アメリカ，イギリスなどの先進国では，1980年頃より各国独自で環境目標値の設定，25 m 以下の船舶への使用禁止，溶出量の制限などの規制を行った．日本でも「化学物質による審査および規制に関する法律」に基づき，1990年1月にトリブチルスズオキシド（TBTO）は第一種指定化学物質に，同年に7種の TPT と13種の TBT が第二種指定化学物質に指定された．

船底および漁網から水中に溶出した TBT は，水中の懸濁物質に吸着されやすい．水中に溶解している TBT は，夏季の半減期が7〜30日，冬季は2カ月以上と長く，水温が高いほど分解速度は速い．また，ほぼ1週間程度で水中の TBT を初期濃度の半分まで分解できる微生物の存在も発見されている．緑藻類（*Ankistrodesmus falcatus*）も，いったん TBT を蓄

ブチルスズ化合物

有機スズ化合物の構造

```
        C4H9
         |
C4H9―Sn―C4H9
         |
         R
```
トリブチルスズ化合物

```
        C4H9
         |
   R ―Sn―C4H9
         |
         R
```
ジブチルスズ化合物

```
         R
         |
   R ―Sn―C4H9
         |
         R
```
モノブチルスズ化合物

---

*5 メスにペニスが生じる現象．詳細は10.3節を参照．

$(C_4H_9)_3Sn-O-Sn(C_4H_9)_3$
ビス（トリブチルスズ）オキシド

積した後，無機スズまで分解することがわかった．微生物による消失速度を比較すると，DBT が MBT に分解する速度は，TBT が DBT に分解する速度より遅く，TBT が最終的に無機スズになるまでは 50 〜 75 日必要であることが明らかにされた．TBT の底泥への吸着係数 K_p は，$0.34 \sim 64 \times 10^3$ と高く，水中の塩分濃度や pH が増すにつれ吸着力は減少する．底泥中に蓄積した TBT は，水中に比べて非常に分解されにくく，その半減期は 1 〜 5 年と推定されている．嫌気的な条件になるとさらに半減期は長くなり，柱状試料における垂直分布と底泥の蓄積速度から有機スズの使用開始時期を見積もることができる．

TPT は水中に溶解すると，その 63 〜 87% は懸濁物質に吸着する．また，水中では TPT は TBT よりも安定であり，淡水，海水および排水中に溶解し，28 日後でも 75% が残留している．TPT は TBT より，底泥に蓄積しやすい物質である．底泥の柱状試料におけるフェニルスズ化合物の組成を見ると，TPT の占める割合が分解物より勝っており，底泥中での分解はかなり遅いことがわかる．

貝類，魚類および海棲哺乳類などにおける有機スズ化合物の蓄積傾向には，種類によってかなり違いがある．張野ら(2005)は，イギリスの Mersey 川で採取した 6 種類の貝類（ムラサキイガイ，ヨーロッパタマキビ，オオノガイ，ヨーロッパザル，サギガイモドキ，バルチックシラトリ），コンブ，およびゴカイ類に蓄積しているブチルスズ化合物の濃度を比較した．一般的に，水中に生息する貝よりも底泥中に生息する貝で蓄積量の多い傾向があり，底泥に生息する種のなかでも，オオノガイは TBT を蓄積しやすく，TBT が，その代謝物である DBT や MBT よりも優占していた．これは，オオノガイの TBT 代謝速度が非常に遅いためであることがわかっている．魚類での体内分布を見ると，一般的に化学物質の代謝に関与する肝臓と，TBT はタンパク質と結合し体内を移動するため，血液および血液を多く含む肝臓，腎臓，心臓で TBT 濃度が高い傾向がある．また，TPT は疎水性が高い物質であることから脂質に存在することがわかっている．海棲哺乳類でも肝臓での濃度が高い傾向にあった．興味深いことに，アザラシ科は鯨類に比べて体内濃度が低く，体毛に TBT を濃縮させ生え代わりとともに排出しているためと考えられている．

有機スズ代替物質

"有機スズ化合物の塗装および再塗装は，2003 年 1 月 1 日以降は禁止，2008 年 1 月 1 日以降は，船舶および海上構築物は有機スズ化合物を表面から除去するか，またはコーティングをしなければならない"という内容の AFS 条約（船舶についての有害な防汚方法の管理に関する国際条約）が

フェニルスズ化合物

トリフェニルスズ化合物

ジフェニルスズ化合物

モノフェニルスズ化合物

R=OH, Cl など

吸着係数

水中に溶解している化学物質が，懸濁物質や底泥のような固相に付着することを吸着といい，固相への化学物質の吸着量と水中の溶解量との比を吸着係数という．吸着係数が大きければ化学物質は固相に吸着する割合が高く，小さければ水中に溶存している割合が高い．

2001年10月に採択され，2008年9月に発効した．基本的には有機スズ化合物の船舶への適用を禁止された．それを受け，約10種類の有機スズ代替物質が使用されている．

代表的な物質として，イルガロール1051，ディウロン，シーナイン211，クロロタロニル，ジクロロフルアニド，カッパーピリチオン，ジンクピリチオン，ピリジントリフェニルボラン，トリフェニル(オクタデシルアミン)ボラン，トリフェニル[3-(2-エチルヘキシルオキシ)プロピルアミン]ボラン，ポリカーバメート，テトラエチルチウラムジスルフィド，酸化銅(Ⅰ)など，除草剤として使用された物質が中心になっている．それぞれの物質について環境実態調査および生物への影響評価が進められた結果，世界中の水，底泥から検出されている．また，カッパーピリチオンやジンクピリチオンは，有機スズ化合物に匹敵するほどウニ卵の発生に対して毒性が高く，さらにアセチルコリンエステラーゼ活性の阻害作用ももつが，環境水中からは検出されていないため，現在でも使用が継続されている．ボラン系物質やポリカーバメート系物質も同様に分解性が高いため，環境中での残留性が低いと評価され，現在船底防汚塗料の主流となっている．また，これらの物質は動物には防汚効果が弱いため，銅が併用されているが，イオン化することでLabile銅とよばれる，毒性が高い物質が生成することが問題視されている．

▶アセチルコリンエステラーゼ活性については9.4節を参照．

7.4 界面活性剤

家庭用洗剤

界面活性剤は，合成洗剤の主要な成分であり，油性の汚れに界面活性剤の親油基が吸着し，そのあとにこれら物質の親水基の部分が水に分散して洗浄効果を発揮するという仕組みである．界面活性剤には，陰イオン界面活性剤，陽イオン界面活性剤，非イオン界面活性剤および両性イオン界面活性剤の4種類があり，陰イオン界面活性剤としてもっとも古くから使われているのが石けんである．石けんの洗浄力の弱さや石けんカスが生じるということで，人工的に合成された合成洗剤が市場にで回るようになった．

現在，生産は，非イオン界面活性剤がもっとも多く，次いで陰イオン界面活性剤の直鎖アルキルベンゼンスルホン酸(LAS)となり，両者を合わせると，全体の90%以上を占める．近年はLASの割合が減少しており，代わりに非イオン界面活性剤のポリオキシエチレンアルキルエーテル(AE)の生産量が増加している．

かつて界面活性剤にはトリポリリン酸ナトリウムが配合されていたため，河川などでの富栄養化が引き起こされるとともに生分解性が低く，河

川や沿岸域の有機物濃度を上昇する要因と考えられ，合成洗剤の使用を禁止し石けんの利用が推奨された．しかし，現在は，すべてが無リン洗剤となり，直鎖アルキルスルホン酸塩(LAS)をはじめ生分解性の高い合成洗剤が開発されるようになったので，合成洗剤の使用が増大している．環境調査の結果，LAS の水中の濃度が高かったため，水生生物に悪影響を及ぼすことが危惧され，環境省は優先的に調査することが必要な物質と評価している．

有機フッ素系化合物

有機フッ素化合物は，従来からの界面活性剤に比べて界面活性作用が高いだけでなく，強い撥水性，撥油性および化学的安定性を示すことから，洗浄剤のみならず以下に述べるように，家庭や産業界で広く使用されてきた．

炭素数および親水性基が異なる数十種類の物質が使用されているが，現在環境中で問題とされているのは，図 7.6 に示す構造をもつパーフルオロオクタンスルホン酸(PFOS)とパーフルオロオクタン酸(PFOA)である．PFOS はカーペット，紙製品などの撥水，撥油剤，消火剤，メッキにおける消泡剤，殺虫剤，半導体などに使用されている．日本では，東京の多摩川水系，近畿では，淀川や神崎川で濃度が高い傾向が認められる．また，ミシガン州立大学が 400 検体ほどの海棲哺乳動物を分析した結果においても検出頻度が高く，日本以外でも広範囲に汚染が進行していることが明らかになった．PFOA は，フッ素系ポリマーの製造過程で助剤として使用されており，大阪府と兵庫県の間を流れる神崎川およびその支流の安威川で濃度が高く，その発生源は下水処理センターである．1980～2000 年にかけて，ヒト血清中の PFOS と PFOA の濃度が継続的に調べられた．PFOA には増加傾向が認められたが，PFOS はほとんど変わっていなかった．さらに 2003～2004 年の調査では，血清中の PFOS および PFOA ともに京阪神は高い傾向があった．

動物実験の結果から，PFOS と PFOA は肝臓にがんを誘発し，ラット，マウスの胎児成長を阻害する発生毒性があることがわかっている．また，これらの物質は最終的には尿や糞とともに排出されるが，人体内での半減期は，PFOA が 3.7 年，PFOS が 5.4 年と長い．2009 年，PFOS はストッ

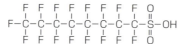
パーフルオロオクタンスルホン酸(PFOS)

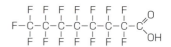
パーフルオロオクタン酸(PFOA)

図 7.6　PFOS と PFOA の構造

クホルム条約*5 に組み込まれた．また，日本では「化学物質の審査及び製造等の規制に関する法律」(化審法)*6 により第1種特定化学物質に指定されている．PFOA を含むいくつかのフルオロアルキルカルボン酸は監視化学物質に指定されている．このように PFOS や PFOA が規制されたために，その代替物質として炭素数の少ない物質が使用され始めている．今後は，代替物質を含めた使用実態の解明と環境影響評価が重要な課題となる．

* 5 p.108のコラムを参照．

* 6 人の健康を損なう恐れ，または動植物の生息・生育に支障を及ぼす恐れがある化学物質による環境の汚染を防止することを目的として，昭和48年に制定されている．

■ アルキルフェノールなど

アルキルフェノールである炭素9個のアルキル基が結合したノニルフェノールエトキシレートは，工業用の洗浄剤として使用されている．これが環境中で微生物分解を受けて，ノニルフェノールモノエトキシレートという物質になる．さらに底泥に蓄積し嫌気的条件下になると，内分泌攪乱作用を有するノニルフェノールとなる．また，炭素8個のアルキル基が結合しているオクチルフェノールエトキシレートも，工業用界面活性剤として使用されており，ノニルフェノールと同様環境中では，オクチルフェノールとなり，内分泌攪乱作用を有する．また，ノニルフェノールとオクチルフェノールは界面活性剤の原料としての使用や，プラスチックの添加剤やその原料，およびプラスチックがくっつかないようするための剥離剤としても用いられている．

代表的なアルキルフェノールの構造

ノニルフェノール

オクチルフェノール

▶内分泌攪乱作用については第10章を参照．

7.5 身の回りで使用されている家庭衛生製品や薬剤

医療，畜産用の医薬品および個人で使用される PPCPs は，体内での代謝産物を含めほとんどが水溶性であるため，一度環境中に排出されると，下水処理場では処理されずに環境中に排出される．最近の分析機器の著しい進歩により検出感度が向上し，これまで環境中にはないと考えられていた物質も，実際は環境水中に存在していることが明らかにされてきた．医薬品の場合も，放流水中に多種多様の物質がきわめて低いレベル(ng/L 程度)ではあるが検出されている．

淀川および利根川流域では，いずれの水域からも強心剤のカフェイン，鎮痙剤のクロタミトン，消化性潰瘍溶剤のスルピリド，抗生物質のクラリスロマイシンが検出され，下水処理場放流水では人工香料のガラクソリド，スルピリド，クロタミトン，高脂血症剤のベザフィブラート，クラリスロマイシンの濃度が高く，検出頻度では，クロタミトン，スルピリド，クラリスロマイシン，抗不整脈剤のジソピラミド，抗炎症剤のインドメタシン，昆虫忌避剤のジエチルトルアミド，胃酸抑制剤ピレンゼピンが高頻度で検

PPCPs

Pharmaceutical and Personal Care Products の略称．医薬品およびその関連製品などと訳される．

出されている.また,淀川水域では下水処理場からの直接負荷が大部分を占め,利根川からは上流よりも支流からの寄与が大きいというような,地域による汚染状況の違いも明らかになっている.

例えば駆虫薬として使用されている動物用医薬品のイベルメクチンは,投与したほとんどが家畜の糞中に残留するため,糞から発生するハエ類や糞食性コガネムシ幼虫などの発育を阻害する.ハエ類には糞を分解する種もいるため,イベルメクチンにより,糞分解の遅延を招くという問題も生じている.

医薬品は,治療や予防を目的として,低濃度でも生体に作用するようにつくられているため,ヒトの代謝系,内分泌系および神経系に鋭敏に作用する可能性がある.近年,ジクロフェナクに21日間 500 µg/L の濃度で曝露したメダカの雄成熟個体では下顎欠損が生じることが報告されているが,水生生物に対する影響については,まだまだ未知のものが多いため,今後は環境モニタリングと同時に生態系に対する影響評価が急務となる.

シックハウス症候群から身を守る

マンションなどの気密性の高い部屋では,空気を常に入れ換えていないと,室内の二酸化炭素濃度が上昇したり,ダニ,カビの胞子なども飛散したまま留まったりする.また,建材,家具,内装品に使用されている接着剤,塗料,溶剤や,衣類の防虫剤,殺虫剤などの多くの化学物質が充満する.そこにストレスが加わると,健康に影響がでることがある(図).これを「シックハウス症候群」とよぶ.症状は,その原因(発症した場所)から離れると軽減されるが,元の場所に戻ると再発することもある.

シックハウス症候群にならないためには,カビやダニが繁殖しないよう室内の湿度を50%以下に保つ必要がある.しかし,あまり乾燥しすぎると,のどの粘膜などに炎症を起こすことがあるので気をつけなければならない.また,できるだけじゅうたんや畳よりフローリングを使用し,こまめに掃除し,ダニの死骸や糞を除去することを心がける.家屋内に使用される化学物質に関しては,新築やリフォーム時に,建築業者などと十分相談し,ホルムアルデヒドや有機リン酸トリエステル類などの含量が少ない資材を使用するようにすることと,換気に気をつけることが重要である.

図:シックハウス症候群の症状例

7.6 製品に使用されている化学物質

PCB

PCB（ポリ塩化ビフェニル）は，不燃性で化学的に安定なため，工業材料や絶縁材料など広い用途に利用されてきた（図7.7）．しかし，**カネミ油症事件**をはじめ，PCBはさまざまな社会的問題を引き起こした．この事件を契機として，環境庁の設立と化学物質対策の制度化が行われたといっても過言ではない．

1968年2月頃から北九州で，原因不明の皮膚病や全身の倦怠感，目まい，吐き気を催すなどの症状を呈する患者が現れた．発病家族が共通して食べていたカネミライスオイル（カネミ倉庫株式会社が製造販売した米ぬか油）が，油症の原因と判明した．その後，ライスオイルの加熱脱臭工程で熱媒体として使用されたPCBが，パイプの腐触孔から漏れてライスオイルに混入したことが明らかとなった．カネミ倉庫の管理責任のみならず，PCBのような物質を食品加工用機器に用いた不注意，さらに，加熱パイプを食品に直接触れるかたちで用いた不注意などが大きく問われ，認定患者は1,800人を超えた．被害者からカネミ倉庫やPCBのメーカー，および国を相手に訴訟が起こされ，勝訴や和解で落着したかのように見えるが，油症患者の治療法の開発など，まだ多くの課題が残されている．

PCBは，1974年に製造および輸入が原則禁止にされたが，現在でもPCBを使用した製品が廃棄物となって放置されていたり，未使用のPCBそのものもいくらかは倉庫などに保管されている．

水環境中におけるPCBの検出状況を見ると，過去に蓄積したPCBが分解されずそのまま底泥に残留している地点がある．また，大阪市内の河川域の水中PCB濃度も，減少しているものの現在でも検出され続けている（図7.8）．さらに，PCBは水や底泥のみでなく，二枚貝，魚類や鯨類な

カネミ油症事件

熱媒体として使用していたPCBが食用油に混入し，それを摂取した人びとに障害が生じた事件．患者数は13,000人ともいわれ，この事件以来，PCBの製造・使用が禁止された．

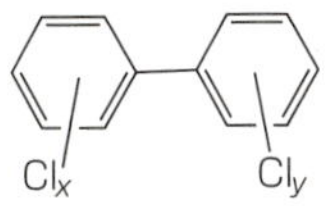

図7.7　PCBsの構造

▶ PCBの生物濃縮については第3章を参照．

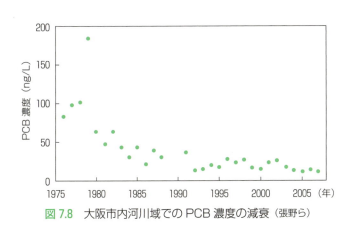

図7.8　大阪市内河川域でのPCB濃度の減衰（張野ら）

どからも検出され，特に海洋生態系の高次生物になるほど水からの濃縮率が高くなる．先進国や旧社会主義国では今日でもPCBの汚染が深刻で，これらの地域に住む人の母乳からもPCBが検出されている．

■ 有機リン酸トリエステル類

有機リン酸トリエステル類(organophosphoric acid triesters, OPEs)は，有機リン系農薬と同様，有機物の構造中にリンを含む化合物である．OPEはプラスチックの可塑剤として，また繊維製品，電気，電子器具に対する難燃加工剤として身の回りの工業製品に，さらに，工場では抽出溶剤や重合触媒，潤滑油添加剤として多目的に用いられていることから，工場排水，下水処理場排水，河川水，海水および家庭ごみなど至る所から検出される(**表7.5**)．TCEP，TBPおよびTDCPP以外のOPEは，オクタノール・水分配係数($\log P_{ow}$)が$10^2 \sim 10^5$と比較的高く，油によく溶ける性質(脂溶性)をもつと推測できる．そのため，これらが水環境中に放出されると，魚介類に蓄積する可能性がある．OPEの濃度推移を見ると，季節変化は明瞭でない．さまざまな用途に使用されており，汚染源が至るところにあることが一因であろう．

▶ オクタノール・水分配係数は3.3節を参照．

OPEのいくつかは水中の微生物によって分解される．アリル基をもつOPE，次にアルキル基をもつOPEの順に分解されやすく，塩素を含むOPEは分解されにくい傾向がある．OPEは酸性から中性の液中では安定であるが，アルカリ性の環境下では分解されやすい．また，光に対して，アリル系，アルキル系のOPEは変化しやすいが，塩素系のOPEは安定である．

▶ 3.4節参照．

OPEはヒトに対し，多発性神経障害や遅発性神経毒性を発現する．最近，

表7.5 有機リン酸トリエステル類（OPE）の名称と用途

アルキル系トリエステル類		
TMP（リン酸トリメチル）	$(CH_3O)_3P=O$	可塑剤，溶剤，潤滑油添加剤
TEP（リン酸トリエチル）	$(C_2H_5O)_3P=O$	溶剤，難燃剤
TBP（リン酸トリ-n-ブチル）	$(C_4H_9O)_3P=O$	可塑剤，触媒安定剤，殺虫剤
TBXP〔リン酸トリス(ブトキシエチル)〕	$(C_4H_9OC_2H_4O)_3P=O$	可塑剤，消泡剤，ワックス添加剤
TOP（リン酸トリオクチル）	$(C_5H_{11}C_2H_5CHO)_3P=O$	電線被覆，塩ビ合成ゴム用可塑剤
ハロアルキル系トリエステル類		
TDCPP〔リン酸トリス(1,3-ジクロロ-2-プロピル)〕	$((CH_2Cl)_2CHO)_3P=O$	難燃剤，潤滑油添加剤
TCEP（リン酸トリス(2-クロロエチル)）	$(C_2H_4ClO)_3P=O$	難燃剤，安定剤，潤滑油添加剤
アリール系トリエステル類		
TPP（リン酸トリフェニル）	$(C_6H_5O)_3P=O$	難燃性可塑剤，ゴム添加剤
TCP（リン酸トリクレジル）	$(CH_3C_6H_4O)_3P=O$	可塑剤，ラッカー添加剤
TXP（リン酸トリキシリル）	$(C_2H_6C_6H_3O)_3P=O$	可塑剤，難燃剤
CDP（リン酸クレジルジフェニル）	$(CH_3C_6H_4O)(C_6H_5O)_2P=O$	可塑剤，難燃剤

TCEP などがラットに対する発がん性をもつこともわかった．OPE の魚類に対する急性毒性値は，魚の種によって異なるが，一般に 1 mg/L 以上である．OPE を含む水槽でワキン（金魚）やメダカを飼育すると，脊椎骨の異常や方向感覚の欠如，神経伝達系のアセチルコリンエステラーゼ活性が低下する現象が見られる．変異原性を示す TDCPP，神経毒性を示す TCP，さらに，TCEP のようにシックハウス症候群にかかわっていることが疑われているものもある．

臭素化ジフェニルエーテル

ポリ臭化ジフェニルエーテル（PBDE）は，ジフェニルエーテル（化学式：$C_6H_5-O-C_6H_5$）の水素が臭素に置換した構造をもつ化合物の総称で，置換臭素の数や位置によって多数の異性体や同族体が存在する．

PBDE は，プラスチックや繊維などに添加する難燃剤として使用されてきた．PBDE は生物に蓄積しやすく，オットセイなどの海棲哺乳類や野生生物の皮脂などや，プラスチック製品を生産する工場で働く人の血清中から検出されている．PBDE の急性毒性値は低いが，学習，記憶，行動能力の低下や，オスのラットにおける生殖機能の低下が認められている．さらに甲状腺ホルモン系への影響が示唆されている．また，PBDE を含む素材を燃焼試験すると臭素系ダイオキシン類が生成するため，PBDE は EU の RoHS 指令における規制対象となっており，ストックホルム条約においてもペンタブロモジフェニルエーテルとオクタブロモジフェニルエーテルが追加候補物質になっている．

紫外線吸収剤

紫外線吸収剤は，大きく分けて工業製品に使用されているものとパーソナルケア製品として使用されているものがある．工場製品への用途としてベンゾチアゾール系紫外線吸収剤が，建材や自動車の部品などに使用されているプラスチックの 0.02～2% 添加されている．これらの製品から溶出した紫外線吸収剤は，底質，貝類，甲殻類，魚類，鳥類および哺乳類に濃縮されており，環境中における残留性や高蓄積性が懸念されている．

日本では UV-320 が化審法の第一種特定有害物質，UV-327 が監視化学物質に指定されている．特に UV-320 の NOEL は 0.1 mg/kg bw/日であり，長期毒性を有することがわかっている．

異性体
置換数が同じで置換位置が異なる化合物の一群を示す．塩素数が同じで結合している位置が異なるものである．

同族体
置換数が異なる化合物の一群を示す．たとえば，後述するダイオキシン（PCDD，PCDF）は塩素数が 1 から 8 まであるので，それぞれ 8 個の同族体が存在する．

RoHS 指令
Restriction of Hazardous Substances. 電気・電子製品が使用後に埋め立てられ，焼却される際の環境負荷の低減と，再生材への有害物質の混入を防ぐことを目的に制定され，2006 年 7 月から施行された．対象となるのは，鉛，水銀，カドミウム，六価クロム，ポリ臭化ビフェニル，ポリ臭化ジフェニルエーテルの 6 物質で，2006 年 7 月以降，EU 域内で工場出荷，または EU 域外から通関されるほとんどすべての新品の電気・電子機器について，これら有害物質の含有が原則禁止となった．

NOEL
無影響量（non observed effect level）
毒性試験期間中に試験物質を与え続けても，動物に影響が認められない最大の投与量．

ストックホルム条約(POPs条約)

環境 残留性有機物質(persistent organic pollutants, POPs)は,環境中で分解しにくいこと(難分解性),食物連鎖を介して生体濃縮しやすいこと(高蓄積性),長距離を移動して極地などに蓄積しやすいこと(長距離移動性),人の健康や生態系に対して有害であること(生態毒性)という条件を満たす物質を指す.これらの物質に対して,国際的に製造,使用の禁止,排出削減などの対策をとる必要があるという判断から,UNEP(国連環境計画)が中心となり,国際的な管理の枠組みや方向性が検討され,ストックホルム条約が2001年5月に採択された.POPsとして12物質群が対象となり,2009年5月に開かれた第4回締結国会議ではさらに新規9物質群が対象となった(表).この条約は,POPsから人の健康と環境を保護することを目的とし,①PCBなど9物質(附属書A掲載物質)の製造・使用・輸出入の禁止,②DDT(附属書B掲載物質)の製造・使用・輸出入の制限,③非意図的に生成されるダイオキシンなど4物質(附属書C掲載物質)の放出削減,およびこれらの附属書掲載物質を含む廃棄物の適正な管理などを定めている.

表:ストックホルム条約で対象となっている物質

	条約発効時からの附属書掲載物質	第4回締約国会議で附属書に追加された物質
附属書A掲載物質	アルドリン クロルデン ディルドリン エンドリン ヘプタクロル ヘキサクロロベンゼン マイレックス トキサフェン ポリ塩化ビフェニル(PCB)	テトラブロモジフェニルエーテル およびペンタブロモジフェニルエーテル ペンタクロロベンゼン クロルデコン ヘキサブロモビフェニル リンデン(γ-HCH) α-ヘキサクロロシクロヘキサン(α-HCH) β-ヘキサクロロシクロヘキサン(β-HCH) ヘキサブロモジフェニルエーテル およびヘプタブロモジフェニルエーテル
附属書B掲載物質	DDT	パーフルオロオクタンスルホン酸(PFOS)とその塩,およびパーフルオロオクタンスルホン酸フルオリド(PFOSF)
附属書C掲載物質	ポリ塩化ジベンゾパラジオキシン およびポリ塩化ジベンゾフラン ポリ塩化ビフェニル(PCB) ヘキサクロロベンゼン	ペンタクロロベンゼン

(注)現在の規制対象12物質のうち,PCBおよびヘキサクロロベンゼンは附属書Aおよび附属書Cの両方に掲載されている.

7.7 非意図的化合物

ダイオキシン

ごみの焼却時や農薬などの合成において副生成物として生成する,毒性の非常に高い有機塩素化合物.塩素の付く位置によって75種類の異性体があり,そのなかでも2,3,7,8-ダイオキシンの毒性が最も強い.

▌ダイオキシン

前述の有機塩素化合物は,人間が意図的に合成した化合物であるが,廃棄物の燃焼などにより非意図的に生成する物質もある.その一つが**ダイオキシン**である.1990～2000年前半は,毎日のようにダイオキシンという言葉が報道番組をにぎわせていた.その後ダイオキシン問題は,地球温暖化がクローズアップされるにつれ報道の機会を減らしているが,やはり問

題は根強く残っている．

ダイオキシン類とよばれる場合は，ダイオキシン(PCDD)，ジベンゾフラン(PCDF)およびコプラナーPCB[*7]を含めた総称を意味する(図7.9)．ダイオキシンには，塩素の付く位置によって75の異性体／同族体があり，もっとも毒性が強いのが2,3,7,8-ダイオキシン(2,3,7,8-TeCDD)である．また，ジベンゾフランは135種類の異性体／同族体，コプラナーPCBは10数種類の異性体／同族体を有し，これらの異性体のなかに毒性をもつものは12種類ある．

このようにダイオキシン類は数多くの異性体／同族体をもつため，毒性を総合的に評価することはたいへん困難である．そこで，ダイオキシン類の毒性評価のために，**毒性等量(TEQ)**という考えが示された(式1)．TEQとは，2,3,7,8-TeCDDの毒性を1とした係数である毒性等価係数(TEF値，表7.6)に，検出された濃度を乗じたものである．

$$毒性等量(TEQ) = ダイオキシン類の濃度 \times 毒性等価係数(TEF値) \quad (1)$$

ダイオキシンの汚染実態および毒性評価を見る場合は，濃度で表される場合とTEQで表される場合の二つがあることに注意しよう．

ダイオキシン類は水に溶けにくい反面，油には溶けやすい無色の固体で，化学的には非常に安定な物質である．PCDDは，アメリカの農薬メーカーが製造した2,4,5-Tの不純物として発見された．その後，ベトナム戦争でのアメリカ軍による枯葉剤(ダイオキシンを含む)の散布や，イタリア・セベソの化学工場の爆発によるダイオキシンの飛散，ダイオキシンを含む廃棄物で運河を埋め立てた後から周辺住民に早産や奇形児の誕生が報告されたアメリカ・ラブキャナル事件などが注目された．その後の調査で，燃焼，パルプ製造，たばこの煙，自動車排ガスなどの人為的要因や，森林火災，火山活動などの自然要因でもダイオキシン類は発生することがわかった．ダイオキシン類の環境中の濃度を評価するために，「ダイオキシン類

[*7] PCBのなかで，ビフェニル基に置換する塩素の位置により，2個のベンゼン環が同一平面上に揃っている分子．

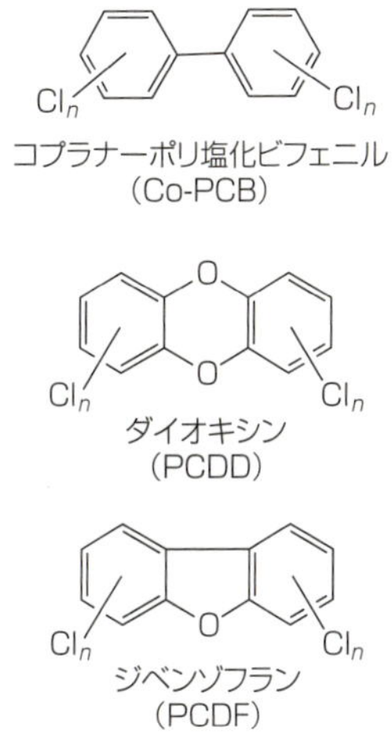

図7.9 ダイオキシン類の構造

表7.6 ダイオキシン類の毒性等価係数

	化合物名	TEF値[*] (WHO2006TEF)
PCDD (ポリ塩化ジベンゾパラジオキシン)	2,3,7,8-TCDD	1
	1,2,3,7,8-PeCDD	1
	1,2,3,4,7,8-HxCDD	0.1
	1,2,3,6,7,8-HxCDD	0.1
	1,2,3,7,8,9-HxCDD	0.1
	1,2,3,4,6,7,8-HpCDD	0.01
	OCDD	0.0003

[*] 2005年にWHOにより提案され2006年に専門誌に掲載されたもの．

対策特別措置法（1999年）」に基づき，各媒体に基準値が設けられている（**表7.7**）．日本国内では，1960〜1970年代に水田除草剤として大量に使用されたPCPやCNPに不純物として含まれていたダイオキシンが，環境中に大量に放出された．その後は，ごみ焼却に伴って発生するダイオキシンが増加したが，ダイオキシン類対策特別措置法に基づく対策によって急減させることができた．

ダイオキシン類の毒性は，もっとも高い2,3,7,8-TeCDDでは青酸カリやサリンなどより高いが，実験動物による種間差が大きい（**表7.8**）．そしてこのような一般毒性のほか，発がん性，体重減少，胸腺萎縮，肝臓代謝障害，心筋障害，性ホルモンや甲状腺ホルモン代謝への影響，さらに学習能力の低下などの症状も報告されている．これらの結果を踏まえ，ヒトに対する安全性の評価基準となる，ダイオキシンの**耐容1日摂取量**（TDI）は，4 pg-TEQ/体重kg/日と設定されている．

平成27年度に行われた環境省の調査結果から，平均的な人間が食事や呼吸を通じて摂取しているダイオキシンの量を，食品や水，大気環境中のダイオキシンの濃度から算出すると，0.65 pg-TEQ/体重kg/日となり，

> **耐容1日摂取量**
> ヒトが一生涯にわたり摂取しても有害な影響が現れない，1日あたりの摂取量．動物試験を行い，影響が認められる最少の体内負荷量に，個体や種類による感受性の違いを考慮した不確実係数をかけることにより求められる．

表7.7　ダイオキシン類に関する基準

耐容一日摂取量[TDI]	4 pg-TEQ/体重kg/日[*1]	
環境基準	大気	年平均値　0.6 pg-TEQ/m^3 以下
	水質	年平均値　1 pg-TEQ/L 以下
	底質	150 pg-TEQ/g 以下
	土壌	1,000 pg-TEQ/g 以下（調査指標 250 pg-TEQ/g）[*2]

[*1] pgは，10^{-12}gである．
[*2] 土壌において，調査指標以上の値が検出された場合には，必要な追加調査を実施することとする．

表7.8　ダイオキシンの毒性

動物種	系統	LD_{50} (μg/kg)		
		オス	メス	オス・メス
モルモット	Hartley	0.6〜2.1	2.5〜19	
ミンク	NR	4.2		
ラット	Sherman	22	13〜43	
ラット	Fish334N	164〜340		
ラット	CD	297		
サル	*Macaca mulata*		50〜70	
ウサギ	New Zealand			115
マウス	C57/BL	114〜284		
マウス	B2D2F1	296		
マウス	D2A/2J	2570		
マウス	Han/Wister	>3000		
ハムスター	Golden Syriar	1157〜5051		

（環境省，「ダイオキシンリスク評価検討会報告書」）

TDI以下になっている．体内に入ったダイオキシン類は脂肪組織に残留しやすく，一度体内に取り込まれると，半減するには約7年かかる．環境中での濃度の減少に伴い，1990〜2010年の間に食品からのダイオキシン類の摂取量が3分の1程度に減少している．このため，母乳中のダイオキシン類濃度も，1980年頃と比べると5分の1程度に減少している．

多環芳香族炭化水素

多環芳香族炭化水素はベンゼン環が2個以上結合した化合物の総称である．この物質群は，有機物が燃焼することにより生成するため，原油などに含まれる自然起源と，自動車，工場およびバイオマスなどの燃焼による人為的起源がある．これらの物質の物理化学的性質はベンゼン環の数により大きく異なるが，オクタノール・水分配係数はベンゼン環数のもっとも少ないナフタレンで$10^{3.3}$であり，環が増えることにより増加する．つまり，一般的に多環芳香族炭化水素は，大気圏ではエアロゾルに，水圏では粒子に吸着している割合が高い．そのため，発生源の近くに留まりやすい傾向がある．

また，全般的に生物体内では水酸化を受けた後に代謝を受けやすく，生物濃縮が起こらない．芳香族炭化水素のなかでも環境中での存在量が多く，発がん性の高いベンゾ(a)ピレンはシトクロムP450により水酸化を受ける過程でエポキシドを生じ，それが悪性の腫瘍をひき起こす．

エアロゾル
固体や液体の微粒子が気体中で浮遊している状態．

7章のまとめ

1. 有機塩素系化合物であるPCB，DDTやHCHなどの農薬，ダイオキシン類は環境残留性有機物質(POPs)とよばれ，ストックホルム条約により，今後世界的に使用禁止または放出量の削減が行われる．
2. 新たな農薬として，アセチルコリンエステラーゼを阻害するネオニコチノイド系農薬が注目されている．
3. PCBはじめ有機リン酸トリエステル類，紫外線吸収剤，臭素化ジフェニルエーテル，可塑剤などは身の回りの製品に多く使用されている．これら製品からの環境中への溶出が懸念されている．
4. ダイオキシンや多環芳香族炭化水素のような非意図的に生成する化学物質もあり，これらの多くは疎水性が高く，粒子状物質に吸着する傾向が高い．

第8章 放射能汚染

Environmental Science

2011年3月11日に発生した東日本大震災・津波は日本の歴史に残る大きな自然災害であった．この災害は東京電力福島第一原子力発電所の大事故を誘発し，その後さまざまな環境被害を引き起こした．

この章では，原子力発電の基礎を学ぶとともに，この原発事故の経過と影響を見ていこう．

8.1 原子力発電の仕組み

*1 3号機では，ウランにプルトニウムを加えたMOX (mixed-oxide) 燃料が使用されていた．

福島第一原子力発電所では，核燃料としてウラン235を用いている[*1]．この原子は核分裂の連鎖反応を起こす際に大量の熱を発生するため，その熱を利用して水を沸騰させ，その蒸気をタービンに送って発電を行う（図8.1）．核分裂連鎖反応を維持・制御する装置を**原子炉**とよぶ．原子炉内の核燃料は，核分裂反応で発生する放射線を閉じ込めるために五重の壁で

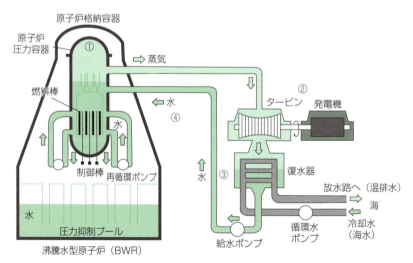

図8.1 原子力発電の仕組み
① 燃料棒のなかで核分裂の連鎖反応が起こり，その熱で水が沸騰して蒸気が発生する．② その蒸気がタービンを回し発電する．③ 蒸気は復水器で冷却される．④ その水は圧力容器に戻される．

囲まれている．これは内側から，① ウラン燃料を焼き固めたペレット，② ペレットを覆うジルコニウム合金製の被覆管，③ 原発の心臓部ともいわれる厚さ 16 cm の鋼鉄製の原子炉圧力容器，④ 厚さ 3 cm の鋼鉄製の原子炉格納容器，⑤ 厚さ 1～2 m のコンクリート製の原子炉建屋である．

タービンを回した後の蒸気は，海水を利用した復水器という装置で冷やされて水に戻り，再び原子炉に運ばれるという循環を繰り返している．ウラン 235 が核分裂を起こすと，多種の核分裂生成物が生じる．その多くは不安定な放射性物質で，安定な状態になるまで放射線と熱をだし続ける．このような，核分裂を繰り返して高熱をだし続ける状態を**臨界**といい，発電中の原子炉はこの状態にある．

原子力発電所の事故が起こると，環境中からヨウ素 131 とセシウム 137 が検出[*2]されることが多い．この 2 種の放射性物質は人体に取り込まれやすく，健康被害が心配される．

[*2] ヨウ素 131 とセシウム 137 は，核実験やチェルノブイリ原子力発電所事故でも環境中に多量に放出された核種である．

8.2 放射線が人体へ及ぼす影響

放射線をだす物質を**放射性物質**，放射線をだす能力を**放射能**という．放射能の強さを表す単位は**ベクレル**(Bq)，放射線が人体に与える影響を示す単位は**シーベルト**(Sv)である．放射線は自然界にも存在し，私たちは年間平均 2.4 mSv（ミリシーベルト）程度の放射線を浴びている．高レベルの放射線を受けるほど，体細胞の DNA が損傷し，白血病やがんになる確率が高くなる．一般の人では，自然放射線とレントゲンなどの医療目的の放射線を除いて，年間 1 mSv が上限とされており（図 8.2），レントゲン技師や原発作業員では年間 50 mSv が上限とされている[*3]．

国際放射線防護委員会(ICRP)では，被曝量が年間 100 mSv を超えるとがんになるリスクが 0.5％上昇するとしている．図 8.2 では，「1 時間あたり」や「年間あたり」という表現が混在しているので，単位に注意してデータを読む必要がある．

ベクレルとシーベルト

ともに科学者の名前が語源である．ベクレルはウランの放射能の発見者，シーベルトは放射線の人体への有害性について優れた研究を行った．

[*3] なお，2011 年の福島第一原子力発電所の事故現場で復旧作業に従事する人に対しては，この値が一時的に年間 250 mSv まで引き上げられた．

国際放射線防護委員会は，放射線からヒトや環境を守る仕組みを，専門家の立場から勧告するために結成された国際的組織である．

8.3 原発事故の経緯

2011 年 3 月 11 日 14 時 46 分に，東北地方太平洋沖でマグニチュード 9.0 の巨大地震が発生した．福島第一原子力発電所(福島県双葉郡大熊町)で稼働中だった 1～3 号機では，地震直後に制御棒を使って原子炉を緊急停止させ，臨界状態は止めることができた．しかし，その直後に高さ 15 m の大津波が襲来したのである．同発電所の 1～4 号機は，5.7 m までの津波への対策しかなされておらず，想定をはるかに越える津波により大量の水

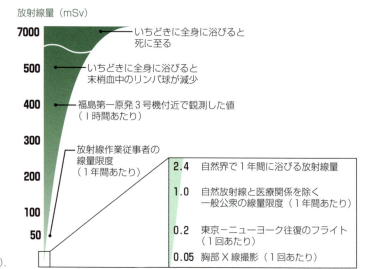

図 8.2　放射線量と人体への影響
1 mSv = 1,000 μSv（マイクロシーベルト）．

が発電所内に浸入し，その結果，非常用発電機やその他の電気系統が完全に停止してしまった．政府はこの時点で原子力緊急事態宣言を発令した．

原子炉内の臨界状態は止められても，核燃料のなかでは核分裂生成物の崩壊が続いて高熱をだし続けるので，原子炉は水で冷やし続けなければならない．停止中であった4号機も，原子炉建屋内のプールではまだ発熱している多数の使用済み燃料棒が水で冷却されている状態にあった．このように，1～4号機のすべてで冷却が不可欠な状況下にありながら，停電により，水を循環させるポンプや冷却用の海水をくみ上げるポンプを動かせなくなったのである．その結果，原子炉圧力容器内やプールの水が蒸発して核燃料が露出し，1号機と3号機では水素爆発が起こり，4号機では火災によって原子炉建屋が大きく損壊，2号機では圧力抑制室の一部が損傷を受け，内部の放射性物質が漏出した．また，容器の損傷を防ぐために，1～3号機の原子炉格納容器内部の圧力を下げる安全弁が開放されたが，これらのことにより，環境中に放射性物質が放出されることになった．事故発生数日後からは，応急的措置として原子炉を冷却するために海水と真水が注入され，放水車による放水も繰り返し行われた．

2011年5月中旬，東京電力は事故の解析結果を公表した．それにより，1～3号機の原子炉は津波に襲われて数日以内に核燃料が融け始める2,800℃に達し，核燃料がすべて原子炉圧力容器の底に崩れ落ちる"メルトダウン(炉心溶融)"という最悪の状態になっていたことが明らかにされた．

また，1～4号機のタービン建屋の地下および配管トンネル(トレンチ)には，放射性物質を大量に含む水がたまっていることが確認された[*4]．3月30日には，発電所放水口の南330 mの地点で，海水のヨウ素131の濃

*4　最も値の高い2号機の場合，水表面の放射線量は1時間あたり1,000 mSv以上に達していた．

度が基準値(0.04 Bq/mL)の4,385倍にあたる1 mLあたり180 Bq, セシウム137も基準値(0.09 Bq/mL)の527倍の濃度で検出され, 海水が汚染されたことが明らかになった. 東京電力は4月1日から6日までの間に, 2号機から海に流出した放射性物質総量の推定値を4,700兆Bqと発表した. この量は, 国が定めた年間の放出量基準の約2万倍に相当するものであった.

このように, 環境中から原発由来の放射性物質が検出され, 原発構内はもちろんのこと, 大気, 土壌, 地下水, 水道水, 海水, 農作物, 畜産物, 原乳, 魚介類などが放射性物質に汚染されている可能性が高くなった. 全国各地で放射性物質のモニタリングが継続的に行われ, 基準値との比較と, 応急対策がとられている. 魚介類中の放射性物質濃度については後述する.

2011年4月12日, 原子力安全・保安院は今回の事故について, 国際原子力事故評価尺度の暫定評価値を, 最も深刻なレベル7(放射性物質放出量が数万テラBq以上, テラは1兆倍の単位)にすると発表した(表8.1)[*5]. これは1986年のチェルノブイリ原発事故と同レベルである.

東京電力は, 原子炉を安定させ放射性物質を封じ込めるための工程表を, 4月17日に発表した. この事故収束への工程表は, 原子炉, 燃料プール, 放射能汚染の3部門に分けられており, 6〜9カ月で事故を収束させるとした. しかしながら, 原子炉建屋内およびその周辺の強い放射線は作業員の健康を脅かし, 復旧作業の大きな障害となった. また, 強い余震や台風, 大雨などのさらなる災害の襲来を受ける可能性もある. いずれ福島第一原子力発電所の1〜4号機は廃炉になるであろうが, これには数十年という年月を必要とする.

*5 ただし, その時点までの環境への放射性物質排出量は, 同じレベルである旧ソ連チェルノブイリ原子力発電所事故の1割程度としている.

表8.1 原子力事故の国際評価尺度

		レベル	事故例
事故	7	深刻な事故 (数万テラBq〜)	チェルノブイリ原発事故 (旧ソ連, 1986年, 520万テラBq) 福島第一原発事故 (2011年, 37〜63万テラBq)
	6	大事故 (数千〜数万テラBq)	
	5	所外へのリスクをともなう事故 (数百〜数千テラBq)	スリーマイル島原発事故 (アメリカ, 1979年)
	4	所外への大きなリスクのない事故	東海村JCO臨界事故(1999年)
異常事象	3	重大な異常事象	旧動燃東海事業所火災・爆発(1997年)
	2	異常事象	美浜原発2号機蒸気発生器細管破裂(1991年)
	1	逸脱	高速増殖原型炉もんじゅナトリウム漏れ(1995年)
	0	尺度以下	

※数字は放射性物質(放射性ヨウ素換算)の外部放出量.

今回の原発事故は，巨大地震と大津波という自然災害によって引き起こされたものではあるが，災害への備えの甘さや応急処理の不備などが非常に目立つ．この原発事故は人災であるといわれても仕方のない部分が多い．原発の「安全神話」は崩れたのである．世界中，とくに原発をもつ国々は，この原発事故の行方に注目している．

8.4　多方面にわたる甚大な原発事故の影響

今回の原発事故による被害は，日本の歴史上最大のものである．事故の被害がどれほど深刻化し，いつまで続くのかは予測できない．今後新たな被害が顕在化する可能性もある．ここに，被害の一部を紹介する．

<u>(1) 原子力発電所周辺居住者の避難</u>：原発の近くは放射能汚染が深刻で，人が生活を続けると健康に害のでる恐れがある．そのため，政府は国際放射線防護委員会(ICRP)の，「一般人も年間 20 〜 100 mSv の放射線を浴びる場合には対策が必要」とする勧告を踏まえ，原発から半径 20 km の範囲を「警戒区域」に指定して立ち入りを禁止，20 〜 30 km 圏を「緊急時避難準備地域」とし，20 km 圏外であっても測定された放射線量や地形・風向きの影響を考慮した「計画的避難区域」を定めるなどの措置をとった．2011 年 4 月 18 〜 19 日に 20 km 圏内の 9 市町村 128 地点で大気放射線量を測定した結果では，年間の推計被曝線量が 20 〜 100 mSv となったのは 58 地点，100 mSv を超えるのは 17 地点(最も高い地点では 578 mSv)であった[*6]．警戒区域や計画的避難区域に住んでいた住民 8 〜 9 万人は，それまでの生活，仕事，学びの場を失った．苦しい避難生活のみならず，いつになれば帰郷できるのかという，大きな将来への不安を抱えている．

その後除染作業が進むにつれて，2013 年 8 月に，避難指示区域を帰還困難区域(年間被曝線量 50 mSv 超)，居住制限区域(同 20 mSv 超，50 mSv 以下)，避難指示解除準備区域(同 20 mSv 以下)に再編された．2017 年 4 月 1 日時点では，避難指示区域は帰還困難区域を除き解除され，11 市町村に広がっていた避難区域は 2013 年 8 月と比較すると面積で約 3 割にまで縮小した．ただ，帰還・帰還予定者は解除対象者の(52,370 人)の 7.9 % にとどまっており，復興に向けた街づくりには時間がかかると思われる．一方，全域避難が続く第一原発立地自治体の大熊・双葉両町(計 18,596 人)は解除の見通しがつかず，6 年半が経過した今も住民帰還のめどは立っていない．避難指示が解除されても，ただちに帰還できないもろもろの事情があることは推察できる．また，原発事故後の放射能汚染区域の推移は図 8.3 に示したように明らかに縮小しているが，残された課題はあまりにも

*6　年間の放射線被曝量は，1 日に 8 時間屋外，16 時間屋内(木造建築では屋外の 40 % 被曝と仮定)で過ごしたと仮定して，換算している．

8.4 多方面にわたる甚大な原発事故の影響

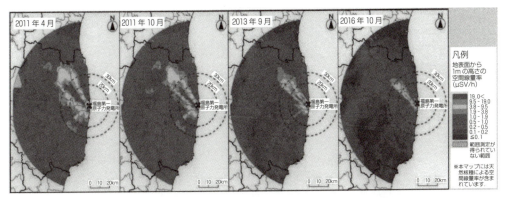

図 8.3 東京電力福島第 1 原子力発電所 80 km 圏内における空間線量率の推移
（原子力規制庁，2017）

多い．たとえば，事故前のコミュニティが事故後に崩壊したことをどのようにして立て直すか，避難者に対する生活保障などについての問題点の克服などである．さらに，強制的避難者と自主避難者との間での分断がもたらした問題や，避難者の児童生徒に対する避難先でのいじめの問題なども深刻である．

(2) 飲料水，食品および農業・畜産・水産業：事故後，厚生労働省では飲料水や食品中の放射性ヨウ素と放射性セシウムの**暫定規制値**を設定し，規制値を超える食品が市場に流通しないよう出荷制限などの措置をとってきたが，より一層，食品の安全と安心を確保するために，長期的な観点から 2012 年 4 月に新たな基準値を設定した（**表 8.2**）[*7]．

事故後間もない時期の水道水については，福島県および近隣都県において，一時期ヨウ素 131 が乳児の暫定基準値 100 Bq/kg を超えるところが相次いだ．これは，大気中を漂う放射性物質が降雨などによって水道水源に混入したためと考えられる．さらに，原乳（暫定基準値 300 Bq/kg）やホウレンソウ，カキ菜，パセリなどの野菜類や茶葉からも暫定基準値（500 Bq/kg）を超える値が検出され，出荷停止が相次いだ．魚介類については，福島沖のコウナゴ（イカナゴの稚魚）から暫定基準を上回る放射性ヨウ素（2,000 Bq/kg）とセシウム（500 Bq/kg）が検出されて出荷が停止された．コウナゴが水面近くを群れで泳ぐ特性と放射能汚染との関係が示唆されている．福島県内のアユ，ワカサギ，ヤマメ，ウグイなどの淡水魚からも暫定基準を超えるセシウムが検出された．淡水魚は，浸透圧調節のためにナトリウムを体内に吸収するので，ナトリウムと性質がよく似たセシウムを取り込みやすいと考えられている．食品中の放射線量が基準値以下に低下して，法的には出荷停止が解除されても，生産者や関連業界はいわゆる風評被害で大きな打撃を受け続ける．国は，生産者などに対する配慮と，消費

暫定基準値

食品の安全基準を定めた食品衛生法に放射能の基準がないため，緊急措置として特別に定められた値．

[*7] 放射性物質を食べたときの人体への影響は，放射性物質の種類，飲食や吸入など体内への入り方に応じた係数を用いて，単位をベクレルからミリシーベルトに換算して考えられている．

表 8.2 食品中の放射性セシウムの基準値

食品群	基準値 (Bq/kg)
飲料水	10 (200)
牛乳・乳製品	50 (200)
乳児用食品	50 (100)
一般食品	100 (500)

＊2012 年 4 月 1 日改正．カッコ内の数字は 2011 年に設定された暫定基準値．
（厚生労働省）

▶物理学的半減期については，次ページのコラムを参照．

放射性物質の半減期

原子力発電所などの事故で環境中に放出された放射性物質が，呼吸や飲料水，食物などを介して人体に取り込まれた場合，健康への影響を考えるときには放射性物質の「半減期」が問題になる．学術用語として使われる半減期には，「物理学的半減期」と「生物学的半減期」がある．物理学的半減期とは，ある放射性核種が放射性崩壊によってその数が半分に減少するのに要する時間のことである．生物学的半減期とは，生体内に取り込まれた物質が，排泄や代謝作用などにより体内から失われて半分に減少するまでに要する時間のことである．

放射性物質が生体内に取り込まれた場合，放射性崩壊による減少と，排泄や代謝作用による減少は独立して起こる．生体内に取り込まれた放射性物質の濃度変化は，理論的には実効半減期によって求められる．実効半減期をT_e，物理学的半減期をT_p，生物学的半減期をT_bとすれば，$1/T_e = 1/T_p + 1/T_b$の関係にある．この式からわかるように，T_pがT_bよりも非常に長ければ，T_eはT_bに近い値を示すことになり，放射性物質の生体内量は生物学的半減期の影響を強く受ける．原子力発電所から放出される放射性核種で特に問題とされるのは，ヨウ素131，セシウム137，ストロンチウム90であるが，これら3物質の物理学的半減期(T_p)と生物学的半減期(T_b)は以下の表のような値である．セシウム137では物理学的半減期が30年で，生物学的半減期の70日よりも非常に長いので，実効半減期は生物学的半減期に近いことになる．

放射性核種の危険度は，生体内に取り込まれやすいか，どの部位にどの程度の期間留まるのか，どのような種類の放射線を出すのか，などの情報を総合して判断すべきである．

表：放射性核種と半減期

放射性核種	物理学的半減期(T_p)	生物学的半減期(T_b)
ヨウ素131	8日	120日(甲状腺で)
セシウム137	30年	70日
ストロンチウム90	29年	49年

者の安全・安心とを両立させるために一層の努力をするべきである．

水産庁は関係自治体および関係業界団体と連携し，福島県および近隣県の主要港において水産物を週1回程度サンプリングして調査している．その結果，新たな基準値の100 Bq/kgを超える割合は事故後の2011年4〜6月期の53%から2015年10〜12月期では0.1%に低下した．福島県および近隣県も含め，2016年4月以降，セシウム137の場合，淡水魚のイワナ，ヤマメ，ブラウントラウトの少数検体で基準値(100 Bq/kg)を超えている．山林に降り注いだ放射性物質はじわじわと河川に流入していることがわかる．

(3) 電力供給：福島第一原子力発電所とその他数カ所の発電所において発電が停止されたために，東京電力の電気供給量が大幅に低下した．その結果，電力低下を補うために各地において計画停電が行われ，その影響は市民生活や産業界全体に及んだ．2011年5月6日，菅直人元首相は大規模地震の発生が予測(今後30年以内に87%の発生確率)されている地域に位

置する静岡県御前崎市の浜岡原子力発電所の安全性に問題があるとして，中部電力に運転停止を要請し，中部電力もこれを了解した．さらに，東京電力や中部電力の圏内にとどまらず，安全点検のために国内の多くの原発が停止し，電力供給量[*8]が大きく低下することになった．

(4) 産業界：農業，畜産，水産業への影響のみならず，原発事故は工業，観光，交通などの様々な業界に対して甚大な被害を及ぼし，雇用の喪失も広がっている．諸外国からは，日本製食品や工業製品が放射性物質に汚染されているのではと不安感が高まり，日本の科学・技術力に対する信頼性も低下するなど，すぐには解決できない難題が浮き上がった．

(5) 迅速な情報公開：原発事故の教訓の一つとして迅速な情報の公開の重要性があげられる．今回の原発事故のように退去や避難が伴う場合，周辺の住民に対する迅速な情報提供は非常に重要である．近隣の住民だけでなく，国民すべて，また世界中が正確な情報を欲しているにもかかわらず，情報の公開は不十分であった．3月11日の状況を1カ月後どころか3カ月後になって公開している場合もあり，原発に関する情報の隠ぺい体質が続いているといわれてもやむを得ない．また，情報を公開する際に専門用語が飛び交うことが多いが，一般の市民が理解しやすいように平易な補足説明をすることも大切である．

[*8] 事故前の2010年においては，日本における電力量の28.6％を原子力発電が担っていた（電気事業連合会資料）．原子力発電比率（2009年）が最も高い電力会社（2009年）は，関西電力の48％であり，東京電力の23％が続く．沖縄電力は0％である．2016年度ではわが国全体における原子力発電の比率は1.7％となっている．

補遺：福島第一原発事故から学ぶ

福島第一原発事故から6年半が経過した．今もなお多くの問題・課題が山積みであり，それらを整理するとともに，今後何をすべきかを考えたい．

1. 事故を起こした原発のあと始末

1) 福島第一原発1〜4号炉を廃炉にするための作業に関して，炉心溶融（メルトダウン）後の原子炉内部の破壊状況が把握できていないため，ロボットを活用し，各炉の写真撮影が試みられているが（図①），正確な実態の把握には至っていない（2017年7月現在）．破壊状況が把握されて初めて廃炉の手順や廃炉までの所要期間，コスト（誰が負担するか）の見積もりが可能となる．長期にわたる廃炉作業のための技術者の養成も必須である．

2) 原発敷地内で生じる高レベルの放射性物質を含む地下水の処理をどうすればよいか，汚染水を貯める1,000本以上のタンクが林立している状況（2017年7月現在78万トン）を打開するための方策はどのようにするか，放射性物質を吸着除去する装置の稼働率が低いことと，トリチウムは処理することができないことに対する見通しなども明らかでない．

3) 原発敷地内の高レベル放射能をもつ廃棄物，原発の爆発により広範囲に拡散した放射性物質の除染により生じた廃棄物の一時保管場所と最終処分の方法などに関しても，明確な方針が決まっていない．

2. 福島県における甲状腺がん患者の発生動向と治療対策

原発事故後，福島県は「県民健康調査」を実施し，18歳以下の子供たち38万人を対象に，超音波による甲状腺検査が行われている．2011年から2013年までの「先行検査（1巡目）」，2014年から2015年にかけて実施された「本格検査（2巡目）」，2016年から2017年までの「本格検査（3巡目）」が実施され，2017年6月に公表された福島県民調査報告書によると，福島県の小児甲状腺がんおよびその疑いのある子供たちは合計190人となった．手術を終えた153人のなかで，良性結節であったのは1人，150人が乳頭がん，1人が低分化がん，1人がその他の甲状腺がんとの診断であった．3カ月に1回の割合で福島県が開催している「検討委員会」は2016年3月に「中間とりまとめ」を公表し，「被曝影響とは考えにくい」との見解を示している．集団検診により，「将来，治療の必要のないがんを見つけている可能性がある」，すなわち，甲状腺異常の増加は，高性能な超音波診断機器を導入したために引き起こされた集団検診効果（過剰診断）であるというのである．また，福島県の子供たち全員を対象に検査したことによって潜在的な甲状腺がん患者が多数見つかったことは，「スクリーニング効果」といわれている．

最近は，これらの「過剰診断」あるいは「スクリーニング効果」という用語を使うことの適切さが議論になっている．用語の使い方の議論もさることながら，甲状腺がんと診断された本人や家族の苦しみをどのようにサポートするのかが最も重要である．原発事故と甲状腺がんの因果関係については，疫学調査やチェルノブイリの例を参考にしながら見きわめる必要があるが，「被曝の影響とは考えにくい」と早々と結論付けることに大きな疑問を感じる者は少なくないであろう．

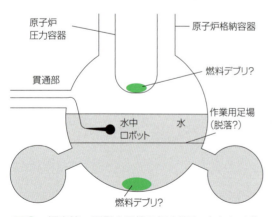

図① 福島第一原発3号機の炉内調査（イメージ）

3. わが国のエネルギー政策をどうすべきか
——独首相メルケルの決断

ドイツ，イタリア，スイス，台湾など諸外国は近い将来に脱原発を決定しているが，福島原発事故後ドイツのメルケル首相はただちに「倫理委員会」を立ち上げ，脱原発を決定したプロセスを以下に述べるが，ここから学ぶべきことは多い．

メルケル首相は，福島原発事故のあと2011年3月中にすぐさま諮問機関として「安定したエネルギー供給のための倫理委員会」を設置し脱原発が社会的に受け入れられるか，その可能性を探らせることにした．倫理委員会の構成は哲学者，経済学者，教会の代表者，化学メーカーの社長など17人からなり，原子力業界の代表者はいない．むしろ危機管理の専門家や，人びとの生き方という観点から教会の代表者もメンバーに任命し，委員会の名称どおり，「倫理面」を強調する姿勢がうかがえる．具体的内容は以下のようである．

倫理委員会は2ヵ月間，議論を続け，その様子は何度もテレビ中継された．エネルギーは社会や経済の根幹である．だからこそ，その決定についてはとにかく透明性を確保することが大切とされた．倫理面だけでなく，コスト面も議論の中心となった．仮に脱原発して電気料金が上がり，貧困世帯が苦しめば，それも社会倫理に反する．倫理委員会は脱原発とは結局，リスク評価の問題である．今のドイツは，原発事故が起きたときにリスクに耐えられる準備ができていないので原発を止めるしかないとの結論に達し，5月30日に「10年以内の脱原発は可能」との報告書を公表した．原発事故が日本のようなハイテク国家で起きた事実により，ドイツでそのようなことは起こりえないという確信は消失した．

この報告を受け，メルケル政権は「2022年までの脱原発」をドイツ連邦議会「下院」審議し，賛成513,反対79,棄権・白票8という大差により可決した．

ドイツにおける脱原発が「倫理面」を基盤として議論されたこと，すなわち人間の生き方はいかにあるべきかを問うことから出発していることの意義は大きい．

4. 廃炉や核廃棄物の処分に関する動向

福島第一原発事故を機に，原発の運転期間は原則40年に制限するルールが導入され，2017年6月末現在，廃炉が決まった原発は9基である．廃炉の工程は図②に示したように，30～40年かかるといわれており，特に原子炉本体の解体は放射線量が非常に高いため，慎重に進めなければならない．国内の商用原発で初めて廃炉作業に入った日本原電の東海原発は廃炉作業開始から15年経過しているが，汚染度の高い原子炉本体は手つかずの状態にある．廃炉作業において生じる放射性物質に汚染された廃棄物の処分場が決められていないことは大きな問題であるが，このこと以上に原発の稼働により恒常的に生じる核廃棄物の処分場が決められていないことは重大な問題である．これはわが国だけでなく，原発を稼働している世界の国々に共通の課題である．ドイツのように脱原発を決定した国においても，使用済み核燃料の処分について明快な答えが出ていない．

使用済み核燃料からウランやプルトニウムを取りだして再利用する核燃料サイクルをわが国は推し進めているが，再利用できない高レベル放射性物質は必ず生じる．現在は，これを融かしたガラスと混ぜ，長さ約130 cm，重さ500 kgのガラス棒に加工し，青森県六ヶ所村と茨城県東海村にある使用済み核燃

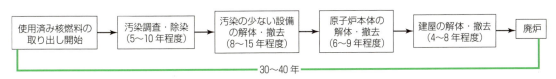

図② 廃炉のおもな工程
（資料：毎日新聞，2017年6月26日）

料の再処理工場に貯蔵している(2017年現在で約25,000本). 国の試算では，2021年頃には約4万本に達するという. ガラス固化体(図③)は最終的にステンレス製の容器に密封して300 m以深の地下に埋める，すなわち地層処分することになっている. このガラス固化体は強い放射線を発していて，元の天然ウランと同じ放射能レベルに下がるまでに数万年から100万年かかるといわれている.

地層処分するという考え方は現時点では最も現実的なようであり，実際にフィンランドのオンカロ島で地層処分場が建設されている. しかし，10万年もの間，誰が管理するのか，私たちの子孫にそのような役割を押し付けてよいのか，まさに倫理の問題である[*1].

わが国では2002年から地層処分場の建設予定地に関して公募が行われ，初期調査に応募しただけでも自治体に最大20億円の補助金がでることになっていた. 2007年に高知県東洋町が名乗りを上げたが，議会や住民の反発を招き，その後の選挙で当選した町長が応募を撤回した. 現時点では引き受け手の自治体は現れず，これが，「原発が"トイレなきマンション"」といわれるゆえんである. 東洋町で暮らしをしている70歳の女性がマスコミの取材に対して発した「安全で，ええ処分場ならどうしてこんなへんぴな町につくりたがるんかい」の言は本質をついている.

高レベル放射性廃棄物の最終処分場[*2]に関して，2017年7月末に経済産業省は，安全性の観点から日本全国を4色に色分けした「科学的特性マップ」を公表した. これまでに何度も述べたように，原発への賛否の如何にかかわらず，最終処分は必要であり，国民の幅広い理解が欠かせない. 特性マップでは火山や活断層，将来掘削される可能性のある油田や炭田などの地域を避けたうえで，輸送の利便性が高い沿岸部を最も好ましい場所と位置付けている. 候補地を選定するに当たっては地元住民，自治体の合意を得るために，国として透明性のあるわかりやすい説明をすることが不可欠である. 候補地選定の流れとしては，① 自治体への申し入れ，② 文献調査(2年程度)，③ 概要調査(4年程度)，④ 精密調査(14年程度)，⑤ 候補地決定，⑥ 施設建設，となっている.

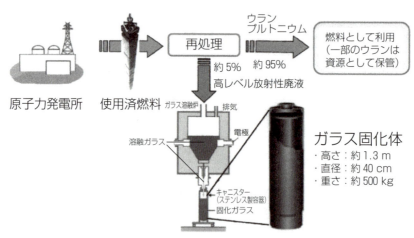

図③　地層処分を行う高レベル放射性廃棄物（ガラス固化体）
〔原子力発電環境整備機構NUMO資料（2017）〕

---

*1　核のごみ捨て場が見つからないのは，世界各国の共通の悩みである.
*2　最終処分場：ドイツ北部ゴアレーベンの地下800 mの原発稼働により生じる，高レベル放射性廃棄物(核のごみ)の最終処分場の建設候補地. 掘削は一定程度進んだが，2013年からこの計画は中断している. フィンランドのオンカロ処分地とは異なり，コアレーベンは坑道(高さ8～10 m)が岩塩である.

核の廃棄物の総量をこれ以上増やさないことを重視するならば，原発の再稼働を含めたわが国の原発政策の見直しは必須であろう．

5．次々と進められている，原発の再稼働について

2011年3月の東日本大震災で生じた福島第一原発事故の後，半年～1年は，「原発はもうたくさんだ」という雰囲気がわが国全体を覆っていたように見受けられたが，6年半が経過した現在，どうであろうか．マスコミの報道でよく取り上げられるのは，① 原子力規制委員会のお墨付きをもらって，再稼働が決定した原発のこと，② 各地で再稼働反対の訴訟が起こされ，一時は再稼働差し止めの判決が下りた場合もあるが，その後，差し止めが却下されている．③ 福島原発事故の責任を問う裁判で東京電力の責任者が訴えられている．④ メルトダウンに至った原子炉内部の状況が把握できていないこと，などである．

① に関して，規制委員会は基準をクリアしていると判定を下すと，電力会社と地元自治体はゴーサインが出たと判断し，再稼働の手続きに入る．しかし，規制委員会の長は「基準をクリアしているだけであって，絶対安全とはいえない」との見解を表明している．実に無責任な発言と考えざるを得ない．② に関して，地方裁判所によっては判決が180度異なることを一般市民はどう捉えればよいのか．判断の基準をどこに置くかで判決内容は変わる．③ について，大規模の事故が生じたとき，原因と自己責任が問われるのはごく一般的なことであるが，このたびの原発事故については「想定外の出来事」という表現が先行し，責任の追及が非常に甘い状態で今日に至っている．事故の解明のためには責任の所在を明確にすることが，今後の大事故を防ぐために不可欠であろう．④ についてはすでに13.4節で述べたとおりである．廃炉のための費用が21兆円必要であること自体も大変なことであるが，原子炉内部の状況を的確に把握することができなければ次に進めない．

以上の状況を考えると事故の原因究明や責任の所在，廃炉作業の困難さ，汚染水処理の安全性と見通しなど問題が山積みの状況にあるなかで，なぜ再稼働を急ぐのであろうか．原発を稼働させることにより電気代の値下げが可能であることだけが前面にでて，目先の利便性にのみ目を向けていてよいのであろうか．原発立地交付金による自治体の財政のサポートや雇用の増大によって地域が活性化されたことは事実であるが，私たちの子孫の幸せを含めて考えるならば，原発に依存するエネルギー政策はいかにあるべきかを国民全体で熟考し，選択すべき時に至っていると思われる．

6．巨大科学技術から等身大の技術へ

原発をはじめとした巨大科学のもろさを今回の原発事故は如実に表した．科学技術の進歩によって人間の生活はこの100年間に格段に便利となり，平均寿命の伸びも著しい．しかし，今回の福島第一原発事故は，冷却機能が麻痺したときに原子炉からでてくる高濃度放射性物質の制御が困難であること，すなわち人間がコントロールできない（手の内に入らない）技術を用いることがいかに危険であるかを示した．そして，先に述べたように，使用済み核燃料の処分方法や処分地が決まっていないのである．

このように，原発の技術は未成熟であり，原発を今後も推進していくことには無理があるように思われる．どのようなかたちで脱原発をはかっていくかについて，具体的な計画を立てることが緊急課題である．そして，便利さの追求に突っ走ることが何をもたらすかを，原発事故は私たちに語っている．この事故を機会に，「等身大の技術（人間がコントロールできる技術）」を大切にする発想法へ少しずつ転換していくべきであろう．身の回りにあふれかえっている物は本当に必要なのかどうか，"仕分け"をする必要がある．物質的に豊かであることが必ずしも幸せと直結してはいないことが，先進国では常識となりつつある．今回の事故を通じて私たちは，「豊かさとは何か」を真剣に問うべきことを痛感する．

8章のまとめ

　2011年3月に発生した東日本大震災・津波の際に生じた福島第一原子力発電所の大事故を契機として，その安全性に大きな疑問がもたれるようになった．この大事故から6年以上が経過したが，残された課題は以下のように山積みである．

1. 強制的，また自主的に避難した人たちの辛苦．
2. 原発事故により飛散した放射性物質による農産物や魚介類の汚染．
3. 福島県における子供の甲状腺がん．
4. 爆発した原子炉の廃炉作業．
5. 原発の稼働により生じる高レベル放射性廃棄物の処分．
6. 原発事故の反省に立ちながら日本のエネルギー政策はどのようにあるべきか．

第9章 汚染物質の毒性と生体内での代謝

第3章から第7章にわたって，大気，水界および土壌中の汚染物質の濃度分布について解説してきた．次は，それぞれの汚染物質が生物にどのような毒性学的影響を及ぼすのかを学ぶ必要がある．実際の環境中の濃度レベルでの影響が把握できれば理想的であるが，現実的には実験動物を用いて急性，亜急性および慢性毒性を評価する際，対象化合物の環境中の濃度よりも1〜2桁高い条件で曝露，あるいは化合物を投与することが多い．したがって，毒性の強弱を論じる際には，環境中濃度とかけ離れた条件下で毒性試験が実施されていないかどうかを見きわめる必要がある．

この章では，過去に重大な問題を引き起こした重金属や人工の化学物質の，生体内での毒性発現機構について述べる．

9.1 重金属の毒性

人体を元素組成の面から見ると，有機物の主要構成元素である炭素(C)，水素(H)，酸素(O)，窒素(N)と無機質のカルシウム(Ca)，リン(P)，カリウム(K)，硫黄(S)，ナトリウム(Na)，塩素(Cl)，マグネシウム(Mg)，鉄(Fe)の合計12種類の元素が，生体重量の99.9%を占めている．これら以外の元素は人体での存在量が微量なため，**微量元素**とよばれる．環境汚染により人体への影響が危惧されるような重金属類は，すべて微量元素に属している．

生体機能と元素摂取量との関係は，一般的には**図9.1**のように表すことができる．水銀(Hg)やカドミウム(Cd)などのいわゆる汚染元素では欠乏症状は現れないが，かなり少ない摂取量でも毒性が発現し，重症の場合は死にいたる．一方，銅(Cu)や亜鉛(Zn)など生体に不可欠な元素では，欠乏状態と過剰状態でそれぞれ障害が現れる．必須元素であっても適正量の範囲が狭い元素では，欠乏症だけでなく，過剰障害(毒性)にも気をつける必要がある．また，現在は必須でないと考えられている元素が，今後の研究で必須元素に加わることもありうるだろう．

*1 微量必須元素は，生体内で酵素の補欠分子族(酵素の活性に不可欠な非タンパク質性の物質)として働く場合が多く，このような酵素は金属酵素とよばれる．ヘキソキナーゼにおける2価のマグネシウムイオンや，カタラーゼにおける3価の鉄イオン，シトクロム c オキシダーゼにおける2価の銅イオンなどがある．

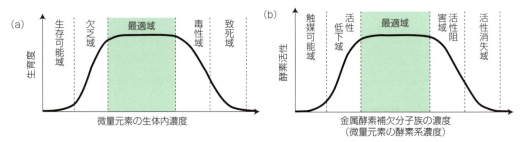

図 9.1　微量元素が生物に及ぼす影響
(a) 微量元素の濃度と生物の生育度の関係，(b) 微量元素の濃度と酵素活性の関係〔木村修一，左右田健次編，『微量元素と生体』，秀潤社（1987）より〕

PCB や DDT などの有機汚染物質は，環境中で分解されたり，生体内で代謝されたりして他の物質に変化する．したがって，汚染物質そのものが毒性の本体である場合と，分解・代謝産物が毒性を発現する場合とがあり，メカニズムはたいへん複雑である．また，重金属の場合は，重金属そのものの作用によって毒性が現れることもあるが，後述するように，有機金属と無機金属では毒性の発現様式が異なり，同じ有機金属でも，有機態の種類によって毒性が変化することが少なくない．

重金属の存在形態と毒性

重金属の毒性に関しては，第1章の水俣病のところでも取り上げたが，本節では，重金属の化学形（存在形態）と毒性について述べる．重金属が生体内に侵入すると，イオンとして存在することはほとんどなく，種々の生体成分と結合する．重金属イオンは，タンパク質，アミノ酸，その他の有機化合物中のカルボキシ基，アミノ基，ヒドロキシ基，チオール基などと結合する．とくにチオール基(-SH)のSと重金属イオンの結合は強く，その結合の強さは，水銀＞銅＞カドミウム＞亜鉛　の順である．重金属イオンが酵素の活性中心（基質が結合して酵素反応が起こる部分）と結合すると，酵素は本来の作用を示すことができなくなり，重金属による酵素活性の阻害が毒性として現れる．重金属イオンは核酸とも結合するので，核酸の立体構造に変化を与えて塩基対の配列ミスを起こし，変異原性や発がん性を生じる可能性がある．

クロム(Cr)は通常，3価または6価のイオンとして存在し，Cr^{3+} は人体に必須であるが，Cr^{6+} は非常に毒性が強い．このように，重金属イオンの**原子価**によって生理作用が変化する例は多い．有機金属化合物は，金属原子と炭素原子が共有結合を形成している化合物である．水銀，ヒ素，鉛，スズなどの生理活性は，有機態と無機態で著しく異なることが明らかにされている．例えば，無機水銀は腎障害と肝障害を引き起こすが，メチル水

原子価

ある元素の原子1個が特定の元素の原子何個と結合するかを表す数のこと．普通は水素を標準とし，その原子価を1として，水素原子 n 個と結合するものの原子価を n とする．

銀は水俣病で示されるように,特異的な脳神経障害を引き起こす.ヒ素については,無機態の As^{3+} は強力な毒物であるが,ヒジキやワカメなどの海藻類に高濃度に含まれている有機態ヒ素のアルセノベタインは,排泄されやすくほとんど無毒である.

メタロチオネイン

生体内に取り込まれた重金属の存在形態と毒性との関係においては,メタロチオネインが興味深い.メタロチオネインは1957年,ウマの腎臓からカドミウムを多量に含有する特異なタンパク質として分離された.その後,生理学,生化学,医学,毒性学などのいろいろな領域で研究が積み重ねられ,このタンパク質の多くの特徴が明らかにされた.メタロチオネインは,水銀,カドミウム,銅,亜鉛などの重金属類との親和性が高く,その親和性の序列は,水銀＞銅＞カドミウム＞亜鉛 であり,メタロチオネイン1分子は7原子の金属を捕捉することができる.

高等動物のメタロチオネインはアミノ酸61残基からなる低分子量(約7,000)のタンパク質であり,芳香族アミノ酸を含まず,システインを20個も含む特異なアミノ酸組成をもつ(図9.2).システイン残基の配列は,脊椎動物間で共通である.メタロチオネインは肝臓や腎臓で合成されるが,その生合成は水銀,カドミウム,銅,亜鉛などの投与により誘導される.メタロチオネインの本来の役割は,必須元素の銅や亜鉛の生体内濃度の調節である.環境科学でこのタンパク質が特に注目されるのは,重金属に対する耐性獲得現象との関係が見いだされたためである.すなわち,動物に前もって少量のカドミウムを投与しておくと,致死量のカドミウムを投与してもその動物は死なないという現象がある.この現象の機序は,少量の

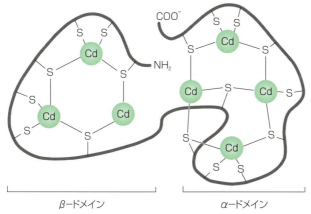

図9.2 カドミウムを結合したメタロチオネイン
アミノ酸の主鎖を太線で示す.図中のSはシステインである.

カドミウム投与によって体内でメタロチオネインが誘導合成され，その後に投与された致死量のカドミウムは体内でメタロチオネインと結合して解毒されると考えられている．

また，二つ以上の重金属が同時に生体内に侵入すると，相互作用によって毒性が変化する場合がある．水銀とセレンはそれぞれ強い毒性をもつが，これらの元素を同時に投与すると，両元素の毒性は著しく軽減される．これは，生体内で水銀とセレンが結合して毒性の低い存在形態をとるからである．水銀とセレンは，生体内のタンパク質と高分子量複合体を形成し，この化合物はほとんど毒性を示さないことが知られている．海洋性哺乳類のイルカやアザラシ，大型魚類のマグロやカジキなどが生体内に数十〜数百 mg/kg という非常に高濃度の水銀を蓄積しているにもかかわらず異常をきたしていないのは，高濃度のセレンを体内に蓄積しているためと考えられている．水銀やセレンの毒性は，前もって亜鉛を十分に投与しておくと緩和される．このような現象を**交叉耐性**とよぶ．この現象は，亜鉛の前投与によって誘導合成されたメタロチオネインを介しての相互作用として理解できる．

● **交叉耐性** ●
ある生物が1種類の薬剤に対して耐性を獲得すると同時に，別の種類の薬剤に対する耐性も獲得すること．

9.2 薬物代謝酵素

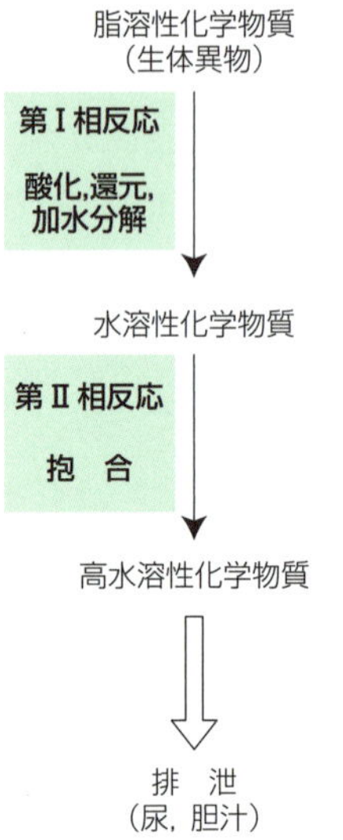

脂溶性の生体異物は，そのままでは体外に排泄されにくく，生体内の脂肪組織に蓄積しやすい．通常は，比較的低い基質特異性をもつさまざまな薬物代謝酵素によって，連続した2段階の反応により代謝され，その反応は，第Ⅰ相反応（酸化，還元，加水分解）と第Ⅱ相反応（抱合）に分けられる．

第Ⅰ相反応（図 9.3）では，化合物にヒドロキシ基，アミノ基，カルボキシ基などが導入されて水溶性が増し，続いて生じる第Ⅱ相（図 9.4）のグルクロン酸，硫酸の各抱合反応によって極性（水溶性）がさらに増大し，排泄されやすくなる．抱合反応にはこの他グルタチオン抱合，グリシン抱合，アセチル抱合などがある．第Ⅰ相反応における酸化反応の中心的役割を担

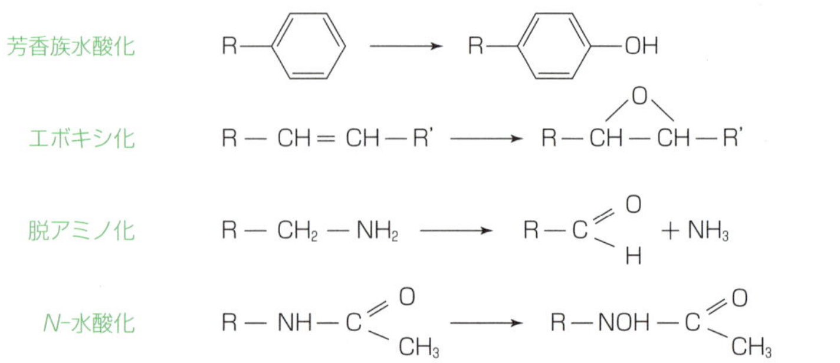

生体異物の代謝

図 9.3　第Ⅰ相薬物代謝反応（P450 系による酸化反応様式）

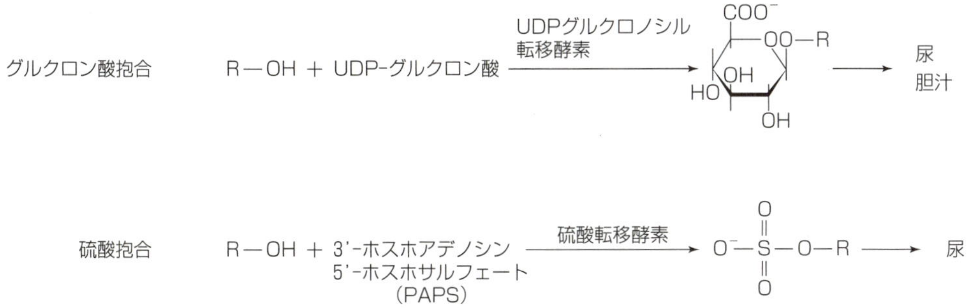

グルクロン酸抱合
R—OH ＋ UDP-グルクロン酸
UDPグルクロノシル
転移酵素
COO⁻
O—R
OH
HO
OH
尿
胆汁
硫酸抱合
R—OH ＋ 3'-ホスホアデノシン
5'-ホスホサルフェート
(PAPS)
硫酸転移酵素
O⁻—S—O—R
尿

図 9.4　第Ⅱ相薬物代謝反応（抱合反応）

うシトクロム P450（以下 CYP）は，薬物代謝反応の約 8 割に関与するといわれ，ほとんどの脂溶性化合物を代謝することができる．

多くの化合物は代謝を経て解毒されるが，一部の化合物は第Ⅰ相および第Ⅱ相反応により，毒性が一層増加する場合もある（代謝的活性化という）．動物は，肝臓のミクロソーム中に多種類の CYP をもち，生体内の脂溶性物質の生合成および異物の代謝を行っている．ヒトの CYP1 ファミリーは，ベンゾ[*a*]ピレンやメチルコラントレンなどの多環芳香族炭化水素（PAH），また 2,3,7,8-TCDD（ダイオキシン）により誘導される（図 9.5）．PAH やダイオキシンが細胞内に侵入すると，細胞質にある Ah 受容体が

芳香族炭化水素
細胞膜
Hsp90
AhR
核膜
Arnt
リン酸化？
P
CYP1A1 遺伝子
XRE

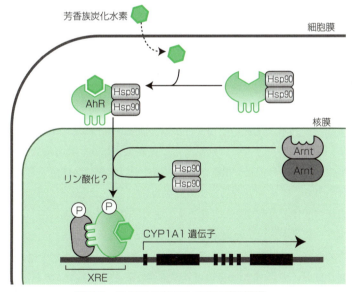

図 9.5　CYP1A1 遺伝子の発現誘導機構
芳香族炭化水素が形質膜を透過して細胞質に侵入し，そこで受容体（AhR）と結合する．Hsp：熱ショックタンパク質，CYP：シトクロム P450，Arnt：Ah 受容体核転送因子，XRE：異物応答配列．

結合して核内へ移行し，そこでArnt（Ah受容体核転送因子）と結合することで，DNAからの転写が活性化され，CYP1A1タンパク質が合成される．

魚類のCYPについても多くの報告がなされており，ニジマスやゼブラフィッシュから多種類のCYP分子種がクローニング（遺伝子の単離のこと）されている．重油などに含まれるPAHによる水環境汚染の程度と，魚類のCYP1ファミリーの薬物代謝反応には正の相関が見られるため，魚類のCYP1A活性（EROD活性）を調べることにより，生息環境の汚染状況をモニターすることができる．

PAHの多くは，肝臓中のCYPで代謝されない限り変異原性を示さないことが明らかにされ，ベンゾ[a]ピレンも同様に，CYPによる代謝を受けなければ発がん物質にはならないことが知られている．

● EROD活性 ●

EROD ethoxyresorufin-O-deechylase
CYP1A活性を測定する際に基質として7-ethoxyresorufinを用いる．

9.3 化学物質の免疫毒性

陸上で使用された重金属類や合成化学物質は，河川や大気を経由して，湖沼，沿岸域および内湾，そして最終的に大洋へ到達するため，水系は化学物質の"たまり場"として位置付けられている．

水生生物における化学物質の免疫毒性が注目されるようになったきっかけの一つが，北海〜バルト海で1980年代後半に発生した，アザラシの大量死である．大量死の直接的な原因はジステンパーウイルスの感染であったが，正常な免疫系を備えていればこのウイルスの感染で死にいたることはない．斃死個体の体内には，DDTやPCBなどの有機塩素系化合物が高濃度に蓄積されており，これが大量死にかかわっている．すなわち，免疫機能を阻害していることが疑われた．こうして，化学物質の免疫毒性を調べることの重要性が認識されるようになった．動物に免疫毒性を示すことがわかっている物質を表9.1に示す．

環境汚染物質と免疫系の相互作用は，① 化学物質が，そのものあるいは体内で変化を受けた後に抗原として免疫反応にかかわる場合と，② 化学物質が免疫系の細胞や組織に直接的あるいは間接的に作用する場合とに分けられる．この相互作用により，免疫抑制または免疫不全が生じれば，感染症や悪性腫瘍形成を引き起こす．また，免疫異常亢進が生じると，アレルギー疾患や自己免疫疾患にいたることがある．上に述べた海洋汚染と生物の免疫機能障害との関係だけでなく，水産増養殖の現場では，魚病との関係において，魚介類の免疫機能が重要な研究課題となっている．また，現在は感染症対策のためにさまざまな抗生物質などが使用されているが，食の安全，薬剤の生体内における残留性や耐性菌の問題から，薬剤を極力使用しない魚病対策が求められている．今後は，ワクチンの開発や，グル

表 9.1 免疫毒性物質

分 類	物 質 例
環境汚染物質	ハロゲン化芳香族炭化水素：PCB, PBB, TCDD, TCDF, HCB 多環芳香族炭化水素：ベンゾ[a]ピレン, 3-メチルコラントレン, 1,2,5,6-ジベンズアントラセンほか 重金属：Hg, Pb, Cd, Cr, As, メチル水銀, ジアルキルスズほか ガス成分：NO_2, SO_2, O_3 粉塵：アスベスト, シリカ
殺虫剤	DDT, ディルドリン, エチルカルバメート, メチルパラチオンほか
植物成分および カビ代謝物	リシン, カラゲナン, アフラトキシン, オクラトキシン, ホルボールエステル, テレオシジンほか
医薬品	ジエチルスチルベストロール, ステロイド系避妊薬ほか
その他	没食子酸, ジメチルニトロサミン, ホルムアルデヒド, ベンジジン, プロピレングリコール, ジクロロエタン, 塩化ビニルモノマー, エタノール, ヘロイン, タバコの煙ほか

〔大沢基保, トキシコロジーフォーラム, 8, 684（1985）〕

カンやビタミン類などの免疫強化物質の利用が期待される.

　魚類の免疫機構についての関心は高まっているが, 化学物質が免疫機構に及ぼす影響に関する研究例や報告例は少ない. 魚類は哺乳類とよく似た生体防御系を備えている. すなわち, 皮膚や粘膜といった物理的な防御壁に加え, 好中球およびマクロファージなどの食細胞（貪食細胞）による貪食作用（侵入してきた異物を細胞内に取り込み殺菌消化すること）や, 溶菌酵素やウイルス増殖阻害能を有するタンパク性の抗微生物因子（体液性因子）による非特異的生体防御系と, リンパ球を中心とする特異的生体防御系を備えている. 特異的生体防御系はさらに, リンパ球の T 細胞, B 細胞の機能や役割の違いから細胞性免疫と体液性免疫に分けられる（図 9.6）. 哺乳類と魚類における生体防御系の最も大きな相違点は, 生体防御系を担う器官である. 例えばヒトでは, 貪食細胞やリンパ球などの白血球は骨髄で生産され, さまざまな成熟過程を経て各種血球になり, 侵入してきた異物に

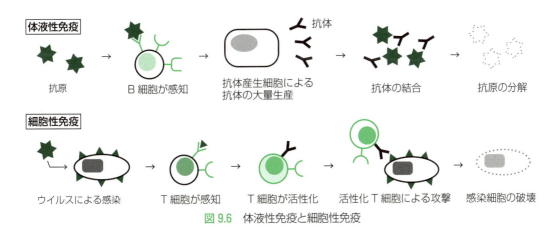

図 9.6　体液性免疫と細胞性免疫

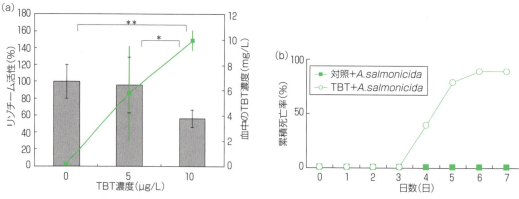

図9.7　TBTが生物に及ぼす影響
(a) ニジマスの血中リゾチーム活性と血中TBT濃度. (b) TBTの前投与がニジマスのAeromonas salmonicida感染による斃死率に及ぼす影響 (A.Nakayama et al., "Ecotoxicology of Antifouling Biocides," (H. Harino et al. Eds.), Springer (2009), pp.207-220より).

対して免疫応答を起こす．一方，魚類では骨髄やリンパ節が発達していないため，腎臓，特に頭腎の造血組織およびリンパ様組織が免疫応答の場として重要な役割を果たす．また，頭腎ほど役割は大きくないが，脾臓や胸腺もかかわる．

　魚類は水中の微生物に直接接しているため，常に外敵の脅威にさらされており，生体防御の第一の壁となる体表には，魚類特有の防御機構が見られる．体表の粘液中には抗微生物因子が存在していることも知られている．近年，魚類の生体防御機能を測定することにより，水環境の潜在的免疫毒性物質を評価することが試みられている．例えば，汚染レベルが進んだ水域で生育している魚類では貪食細胞の貪食能が有意に低下しており，貪食細胞は環境汚染への感受性が高く，環境評価における有用なパラメータになると考えられている．実際には，**フローサイトメーター**を用いて，貪食細胞の活性酸素産生能に及ぼす化学物質の影響の測定が行われている．また，貪食細胞から産生されるリゾチーム活性も有効な指標となる．例えば，著者らは防汚剤のトリブチルスズ（TBT）への曝露が血漿中のリゾチーム活性に及ぼす影響を調べた結果，曝露濃度に依存して血中のTBT濃度は上昇し，一方，血漿中のリゾチーム活性は低下することがわかった（図9.7a）．リゾチーム活性が低下しているときに感染を受けると，非特異的生体防御系が機能しない恐れがある．TBTをニジマスに腹腔内投与した後，魚病細菌 Aeromonas salmonicida に感染させたところ，TBT投与群は対象群と比べて斃死率が明らかに高かった（図9.7b）．このことはTBT曝露によって，非特異的生体防御機能が低下したことを示している．

● **フローサイトメーター**
微細な粒子を流体中に分散させ，その流体を細く流して，個々の粒子を光学的に分析する装置．通常はレーザー光を流体に当て，粒子の物理・化学的性質を推定する．細胞の場合は細胞の大きさ，核やリンパ球，単球，好中球などを分析できる．

● **リゾチーム活性**
細胞外酵素で，細菌を覆っている細胞壁を攻撃することによって細菌感染から身体を守っている．

9.4 毒性評価法

化学物質の潜在的危険性(リスク)や安全性は，化学物質の毒性の強さだけでなく，ヒトをはじめとする生物がそれにさらされる度合い(曝露量と曝露時間)によって決まる．つまり，危険性と毒性とは異なるのである．約500年前に，スイスの医師パラケルススが明快にいっている．「*すべての物質は毒である．毒でないものは何もない．正しい投与量が毒と薬とを区別する*」と．ここでは TDI, ADI, NOAEL, PNEC, PEC が互いにどのような関係にあるかをごく簡単に説明する．

毒性を示す値として，**TDI**（tolerable daily intake, **耐容 1 日摂取量**），または農薬では **ADI**（acceptable daily intake, **1 日最大摂取許容量**）がある．TDI や ADI は，人間の体重 1 kg あたりの 1 日の摂取量(mg)で，次のように表される．

$$\text{TDI (ADI)} = \frac{\text{NOAEL}}{\text{UF}}$$

NOAEL（no observed adverse effect level）は，実験動物における無毒性量を示す値である．**UF**（uncertainty factor）は不確実係数であり，実験動物における無毒性量をヒトにあてはめる場合に，化学物質に対する両者の感受性の個体差などを考慮して導入され，通常は 100 が用いられることが多い[*2]．例えば，ある化学物質についてマウスでの NOAEL が 10 mg/kg/日ならば，TDI = 10/100 = 0.1 mg/kg/日となる．

野生生物に対する化学物質のリスク評価も，基本的には上述のラットやマウスを用いる試験法と考え方は同じである．しかし，野生生物について**推定無影響濃度**（predicted no effect concentration, **PNEC**）を求めることは困難である．実際には，環境調査結果を元に**推定環境濃度**（predicted environmental concentration, **PEC**）を求め，体内の有害物質濃度および外見的異常，生理・生化学的所見などからリスク評価を行うことになる．斃死個体については解剖学的あるいは組織学的検査から，斃死との因果関係を推定する．

実験による毒性評価

動物実験によらないで化学物質の毒性を評価する方法には，さまざまなものがある．

(a) 定量的構造活性相関（quantitative structure activity relationship, QSAR）

化学物質の構造とそれに伴う物理的・化学的性質，生理活性の強さの関係を定量的に捉える方法である．実験動物を用いる毒性試験には膨大な時

▶ 化学物質のリスク評価法に関しては，第 11 章を参照．

NOAEL
検査したすべての項目について化学物質の悪い影響が認められない，すなわち対照群と同じ結果になる量のこと．

*2 これは，人間のほうが試験動物よりもその化学物質に対して 100 倍影響を受けやすいという仮定からきている．

▶オクタノール・水分配係数については，3.3節を参照．

間と費用がかかるため，物理的・化学的性質などから化学物質の毒性がわかれば，たいへん効率的である．また，動物愛護の観点からも QSAR は推奨されている．

QSAR から LC_{50}（半数致死濃度）などの化学物質の毒性を求めるときには，脂溶性の指標である「オクタノール・水分配係数（P_{ow}）」や「ヘンリー定数（空気と水の間の分配の尺度）」，「反応速度定数」などがパラメータとして用いられる．同じような構造をもっていても，QSAR 式に合わない場合もあり，このような場合には作用様式が異なると推定できる．

近年 QSAR 式は，毒性だけでなく化学物質の生分解性や生物濃縮性の予測にも用いられている．

(b) DNA マイクロアレイ

ホルモンなど外部からの刺激（リガンド）を感知すると，細胞は刺激に応じた反応をする．つまり，リガンドは受容体とよばれるタンパク質と結合し，その情報が核などの細胞内小器官に伝えられ，直接的，または別のタンパク質などを介して遺伝子の発現が変化する．このような毒性物質による遺伝子発現の変化（誘導または抑制）を調べる分野は，トキシコゲノミクスとよばれている．**DNA マイクロアレイ**などの分子生物学的手法を用いた解析により，一つの毒性物質が実に多くの遺伝子の発現を変化させることがわかってきた．さらに，遺伝子発現の変化を mRNA 量の変化としてだけでなく，タンパク質レベルで捉えようとする研究（プロテオミクス）も進展している．これらの手法は，毒性発現のメカニズムを解明する際に有用であるが，ある物質による遺伝子発現の変化やタンパク質の変化がすべて毒性の発現にかかわっているとは限らず，得られた情報の解析方法が重要となる．

(c) AChE 活性阻害を利用した有機リン化合物の水環境汚染評価

有機リン系およびカーバメート系農薬は，**アセチルコリンエステラーゼ**（AChE）活性を阻害することによって殺虫効果を発現する．図 9.8 は，有機リン系殺虫剤のパラチオン（1971 年に使用禁止，農薬登録抹消）が生体内で代謝されて生じるパラオキソンによって，AChE 活性が阻害される様子を模式的に表したものである．

この酵素阻害反応を環境モニタリングに応用して，環境水の包括的な有機リン化合物毒性を迅速・簡便に測定することができる．著者らは兵庫県尼崎市内を流れる庄下川で採取した河川水の濃縮物が AChE 活性を顕著に阻害することを明らかにし，同時に河川水濃縮物中の有機リン化合物濃度を測定したところ，3 種の有機リン系農薬（フェニトロチオン，ダイア

DNA マイクロアレイ

DNA チップともよばれ，細胞内の遺伝子発現量を測定するために，多数の DNA 断片をプラスチックやガラスなどの基板上に高密度に配置した分析器具である．この器具を用いると，数万～数十万の遺伝子発現を一度に調べることが可能である．解析対象とする細胞から抽出した mRNA を逆転写酵素で相補的 DNA に変換したものと，基盤上の DNA 断片をハイブリダイゼーション（核酸の塩基配列の相同性を検出する操作のこと）させ，ハイブリッド形成の強度から，各遺伝子発現量を測定する．

アセチルコリンエステラーゼ

代表的な神経伝達物質であるアセチルコリンは，役目を終えるとアセチルコリンエステラーゼという酵素によりコリンと酢酸に分解される．この酵素は中枢神経，運動神経，赤血球などに存在する．

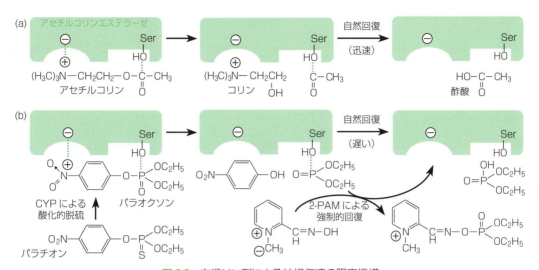

図 9.8 有機リン剤による神経伝達の阻害機構
2-PAM はプラリドキシムヨウ化メチル．有機リン系農薬の解毒剤である．

ジノン，ジクロルボス）と 5 種の有機リン酸トリエステルを検出した．それぞれについて，有機リン化合物の濃度と AChE 活性阻害率との関係を求めた結果，AChE 活性阻害の主たる原因物質がジクロルボスであることが明らかになった[*3]．

(d) 培養細胞を用いる方法

げっ歯類や魚類などの実験動物を用いて汚染物質の毒性を評価することは古くから行われており，ヒトに対する直接的および間接的な毒性，さらには潜在的な毒性も含めて膨大な知見が得られている．これらの実験動物を用いる毒性評価法が今後も重要であることはいうまでもないが，コスト，労力，時間がかかることに加えて，近年，動物愛護や倫理的な観点からも動物実験の代替法について関心が高まっている[*4]．

培養細胞を用いての毒性評価法には，動物実験に比べて多くの利点があるが，次のような短所もある．培養細胞法では，生体内での他の細胞や組織・器官との相互作用による影響，内分泌系や神経系による調節機構を組み込むことができない．培養細胞を用いる毒性評価は，他の *in vitro* (試験管内）の試験と同じように毒性の一側面を明らかにするもので，毒性学的影響の全体像を把握するためには他の *in vitro* や *in vivo* (丸ごとの生物を用いる）の実験と組み合わせることが必要である．また，化学物質に対する培養細胞の感受性は，細胞株，継代数（加齢），細胞密度，細胞周期，培養環境などにより左右される．

培養細胞に対する化学物質の毒性は，① 色素による細胞の染色から細胞の生死を判別する，② 細胞増殖度やコロニー形成能を測定する，③ 特

[*3] 詳細は以下の文献を参照．
衣笠治子，山本義和ら，アセチルコリンエステラーゼ活性阻害による水質評価，日本水産学会誌，**67** (4)，696 (2001)．

[*4] 動物実験については，3 つの R，すなわち reduction（縮小：使用する実験動物の数を減らす），replacement（代替：動物を用いない実験に置き換える），refinement（苦痛の軽減）に配慮すべきといわれており，動物の苦痛についての議論も多い．このような状況で，培養細胞を用いた毒性評価法は有効である．

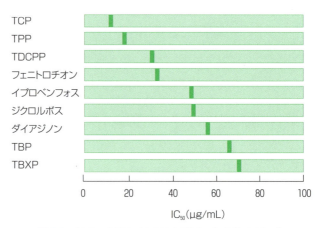

図 9.9 HeLa 細胞に対する有機リン化合物の IC_{50} 値
〔川合真一郎,環境技術, **21**, 198 (1992) より〕

殊な物質の分泌・生成能,あるいは酵素活性を測定することにより評価される.図 9.9 は,子宮がん由来の株細胞である HeLa 細胞に対する数種の有機リン化合物(第 5 章参照)の 50％増殖阻害濃度(IC_{50})を示したものである.TCP や TPP などのアリール系有機リン酸トリエステル類の細胞毒性が強く,有機リン系農薬のフェニトロチオン,ダイアジノン,ジクロルボス,およびイプロベンフォスの毒性を上回っている.

9 章のまとめ

1. 重金属の毒性は,有機態か無機態かで異なる.メタロチオネインというタンパク質は重金属との親和性が高く,生体内での重金属の毒性を緩和する.
2. 生体内に侵入した人工の脂溶性化合物は,一般的には薬物代謝酵素の働きにより解毒されるが,代謝されて逆に毒性が高くなる場合もある.
3. 魚類の腎臓細胞の貪食能やリゾチーム活性の測定から,水域の潜在的免疫毒性化学物質汚染を評価することができる.
4. 培養細胞を用いることにより,化学物質のおおよその毒性を評価することができる.

第10章 内分泌撹乱物質

10.1 内分泌撹乱物質とは何か

　動物や植物が生命現象を営むにあたって，内分泌系（ホルモン）が成長や代謝調節，生殖，免疫系において非常に重要な役割を担っていることはよく知られている．ホルモンは，その化学構造により，アミノ酸・ペプチド系とステロイド系に大別され，作用機構も異なる．雌性ホルモンのエストロゲンや雄性ホルモンのテストステロンは，いずれもステロイドホルモンに属し，生殖生理において中心的な役割を担っている．このような性ホルモンの働きが阻害されると，その個体だけでなく次世代にまで影響が及ぶことになる．

　1990年代初め，生体内のホルモンと類似の働きを示す物質が，天然または合成化学物質として存在することが明らかになった．これらは，**内分泌撹乱物質**(endocrine disruptors, ED)と総称される[*1]．EDは，「生物個体の内分泌系に変化を起こさせ，その個体または子孫に健康障害を誘発する外因性物質」と定義されている．また，撹乱作用を示すとは断定できないケースを考慮して，**内分泌活性物質**(endocrine active substances)とよばれることもある．

　ED問題は，欧米ではすでに1980年代の終わり頃から注目されていた．1992年，デンマークの研究者(K. Carlsen)により，1940～1990年の50年間に，成人男子の精子数がほぼ半減していることが示され，その原因としてEDの可能性が指摘され，世界中の注目を浴びた．しかし現時点では後述するように，精子数の減少そのものが疑問視されており，まして因果関係は明らかではない．野生生物では内分泌系の異常が次つぎと明らかにされている．日本ではかなり遅れて，1996年頃からEDはにわかに脚光を浴び，「環境ホルモン」と名付けられて，マスコミ，研究機関，各省庁レベルでの取組みが，一時はパニックともいえるほどの状況を呈した．しかし，このED問題は急に降って湧いたものではない．「内分泌撹乱」や「環境ホルモン」という言葉が用いられていなかっただけで，早くは1960年頃

*1　内分泌撹乱物質の別称として，エストロゲン様物質，外因性エストロゲン，環境エストロゲンなどの用語もよく用いられるが，雄性ホルモンや甲状腺ホルモン，脱皮ホルモンなどの働きに影響する物質についても言及するならば，内分泌撹乱物質のほうが妥当であろう．

から，化学物質が野生生物の内分泌系へ影響を及ぼしていると考えられる現象が知られていた．一つは，猛禽類における卵殻薄層化，もう一つはアザラシにおける子宮閉塞の問題で，いずれも有機塩素化合物が関与している．この章ではヒト，海洋性哺乳類，魚類，海産巻貝についてこれまでに得られてきた知見を述べる．

10.2 ヒトにおける内分泌撹乱現象

ED問題の引き金になったといわれているのが，先に述べたCarlsenらの報告で，半世紀の間に成人男子の精子数が2分の1近くまで低下し，このことに何らかの化学物質がかかわっているという内容であった．しかし，その後の多くの研究では，精子濃度の減少や精子の質の低下は認められないという報告や，むしろ精子数は増加しているという報告さえでている．さらに，Carlsenらの精子計数法の問題点を指摘する論文も多く，禁欲期間，生活様式，薬剤，喫煙，アルコール，ストレス，発熱などの要因を考慮しなければ正確な計測は行えないといわれている．したがって，現時点では精子濃度の減少や精子の質の低下の実態と原因に関しては明確な結論がでていない．

1945～1971年に流産防止のために使用された合成エストロゲンであるジエチルスチルベストロール（DES）の投与後に生まれた男児に，尿道下裂，停留精巣などの生殖器異常が見られたという報告がある．しかし，その後の研究では，生殖器異常の発現については，若干増加しているという報告が多いものの，明確な傾向は現れていないといわれている．

このほか，白人男性の精巣がんの発生率が上昇していることや先進国における乳がんの発生率の上昇にEDが関与しているという主張もあるが，明確な因果関係は現時点では明らかでない．

▶ p.147，「エコチル調査」参照．

10.3 野生生物における内分泌撹乱現象

■海洋性哺乳類

ED問題は先にも述べたように，1990年代に急に降って湧いた問題ではなく，1960年代から野生生物で起こっていたことである．その一例が，アザラシやイルカにおける個体数減少である．1960年代にバルト海のアザラシ類の個体数が激減していることがわかり，その原因究明の調査が行われた．その結果，繁殖可能な年齢のワモンアザラシのメスのうち，約40％の個体に子宮狭窄や子宮閉塞の症状が見られ，そのため卵が子宮管を通過できなくなっていることがわかり（図10.1），それが妊娠率の低下，

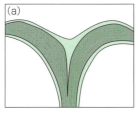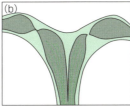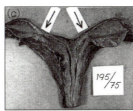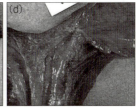

図 10.1　バルト海のワモンアザラシにおける子宮閉塞
正常な子宮（a）と，子宮閉塞（b）の模式図．(c) 子宮閉塞を起こした子宮．矢印の部分で閉塞している．(d) (c)の拡大写真〔E. Helle et al., Ambio, **5**, 261（1976）〕

引いては個体数の減少を招いていると考えられた．

　アザラシの皮下脂肪中のDDT関連物質およびPCB濃度の平均値を調べると，妊娠しているメスではそれぞれ88 mg/kgと73 mg/kgであったが，非妊娠メスではそれぞれ130 mg/kgと110 mg/kgであった．この結果は，統計的に有意に後者の値が高いことを示しており，これがアザラシの子宮閉塞の原因であると結論付けられた．同様の症例が，バルト海のハイイロアザラシやスウェーデン西海岸のゴマフアザラシにおいても観察されている．

　この原因として，アザラシの体内に取り込まれたPCBなどが，薬物代謝酵素を誘導して活性を上昇させ，ステロイド合成系に異常をきたした結果，性ホルモンが関与する生殖生理が正常に機能しなくなったと考えられる．症状は不妊だけでなく，バルト海のハイイロアザラシの下顎骨における歯の並び方に異常が現れたり，ゴマフアザラシの頭蓋骨腫や，ハイイロアザラシの頭蓋骨に穴が開く症状（ヒトでは骨粗鬆症にあたる）が認められた．これらは副腎皮質機能の異常亢進により起こるといわれている．この症状が頻繁に現れるようになった時期と，バルト海に生息する生物の体内PCBまたはDDT濃度が上昇していることとはよく符合しており，特にPCBの影響が強いと考えられている．

ハイイロアザラシにおける下顎骨の異常
上側が異常，下側は正常〔A. Bergman et al., Ambio, **21**, 517（1992）〕

■ 猛禽類

　イギリスでは，1950年頃から，ワシやタカなどの猛禽類の個体数が減少しているとの報告が相次いでいた．その原因を調べた結果，卵の殻が薄くなり破損しやすくなっていることが明らかになったのである．この原因を究明していく過程で，猛禽類体内の有機塩素系化合物の濃度と，卵殻指数（卵の重量／卵の長さ×卵の幅）の減少率との間に，正の相関が認められた．おそらく，餌を介して摂取した残留性の有機塩素系農薬が薬物代謝酵素の活性を上昇させ，その結果ホルモン系に変調をきたしたのであろう．メスの体内で卵殻が形成される際，カルシウムの代謝を司るのは女性ホル

モン(**エストロゲン**)である．有機塩素系農薬によって誘導された薬物代謝酵素が，このエストロゲンの生合成を阻害するために卵殻の薄層化が起こったと考えられる(**図 10.2**)．

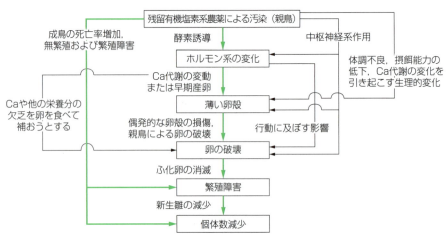

図 10.2 猛禽類の卵殻薄層化のメカニズム
図中の太い矢印は強い因果関係，細い矢印は理論的にありうる因果関係を示す．

> **エストロゲン**
> ステロイドホルモンの一種で卵胞ホルモンともよばれ，エストロン(E1)，17β-エストラジオール(E2)およびエストリオール(E3)が含まれる．卵巣，胎盤，副腎皮質などで合成される．3種のエストロゲンのうち，女性ホルモン作用が最も高いのは E2 である．

海産巻貝

1990 年代後半から 2000 年代初めまでの約 10 年間，ED 問題がメディアなどで大きく取り上げられたにもかかわらず，内分泌撹乱現象の因果関係が明確になっている事例はきわめて少ない．

海産巻貝の**インポセックス現象**は，その因果関係が明らかにされている唯一の例といってもよいだろう．巻貝の一種であるイボニシを対象とし，1996～1999 年に実施された全国 93 地点の調査結果によると，全国的にインポセックス現象が観察された．

インポセックス症状の重篤さは，RPL (relative penis length，相対ペニス長指数) Index で表され，これは「(その地点のメスの平均ペニス長／その地点のオスの平均ペニス長)×100」で求められる．イボニシを用いた室内実験から，① TBT だけでなく TPT もインポセックスを誘導・促進すること，② TBT の水中濃度が 1 ng/L 程度でもインポセックスを引き起こすことなどが明らかにされている．さらに，体内の有機スズ濃度(TBT と TPT のモル合算値)とインポセックス症状とは，密接にかかわっていることが報告されている．インポセックス症状発現のメカニズムについては，当初，アンドロゲンからエストロゲンへの変換に関与するアロマターゼの活性阻害，アンドロゲン排出阻害，脳神経節障害などのさまざまな仮説があげられたが，最近は，核内受容体の一種であるレチノイド X 受容体(RXR)が深くかかわっているとする説が支持されている．貝類の RXR

は，有機スズ化合物との高い結合能をもつ．無脊椎動物の RXR の役割は
よくわかっていないが，おそらく性の分化（特にオス化）に関与しているの
であろう．

■ 魚類のオスによるビテロゲニンの産生

　水生生物のなかでも，魚類における内分泌撹乱現象に関する研究報告は
非常に多い．その理由としては，野外での採集が比較的容易であること，
実験動物として扱いやすいこと，人間の食料としても重要であることなど
があげられる．また，ニジマスやコイのように世界中に分布している魚類
を用いれば，野外調査で得られた結果を相互に比較しやすいという利点も
ある．魚類や両生類はふ化直後には腹部に卵黄嚢をもっており，ふ化して
間もない仔魚は消化器系の発達も不十分で，餌をとることができない．そ
の間，仔魚は卵黄嚢中の栄養分（タンパク質や脂肪など）を吸収して成長す
る．卵黄タンパク質の前駆物質はビテロゲニン（VTG）とよばれ，メス親
の肝臓でエストロゲンの助けを借りて合成される[*2]（図 10.3）．血漿中の
VTG 濃度はメスの成熟状況の指標であり，また，雌雄の判別にも利用で
きる．

　1980 年代，本来は成熟したメスがつくるはずの VTG をオスがつくって
いる事例が明らかになった．イギリスの南東部，テムズ川の支流であるリー
川で行った実験を紹介しよう．この川の流域の数カ所の下水処理場の放流

[*2] 下垂体から分泌された生殖腺刺激ホルモン（ゴナドトロピン）が卵巣の卵母細胞に働きかけ，まず代表的雌性ホルモン（エストロゲン）である 17β-エストラジオール（E2）の合成・分泌を促し，血中に E2 を放出する．E2 は肝細胞に存在する E2 受容体と結合し，核内で VTG 合成遺伝子のスイッチをオンにする．その後は通常のタンパク質合成の仕組みに従って VTG の合成が行われる．

インポセックス現象

　巻貝類の多くにおいて，オスにはメスと交尾するための交接器（ペニス）がある．ところが，ペニスをもち，輸精管までもつメスの巻貝が，1970 年代の初めから世界各地で発見されるようになった（図）．このような巻貝をインポセックスといい，「メスの巻貝類にオスの生殖器官（ペニスおよび輸精管）が不可逆的に形成されて発達する現象，およびその個体」と定義されている．重症化すると，① 輸精管が形成されることで産卵口が閉塞する，② 卵巣が精巣化し，卵を形成する能力が低下，もしくは喪失する，③ 輸卵管が開裂することにより交尾や産卵の障害が生じる，などの症状が見られる．この現象は不可逆的であり，インポセックスを発症した巻貝が回復することはない．日本では，1999 年の時点で 39 種，諸外国では 150 種ほどの海産巻貝でインポセックスが確認されている．

図：インポセックスが見られる *Hydrobia ulvae*（左：正常なメス，右：インポセックス個体）．PP はペニスを表す．

第10章　内分泌撹乱物質

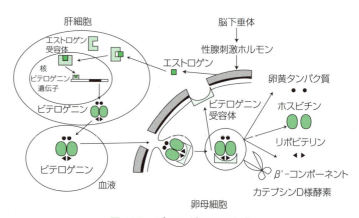

図10.3　ビテロゲニンの生成
エストロゲンが肝臓に作用し，ビテロゲニンを合成する．その後ビテロゲニンは，卵に取り込まれ，卵黄中に蓄積される〔原　彰彦，科学，**68**（7），593（1998）〕．

口付近において，ニジマスのオスをかごに入れて沈め，3週間後に引き上げて，血漿中のVTG濃度を測定した．その結果，**図10.4**に示したように，A～Eの下水処理場の放流口直下に置かれたオスでは，実験前に比べてVTG濃度が数千倍～1万倍も上昇した．このことは，し尿中のエストロゲンが処理場で処理不十分なまま河川に流入していたことを示唆している．当初は，リー川流域にある羊毛加工工場から排出される洗剤の分解産物アルキルフェノールや，経口避妊薬の17α-エチニルエストラジオール（EE2），天然の女性ホルモン（エストロゲン）などが疑われたが，その後の分析によりエストロゲンそのものが環境中に存在することが明らかにされ

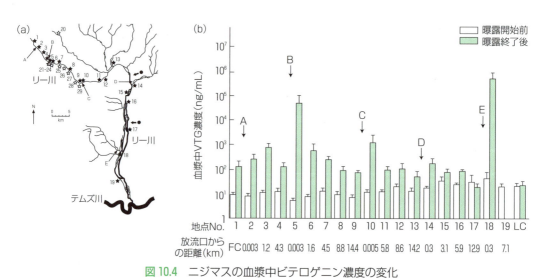

図10.4　ニジマスの血漿中ビテロゲニン濃度の変化
(a) 試験地点の位置，(b) 曝露前後での血漿中ビテロゲニン濃度の変化．FC：野外での対照，LC：実験室対照，A～E：下水処理場放流口〔J. E. Harries et al., *Env. Toxicol. Chem.*, **15**, 1993 (1996)〕．

た．しかし，この結果において，実験開始前の対照魚でも VTG 濃度がかなり高いのはなぜか，どの程度の VTG 濃度でオスの生殖生理に影響がでるのか，水中のエストロゲンは成熟メスにも何らかの影響を及ぼすのかなどについて明らかにする必要がある．

10.4 内分泌撹乱のメカニズム

　内分泌撹乱物質が通常のホルモン作用をかき乱す仕組みは，大きく二つに分けられる．細胞膜のホルモン受容体に直接はたらきかけるものと，間接的にホルモン調節作用を狂わせるタイプである．

　前者は，ホルモン受容体と結合して，本来のホルモンのはたらきを妨げたり，ホルモンと同様の効果を異常に高めたりする．エストロゲンは，細胞中のエストロゲン受容体[*3]（ER）と結合して生理活性を示すが（図10.5），ER と結合する化学物質はエストロゲンだけではない．薬理学の分野では，受容体と結合して本来のホルモンと同じようなはたらきをする物質をアゴニスト（作用薬，作動薬）といい，一方，結合はするが作用せず，本来のホルモンが受容体と結合するのを妨げるような物質をアンタゴニスト（拮抗薬，遮断薬）という．例えば，合成女性ホルモンのジエチルスチルベストロールやエチニルエストラジオールは，ヒトに対してはアゴニストとしてはたらき，エストロゲンと同様のはたらきをする．一方，乳がんの治療薬タモキシフェンはアンタゴニストであり，エストロゲンのはたらきを阻害する．

　後者の，間接的に作用する撹乱物質は，ホルモン受容体には結合せず，

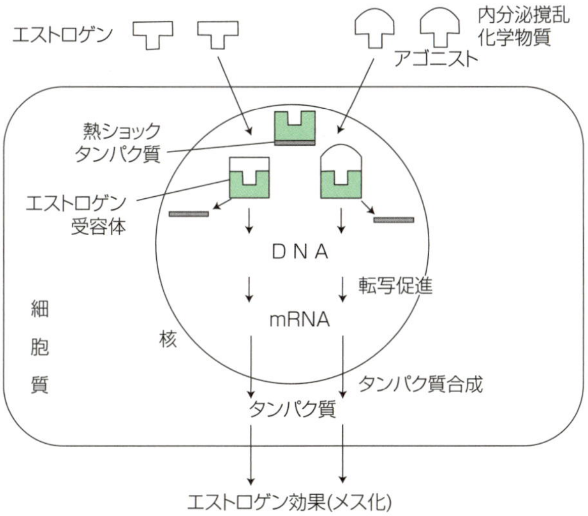

[*3] 現在は α，β，γ の 3 タイプが知られている．

図 10.5　エストロゲン様作用のメカニズム

▶ Ah 受容体の機構について，詳しくは 9.2 節を参照.

ホルモンの合成や代謝を撹乱したり，別の受容体（Ah 受容体など）と結合して，ホルモンの合成や代謝を撹乱させる物質をつくりだしたりする．例えば，ダイオキシンや多環芳香族炭化水素（PAH）は細胞中の Ah 受容体と結合し，薬物代謝酵素の活性を亢進させ，最終的にはステロイドホルモンの代謝を撹乱する．また先に述べたように，有機スズ化合物がレチノイド X 受容体（RXR）に結合して海産巻貝にインポセックスを発症させる可能性も，ホルモン受容体を介さずに内分泌系を撹乱する例といえる．

10.5 内分泌撹乱物質の検索方法

内分泌撹乱物質のスクリーニング（ふるい分け）法にはさまざまな種類があり，QSAR 法（9.4 節を参照）をはじめ，各種の *in vitro*（試験管内）アッセイ，*in vivo*（丸ごとの生物を用いる）アッセイがある．ここでは代表的なものを紹介する．

エストロゲン受容体を発現している，ヒト乳がん由来細胞や遺伝子組換え酵母を用い，その培養液に被験物質を加えて，細胞の増殖性や特定の酵素活性の上昇を目安にして，エストロゲン様作用の強弱を判定することが

トゲウオのメスもオス化していた

北半球の沿岸域や平地の河川や湖沼に広く分布しているトゲウオの一種，イトヨのオスは，繁殖期になると，水中の植物や藻などを材料にして巣をつくり，メスを迎える．この巣づくりの際に，オスは，粘液性のタンパク質スピギンを接着剤代わりに用いて巣をかたちづくる．スピギンは腎臓で合成され，排泄口から分泌される．このスピギンの合成は雄性ホルモンのアンドロゲンによって調節されているが，メスのイトヨを 17α-メチルテストステロンや 5α-ジヒドロテストステロンなどのアンドロゲンに曝露すると，スピギンを合成するようになる．パルプ工場の排水に曝露したメスのイトヨがスピギンを合成していることが報告され，排水中にアンドロゲン様物質が含まれていることが示された．実際に，パルプ工場排水中に，テストステロンの前駆体アンドロステンジオンが含まれていることも明らかにされており，これが，パルプの生産工程中に合成されることも確かめられている．トゲウオは，日本では滋賀県以北の，湧水のある所に生息しているが，近年は河川の改修工事などで生息場所が奪われつつある．

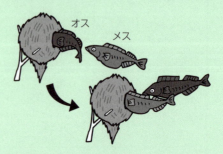

図：トゲウオの巣と産卵行動　まずオスが巣の入口を示し，メスが中に入って産卵する．

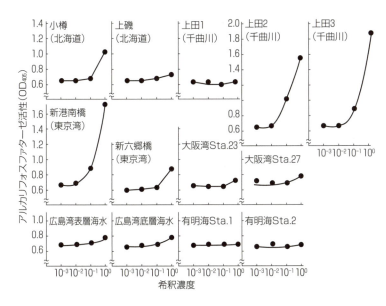

図 10.6　海水および河川水中のエストロゲン様物質の影響
Ishikawa cell を用いたアッセイ．作用の強さは，アルカリフォスファターゼ活性を指標に表した〔川合真一郎，『環境ホルモン（「環境ホルモン—水産生物に対する影響実態と作用機構」編集委員会編）』，恒星社厚生閣 (2006)〕．

できる．エストロゲン受容体をもつヒト子宮内膜がん由来細胞 (Ishikawa cell) を用いて，日本の沿岸海水や河川水中のエストロゲン様物質の濃度を測定した結果を示す（**図 10.6**）．ここでは，環境水の固相抽出物を培養液に加え，細胞内のアルカリフォスファターゼ活性の上昇を指標にしている[*4]．図で右肩上がりのパターンを示す地点は，水中のエストロゲン様物質濃度が高い．濃度の高い地点はいずれも，下水処理場の放流口に近接していた．

in vivo アッセイの一種である子宮増殖アッセイは，卵巣を摘出したラットに被験物質を腹腔内投与し，その後の子宮重量の増加を指標としてエストロゲン作用の強弱を判定する．投与の方法については，皮下投与と経口投与のいずれがよいか議論が続いており，経口投与の結果はヒトのリスク評価において重要な情報を与えるが，皮下投与は検出感度が高いといわれており，両者の比較実験も行われている．

ラットやマウスを用いたハーシュバーガーアッセイは，アンドロゲン作用あるいは抗アンドロゲン作用の検出方法として推奨されている．精巣を摘出したラットに被験物質を 5 日間投与し，屠殺（とさつ）後，前立腺，精嚢，肛門挙筋と球海綿体筋の重量を測定する方法である．

また ED の研究では，生殖への影響がもっとも注目されていることから，上記の *in vivo* アッセイ以外に 2 世代繁殖性試験などが実施される．

[*4] エストロゲン作用を感知すると，Ishikawa cell のアルカリフォスファターゼ活性が上昇する．アルカリホスファターゼ (alkaline phosphatase, 略号 ALP) はアルカリ性条件下でリン酸エステル化合物を加水分解する酵素で，最適 pH は 10.2 である．臨床検査では ALP は主として肝機能の指標の一つとして扱われることが多い．

10.6　内分泌撹乱物質問題に関する日本の取組みと今後の動き

本章の初めでも述べたように，日本では 1990 年代後半〜 2000 年代初めまでの数年間，内分泌撹乱物質（環境ホルモン）の問題が社会的に注目され

た．この問題は国の政策レベルでも重要視され，環境省，厚生労働省，経済産業省および農水省など多くの省庁が対策委員会を設置した．また，既存の学会はもとより，新たに「環境ホルモン学会」が設立され，内外の学術雑誌においても特集が組まれ，書店で一つのコーナーが設けられるほど多種類の単行本も出版された．この四半世紀の間に環境科学，食品衛生学，公衆衛生学分野において，これほど注目されたテーマはあっただろうか．ところが，2005年頃から，この問題がマスコミに取り上げられる頻度は激減し，2010年頃には「環境ホルモン」という言葉が死語に近くなっている．

環境ホルモン問題はすべて解決したのであろうか．この10年間で明らかになったこと，未解決なことは何か，今後この問題はどこへ向かうのかなどを総括しておく必要があるだろう．

environment省は，1998年5月に「SPEED98」を発表し，内分泌撹乱作用の有無，強弱，メカニズムなどを解明するために，優先して調査研究を進めていく必要性の高い物質群として67の化合物をあげた．その後，文献調査により，試験対象物質を36物質に絞り，メダカやラットを用いた動物試験を実施した結果，4-ノニルフェノール（分岐型）と4-t-オクチルフェノールがメダカに対して内分泌撹乱作用（ERとの結合性，オス肝臓中ビテロゲニン濃度の上昇，精巣卵の形成などを指標とした）をもつことが強く推察された．また，ビスフェノールAとo,p'-DDTも内分泌撹乱作用を有することが推察されたが，残りの32物質については明らかな内分泌撹乱作用は認められないと判断された．ラットでの試験では，ヒトにおける推定曝露量を考慮した用量では上記の36物質いずれにも明らかな内分泌撹乱作用は認められないと判断されている．

平成17年度には，①野生生物の観察，②環境中濃度の実態把握と曝露の推定，③基盤研究の推進，④影響評価，⑤リスク管理，⑥情報提供とリスクコミュニケーションなどの推進を基本的な柱として，ExTEND (Enhanced Tack on Endocrine Disruption) 2005という調査研究がスタートした．さらに，評価手法の確立と評価の実施を加速化することを狙って，平成22年度からはEXTEND (Extended Tasks on Endocrine Disruption) 2010が，さらに平成28年度からはEXTEND 2016が動き出している．

このように十数年間の研究成果を見ると，当初危惧された内分泌撹乱作用をもつ物質群の数は絞られてきたといえる．さらに大切なことは，化学物質と内分泌系との関係について膨大な基礎的知見が集積され，（予想したほどの顕著な影響は見られなかったが）調査研究手法の発達などの成果が得られたことである．この問題に関する関係省庁の最近の動向も，当初の浮足立った取組みから，本質的な息の長い取組みへと移行しつつあるよ

SPEED98

環境庁が「外因性内分泌撹乱化学物質問題への対応」のために作成した戦略計画．Strategic Programs on Environmental Endocrine Disruptorsの頭文字をとっている．

うに思われる．そして，これは内分泌撹乱物質だけに限らず，人間活動に伴う化学物質の環境影響全般にも適用可能な評価手法の開発につながると考えられる．

2010年度から環境省が中心となってスタートした長期の大型プロジェクト「**エコチル調査**」は，内分泌撹乱物質問題の延長線上にあるものとして捉えることができる．以下にやや詳しく述べる．

このプロジェクトは「内分泌撹乱物質学会（通称，環境ホルモン学会）」が精力的に関与しており，環境ホルモン問題が発展的に継承されていると捉えられる．エコチル調査は，正式名称を「子どもの健康と環境に関する全国調査」といい，環境中の化学物質などが子ども（特に胎児期～小児期）の健康に与える影響を明らかにするために，環境省が2010年度より実施している大規模疫学調査である．この20～30年の間に，先天性異常や小児ぜんそく，発達障害などの症例が増加している．これらの背景に化学物質への曝露の増加や生活習慣の変化があるのではないかという仮説に基づき，発病と環境，生活習慣や遺伝との相互作用を解明することを目的として，調査が行われている．

このプロジェクトの究極の目標は，次世代の子供たちが健やかに育つ環境の実現であり，環境リスクの評価とリスク管理を推進している．具体的には，10万組の母子を対象とし，母親の血液，尿を妊娠中から継続的に採取し，出産後は，臍帯血，母乳や毛髪などに含まれる化学物質を測定するとともに，その健康状態を13歳まで追跡するコホート調査（特定の集団を追跡して行う疫学調査）である．調査期間は，3年間のリクルート期間と，胎児期から13歳に達するまでの追跡期間を通算し，2010年度から2025年度までの16年間という息の長い調査である．環境省が企画立案，国立環境研究所が研究実施機関となり，全国15ヵ所の大学にユニットセンターを設置している．16年間の総事業費は約880億円である．

このプロジェクトがスタートした2010年から，毎年1回「エコチル調査シンポジウム」が開催されており，それまでの調査でわかったことが報告されている．2017年6月現在，全国15地域でこのプロジェクトに参加することに同意した母親の数は103,106人である．

子供の健康と化学物質については多くの要因が関与していると考えられ，因果関係を明瞭にすることは容易ではないが，このプロジェクトでは同一人を追跡することで変化を観察できることが特徴であり，得られた結果は子育てに必要な心がけや，化学物質の使用についての留意事項に反映されることになる．

これまでに，子供たちの健康状態を把握するためのアンケートで「1歳児においてアレルギーと食品の食べはじめ」，「2歳児において子供と一緒

> **疫学調査**
>
> ヒト集団を対象とし，疾患の分布，頻度などを調査し，疾患に影響を与える要因を明らかにする．

に過ごしている時間のうち，パソコン，携帯電話などを使用している時間，テレビやDVDなどを見せている時間」，「妊娠中の喫煙，出産後の喫煙」などについて調査が行われており，それらの暫定的な結果は環境省のホームページ「エコチル調査」に公表されている．

　各種化学物質が人を含めた地球上のいろいろな生物に害を与えていることが明らかになり，その反省に立って，化学物質の生産や使用の規制措置が講じられてきた．その成果はすぐに目に見えるかたちで出ることは少なく，一定の期間を必要とするであろうが，河川水や沿岸海水中の有機塩素化合物濃度はこの30年間で明らかに低下しているというように具体的に効果が見えてきたことも少なくない（第7章参照）．

10章のまとめ

1. ヒトにおける内分泌攪乱物質問題は，成人男子の精子数減少が発端となり注目されたが，現時点では，精子数が実際に減少したかどうかの結論はでていない．
2. 野生生物では，猛禽類における卵殻薄層化やアザラシにおける子宮閉塞が内分泌攪乱物質問題として知られ，高濃度の有機塩素系化合物などの蓄積が原因といわれる．
3. 下水処理場の放流口付近に生息するオスの魚類においてビテロゲニンの合成が誘導されるのは，放流水中に含まれる天然および合成の女性ホルモンが原因と考えられる．
4. 海産巻貝のメスにおけるインポセックス現象は，防汚目的で船底塗料に加えられた有機スズ化合物が原因である．
5. 環境ホルモン問題は環境省が主導する「エコチル調査」のなかに引き継がれ，子供の健康と化学物質に関する息の長い疫学調査が進行中である．

第11章 アセスメント手法

近年，環境科学においては，**アセスメント**という言葉を頻繁に使用するようになった．アセスメントとは評価手法を意味する．これまで汚染物質の環境中の濃度，挙動，毒性，生物の多様性などについて多くの研究が行われてきた．それらから得た知見に基づき，環境および生物影響を評価する方法が構築された．

現在，代表的なアセスメント手法として，環境アセスメントとリスクアセスメントをあげることができる．**環境アセスメント**とは，新規に建造物を構築するなど土地利用を改変した際，これまでと比べてどれくらいその地域の環境に影響を及ぼすかということについて，一定の流れに沿った手続きを踏んで評価する手法のことである．また，**リスクアセスメント**とは，新規に化学物質が開発されたときに，人間および生態系に対する危険性を評価する手法である．これらは，持続可能な社会を築き上げるために生まれた手続きである．この章では，上記の二つのアセスメント手法を紹介する．

11.1 環境アセスメント

環境アセスメントとは，事業が環境や社会に与える負の影響をより少なくするために行うものである．これは，規制基準だけでは対応できない環境影響に対し発生後に対処しても効果がないため，事前に，事業計画に環境対策を組み込むものである．さらに事業者と開発される地域周辺に住む市民とのコミュニケーションツールでもあり，環境を配慮した事業が行われるように，事業の情報や影響を市民などの関係者に伝え，アドバイスや情報を事業計画の中に組み込む．環境アセスメントは，図 11.1 に示すような手順で行われる．

■ 環境アセスメントの設計

事業を，特性，規模および立地環境などについて考慮し，どの程度の環

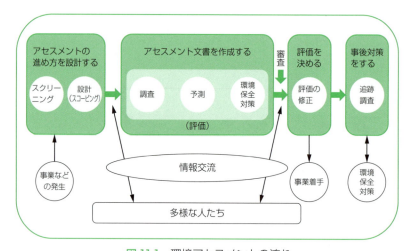

図 11.1　環境アセスメントの流れ
〔環境アセスメント学会 編,『環境アセスメント学の基礎』 恒星社厚生閣 (2013), 図 1-1.〕

境影響評価手続きを必要とするかを判断することを**スクリーニング**という．これは，事業者に過度の負担を強いることなく，早い段階で環境に配慮し，重大な環境影響を見逃さないようなシステムを構築することを目標とする．次に，アセスメントの設計を慎重に行い，問題となりそうな項目，影響が大きくなりそうな項目を絞り込む．これを**スコーピング**という．

▎環境アセスメントの実施

調査や予測はアセスメントを実施するための基礎となり資料調査，現地調査による地域特性や事業特性を用いて行わなければならない．新たに懸念される影響が判明した場合，適宜，調査，予測項目に取り入れることができる．さらにさまざまな条件で最良から最悪までのシナリオを考えて予測し，それらの結果は事業計画担当者に連絡し，影響を回避，提言する方法を検討する．また，環境影響を軽減させる方法を常に考えつつ，工事中から供用後まで，継続的にモニタリングを行い，モニタリング結果に応じた環境保全対策を実施する．

以上のことを取りまとめた文書は，各分野の専門家からなる委員会で，適切性や環境影響が容認できる程度に収まっているか審査し，審査意見書として行政に提言する．

▎事後対策

事業が許可され工事や供用中に，事業者は環境保全対策を行わなければならない．これは環境保全計画やモニタリング計画に基づいて行われ，事後対策もしっかりと行うことが重要である．この内容についても，専門家

からなる委員会で審議される．

11.2　化学物質のリスク評価

　私たちの身の回りには化学物質があふれている．化学物質の利用によって毎日の生活を快適に過ごすことができるようになったが，これらの物質は少なからず人びとの健康や生態系に影響を及ぼしている．これらのうち有害である可能性が高い物質に対しては，その物質の使用を禁止することが最も簡単で有効な方法であるが，危険のある物質をすべて禁止すれば，私たちの生活に支障をきたすようになる．したがって，化学物質を適材適所に安全な量で使用していくことが最も好ましい形態であると思われる．これを既存のデータを用いて算出するのが，**リスク評価**（リスクアセスメント）である．

　リスク評価で得られた情報は，リスクの評価者，リスクの管理者，消費者およびこれらの関連者の間で交換される．私たちが化学物質を安心して使用できるために役立つものであらなければならない．

リスク
潜在的な危険性．いいかえれば危険性の確率のことである．

▌リスク評価のためのガイドライン

　環境省では，ヒトの健康や環境中の生物に対する化学物質のリスクを評価するために，ガイドラインを作成している．

　それによると，まず資料などに基づく調査や曝露評価を行う．資料調査では，その物質についての基礎的事項，つまり分子式や分子量，構造式，物理化学的性状，環境中の運命に関する基礎的情報，生産量と輸入量や用途および環境施策上の位置付け，一般毒性，発がん性などを調査する．また，研究機関がつくっているデータベースを利用することもでき，例えばアメリカの毒性物質疾病登録機関（ATSDR）は，これまで実施された疫学研究や動物試験の結果から得られた化学物質の有害性プロファイルを物質ごとに公開しており，それぞれの物質に対して，吸入，経口および経皮の曝露経路別に分けて毒性を評価している．また，国際がん研究機関（IARC）は，ヒトにおける発がん性について，さまざまな物質・要因を評価し，発がん性の有無の根拠の強さの順にグループ1，2A，2B，3，4の5段階に分けて化学物質を分類している．他にも，アメリカの環境保護庁（EPA）は，発がんリスク評価ガイドラインを作成し，化学物質の発がん性を分類している．

▌曝露評価

　資料などに基づく調査の後には，曝露評価を行う．曝露評価で使用する

*1 水生生物の場合も，各媒体中の濃度の設定はヒトと同じであるが，全国的な分布を把握したうえで最高濃度を採用する．

濃度の実測値が得られない場合は，モデル計算をした値を使用する．曝露量を推定するために，各媒体中の濃度は実測値を元に得られた最大濃度とし，それらに基づきヒトに対する1日曝露量を算出する*1．

健康リスク評価

曝露量を算出したあとには，健康リスク評価を行う．**健康リスク評価**とは，「私たちが吸引する空気や食べたり飲んだりする食物や飲料水に含まれる化学物質を長期にわたって体内に取り込むことにより，どのような種類の有害な健康影響がどの程度の可能性で起こるのかを知ること」を意味する．健康リスク評価は，発がん性の観点からと非発がん性（一般毒性，生殖・発生毒性など）の観点からに分けて評価する．発がん性の観点から評価する場合は，さらに発がん性について閾値がある場合とない場合とに分けることができる．ここで，生体内に取り込まれる化学物質の量と有害な影響の発生率（量-反応関係）との関係は図11.2に示した．用量が少なくなると発症率がゼロになる場合を「閾値がある」といい，微量でもDNAに対してある割合で損傷を与えがんを生じる可能性のある場合は「閾値がない」という．

発がん性の観点で見て閾値がある場合，および非発がん性の観点から注目すべき物質のリスクを評価する場合は，リスク計算の基礎となる**NOAEL**（無毒性量）を見つけだす必要がある．NOAELの値は文献などでいくつか報告されているが，実験方法をよく吟味し，信頼性のある最も低用量または低濃度の値を採用しなければならない*2．非発がん性の影響リスクの指標としては，**MOE**（曝露マージン）を算出することが多い．MOEについては，以下の式で算出される．ACは，上述の式（「1日曝露量」参照）を元に推定される．

1日曝露量

・大気からの1日曝露量
（濃度 μg/m³）×（1日呼吸量 15 m³/日）÷（体重 50 kg）
・飲料水からの1日曝露量
（濃度 μg/L）×（1日飲水量 2 L/日）÷（体重 50 kg）
・土壌からの1日曝露量（砂ぼこりなどの吸引）
（濃度 μg/g）×（1日摂取量 0.15 g/日）÷（体重 50 kg）
・食事からの1日曝露量
（濃度 μg/g）×（1日食事量 2,000 g/日）÷（体重 50 kg）

▶ NOAELについては，9.4節も参照．

*2 LOAEL（最低影響濃度）またはLOEL（最小作用量）の知見を採用した場合は，LOAELの値を10で割った値をNOAELとして採用する．

MOE

NOAEL（無毒性量）と，ヒトへの推定曝露量の大小を比べたもので，この値が小さいと，ヒトに対し何らかの健康影響が生じる可能性が高いと推定される．

$$\mathrm{MOE} = \frac{\mathrm{NOAEL}}{\mathrm{AC}}$$

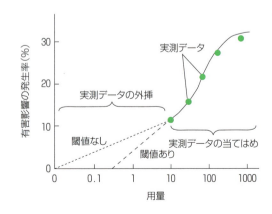

図11.2 生体内の化学物質の量と影響の発生率との関係（量-反応曲線）
実測データを外挿することで，低濃度曝露した際の影響を推察する．「閾値あり」：容量が少なくなると発症率が0となる．遺伝子障害のない発がん物質．「閾値なし」：微量でも生体への何らかの影響がある．遺伝子障害のある発がん物質．

11.2 化学物質のリスク評価

表 11.1 環境リスク初期評価での非発がん性影響リスクの判定基準

MOE	判定
10 未満	詳細な評価を行う候補と考えられる
10 以上 100 未満	情報収集に努める必要があると考えられる
100 以上	現時点では作業は必要ないと考えられる
算出不能	現時点ではリスクの判定ができない

NOAEL：無毒性量，AC：平均1日曝露濃度または平均1日摂取量

この結果に基づき，MOE の値が 10 未満の化学物質を，評価を行うべき優先種としている（表 11.1）．

次に，発がん性に閾値がないと考えられる化学物質の評価方法について述べる．化学物質の吸入または経口曝露に伴うがんの**過剰発生率**との関係を図 11.3 に示す．この図から，生涯平均1日曝露濃度または生涯平均1日摂取量（LAC）が増えるほど，過剰がん発生率が増加することがわかる．この関係を表した直線の傾きを，ユニットリスクまたはスロープ係数といい，この値は曝露する物質ごとに求められている．したがって，生涯平均1日曝露濃度または生涯平均1日摂取量に直線の傾き（UR）をかけることにより，過剰がん発生率が求められる．LAC は，前述の式（「1日曝露量」参照）を元に推定される．

$$\Delta R = LAC \times UR$$

LAC：生涯平均1日曝露濃度（吸入曝露）または生涯平均1日摂取量（経口曝露），
UR：発がんユニットリスク（吸入曝露）または発がんスロープ係数（経口曝露）

上のようにして算出されたがんの過剰発生率（ΔR）から，発がんリスクを算出できる．表 11.2 には，環境省の環境リスク初期評価における発がんリスクの判定基準を示した．10^{-5} 以上の物質が，問題ありとされる．

> **過剰発生率**
> 化学物質を曝露することにより，曝露しない場合に比べて発生率がどの程度高くなるかを表す指標．値が小さいほど過剰発生率が低いことを意味する．

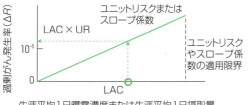

生涯平均1日曝露濃度または生涯平均1日摂取量

図 11.3　化学物質の吸入および経口曝露に伴うがんの過剰発生率
化学物質の曝露量が多くなるほど，がんが過剰に発生する確率が高くなる．この図を基本として，化学物質の発がんリスクが判定される．
吉田喜久雄，中西準子，『環境リスク解析入門』，東京図書（2006）を参考に作成．

表 11.2 環境省環境リスク初期評価における発がんリスクの判定基準

がんの過剰発生率(ΔR)	評価結果
10^{-5} 以上	詳細な評価を行う候補と考えられる
10^{-6} 以上 10^{-5} 未満	情報収集に努める必要があると考えられる
10^{-6} 未満	現時点で作業は必要ないと考えられる

リスク評価に用いる略号

MOE 曝露マージン
(margin of exposure)
NOAEL 無毒性量
(no observed adverse effect level)
NOEC 無影響濃度
(non observed effect concentration)
AC 平均1日曝露濃度
(average cost)
LAC 生涯平均1日曝露濃度
(long-run average cost)
UR 発がんユニットリスク
(unit risk)
PEC 推定環境濃度
(predicted environmental concentration)
PNEC 推定無影響濃度
(predicted no effect concentration)
AF アセスメント係数
(assessment factor)

生態リスク評価

健康リスク評価に加え,生態リスク評価も同時に行われる.**生態リスク評価**とは,環境中の生物が周囲の空気や水などに含まれる化学物質と,長期にわたり接触することにより受ける有害な影響の種類と程度を評価することである.この評価方法として,「PEC/PNEC 比」が使用される.

PEC(推定環境濃度)とは,環境生物の曝露濃度であり,モニタリングデータが使用される.一方,PNEC(推定無影響濃度)とは,環境生物に有害な影響が現れないと予測される濃度である.急性および慢性の毒性データに基づき得られる無影響濃度(NOEC)を,生物種差を考慮したアセスメント係数(AF,表 11.3)で割ることによって求められる.

$$\mathrm{PNEC} = \frac{\mathrm{NOEC}}{\mathrm{AF}}$$

NOEC:試験生物種の無影響濃度,AF:アセスメント係数

この PNEC 値と PEC の比から生態系へのリスクを評価することができる.PEC/PNEC 比が1以上であれば,より詳細な評価を行う必要のある候補物質であると判断される(表 11.4).

表 11.3 環境リスク初期評価で用いられるアセスメント係数

分 類	アセスメント係数(AF)
藻類,甲殻類および魚類のうち,1~2の生物群について信頼性のある急性毒性値がある	1,000
藻類,甲殻類および魚類の三つの生物群すべてについて信頼性のある急性毒性値がある	100
藻類,甲殻類および魚類のうち,1~2の生物群について信頼性のある慢性毒性値がある	100
藻類,甲殻類および魚類の三つの生物群すべてについて信頼性のある慢性毒性値がある	10

表 11.4 環境リスク初期評価での生態リスクの判定基準

PEC/PNEC比	判 定
1 以上	詳細な評価を行う候補と考えられる
0.1 以上 1 未満	情報収集に努める必要があると考えられる
0.1 未満	現時点では作業は必要ないと考えられる
情報不十分	現時点ではリスクの判定はできない

11.3 リスクコミュニケーション

リスク評価により得られた情報は，市民，産業，行政などが共有し，意見交換などを通じて意思疎通と相互理解をする必要がある．これを**リスクコミュニケーション**という．リスクコミュニケーションが円滑に行われるよう環境省は，化学物質の情報をわかりやすく解説した化学物質ファクトシートや，PRTRデータを容易に理解できるようなガイドブックを作成し，専門家以外でも容易に情報を得ることができるよう工夫を施している．また，市民，産業，行政間で化学物質に関するさまざまな情報の共有や相互理解の推進がはかられるよう，環境円卓会議を開設，運営したりもしている．さらに，身近な化学物質問題に関する指導者の育成やリスクコミュニケーションのチェックシートなどのツール開発など，効果的にリスクを低減するような対策が考えられている．

PRTR

化学物質排出移動量届出制度．有害性のある多種多様な化学物質が，どのような発生源から，どれくらい環境中に排出されたか，あるいは廃棄物に含まれてどのくらい事業所の外に運びだされたかというデータを把握，集計し，公表する仕組みである．これは，1999年に「特定化学物質の環境への排出量の把握等及び管理の改善の促進に関する法律」として法制化された．

11章のまとめ

1. 環境アセスメントは新規に建造物を立てるなど土地利用を改変する際に，これまでの環境が悪化しないかを評価する手法である．
2. リスクアセスメントとは，新たな化学物質が合成されたときに，人間や生態系に影響を及ぼさないかを評価する．
3. 上記のいずれのアセスメントも事業担当は行政と，また市民に対して情報を交換し合い，環境に優しいよりよい社会を構築することが重要である．

第12章 飲料水と食品に関する今後の課題

　21世紀は水の時代といわれる．わが国では昔から「水に流す」という言葉がよく使われ，ややこしい問題は水に流せばさっぱりする，つまり，身の回りに水はいくらでもあることが当たり前の社会が今日まで続いてきた．世界的な人口の増加は食料問題とエネルギー問題に直結しており，食料の生産に水は欠かせないし，また，外部からの汚染や，特にヒトや動物の排泄物から十分に保護される構造を備えている水源・給水設備（これを「改善された水源」という）を利用できるのは世界人口の91％にあたる66億人であり，残りの9％（アフリカ，南米，東南アジアの国々が含まれる）の人は利用できていない（図12.1）．

　清浄な水がなければ，人間は生きていけない．きれいな水がないために年間300〜400万人の命が失われ，特に5歳までの子供の死亡率が高い．地球の水はヒトのものだけではなく，地球上のあらゆる生物にとっても水は不可欠である．したがって，水不足と飲料水の安全性は今後も重要な課題である．

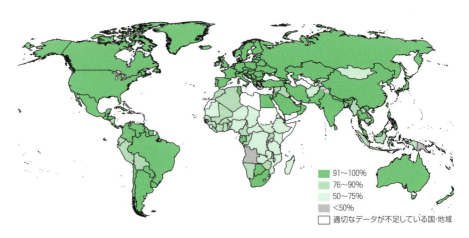

図12.1　改善された水源を使用できる人口の割合
（ユニセフ，WHO，「衛生施設と飲料水の前進：2015ミレニアム開発目標達成度評価」）

12.1 地球における水問題の現状

地球は「水の惑星」といわれ，地球表面の約4分の3は水で覆われている．表層には海，河川および湖沼，地中には地下水が流れており，一見，水には不自由しない環境である．しかし，その大部分を占めるのは海水で，このままでは飲用として使用できない．**表12.1**に示すように，地球上には1408.7×10^6 km^{3}の水が存在するが，そのうち塩分を含まない「淡水」とよばれるものは，氷冠・氷河（29×10^6 km^3），地下水（9.5×10^6 km^3），湖沼（0.125×10^6 km^3），河川（0.0017×10^6 km^3）に存在するだけで，それらを合わせても地球上の水の2.7%程度にしかならない．さらに，人間が湖沼や河川から容易に取水して使用できるのは，地球上に存在する水のわずか0.01%程度である．しかも陸上の水はまんべんなく分布しているわけではないため，不足分は地下水をくみ上げて農業用水，工業用水，生活用水に使用されている．

水資源問題を解決するための最優先課題は，安定的に安全な水を確保することである．地球上には大量に水があるにもかかわらず，使用できる水が増えないのは水が循環し，平衡が保たれた状態にあるためである．つまり，海の水は太陽により温められ蒸発し，雨や雪となり陸地に降り注ぐ．これらが河川や湖沼に，または地下に浸透することで地下水となる．そして再び海へ戻っていくという水の循環がある（**図12.2**）．

人間が利用できる水の量には地域差がある．水の豊富さを世界的に見れば，ブラジルが地球の全水資源の15%を保有しており，次いでロシアとアメリカになっている．しかし，1人あたりの水の量に換算すると，カナダ，ノルウェー，ニュージーランドの順となり，ブラジルのように水資源量が

●世界水フォーラム（WWF）

民間のシンクタンクである世界水会議（WWC）によって運営されている，世界の水問題を扱う国際会議．1997年3月に第1回世界水フォーラムがモロッコのマラケシュにて開催されて以降，3年ごとに行われている．第5回世界水フォーラムが2009年3月にトルコ・イスタンブールで開催され，水分野の専門家，各国の首脳，国連の代表者，官僚，議員など192カ国から約3万人が参加し，「水問題解決のための架け橋」をテーマに議論が交わされた．

表12.1 地球上に存在する水資源

場所と状態	体積（10^6 km^3）	割合（%）
海洋	1370	97.25
氷冠・氷河*	29	2.05
深層の地下水（750〜4,000 m）	5.3	0.38
浅い地下水（< 750 m）	4.2	0.30
湖沼	0.125	0.01
土壌含有水分	0.065	0.005
大気中*の水蒸気と雲	0.013	0.001
河川	0.0017	0.0001
生物圏	0.0006	0.00004
合計	1408.7	100

＊液体の水に換算した値．

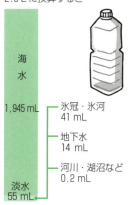

地球上の水 約14.09億km^{3}を2.0 Lに換算すると…

海水 1,945 mL
淡水 55 mL
　氷冠・氷河 41 mL
　地下水 14 mL
　河川・湖沼など 0.2 mL

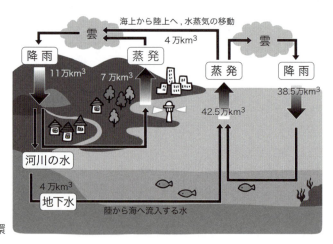

図 12.2　水の循環

豊富な国でも，必ずしも潤沢に各個人に水が行き届いているとはいえない．

今後，地球上の人口は増え続け，それに伴い食料や工業製品の生産も拡大するため，水資源問題はさらに深刻化するであろう．世界各地で起こっている紛争や戦争のいくつかは，水資源の確保によるものが多く，特に一本の川がいくつかの国をまたがって流れている場合[*1]は，流域国の間で争いが耐えない．現在，アジアやアフリカなどでは，安全な飲料水を利用できない人が 17% と，絶対的な水不足が続いている．中国でも，人口の半分が清潔な水を飲めない状況である．さらに，トイレなどの衛生設備のない生活をしている人が世界人口の 41% を占め，伝染病などが流行して毎日約 4,500 人もの子供の命が失われている．世界の人口は，2050 年には 90 億人を超えると予測され，使用できる水の量は変わらないにもかかわらず需要が増大するため，水不足状態にある人口は，2000 年の 5 億人から，2050 年にはその 8 倍の 40 億人になり，21 世紀は「水戦争の時代」になるといわれる．

日本では，現在それほど深刻な水不足とはなっていないが，世界的な水不足が起こると，日本にも大きな影響が及ぶ．日本は農作物，木材，工業製品などの輸入大国であり，これらの製品を生産するために大量の水が使用されている．例えば，海外から食料原料を輸入するということは，これらの製品を生産する際に使用した水を間接的に輸入していることになる．この間接的に使用した水を，仮想水（ヴァーチャルウォーター）といい，この考え方に基づくと，もし，輸出国が水不足に陥り，農作物や畜産物の生産量が激減すると，輸出量が制限され，食料を輸入に頼っている日本がパニックに陥ることは間違いない．

[*1] このような川を国際河川という．

▶ヴァーチャルウォーターについては 12.6 節を参照．

12.2 節　水

　1人1日あたりの水の使用量は約200 Lで，このうち飲用には2 Lの水が必要である．現在，わが国では渇水期を除くと水には困らないが，水不足がいつ訪れるのかわからない状況である．常日頃から水の有効利用について考えておく必要がある．水の使用形態は一般に**図12.3**に示すように区分することができる．工業用水に使用した水はできる限り回収している．また，生活用水に関しては，各個人の心遣いが節水につながる．

　家庭で使う水の約28％が水洗トイレで流される水であるため，一度に使う量をわずかずつでも減らす工夫が必要となる．また，大レバーに比べて，小レバーで流れる水量は約2 L少ないため，こまめに大小レバーの使い分けをするのもよい．さらに，**節水型トイレ**に替えると，従来のトイレに比べて1回あたりの水使用量を4〜8 L程度減らすことができる．風呂の水も，1日で使用する家庭用水の25％を占める．残り湯を洗濯や洗車，植木の散水などに再利用すること，長時間のシャワーを控えること，沸かし過ぎや水の張り過ぎに注意することが重要である．台所においても，できるだけ流し洗いをしないなどの気配りと，水圧を適度に調節することによって節水することが可能である．米のとぎ汁を草花への散水に再利用したり，食器を洗いおけに貯めた水で洗うようにすると，節水のみならず，河川への汚濁負荷量も軽減される．このように，常に節水や水の有効利用を心がけることが水資源を守るために重要である．

> **節水型トイレ**
> 1980〜90年代に設置されたトイレは，大便1回で平均13 Lの水を使うが，それを6 L以下にしたものを節水型トイレという．最近では5 L以下のものも販売されており，販売量は従来型を上回っている．節水型トイレを使用すると，従来型に比べ，1人あたり年間約3,000 Lの水を節約することができる．

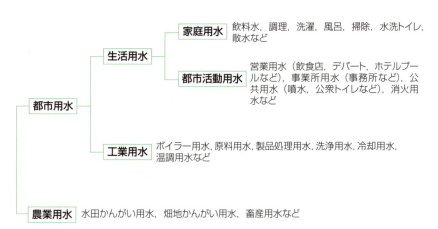

図12.3　水の使用形態の区分

12.3 水資源の有効利用

地球上の水資源が自然現象により増加することは望めないため,使用できないと思われていた水を浄化し,浄化率やコストなどを鑑みて,人間活動に役立てる用水として有効利用する方法が考えられている.

■ 海水の淡水化

はじめに,自然界に多く存在する海水から淡水をつくる技術について紹介する.この方法にはおもに,「逆浸透膜法」と「多段フラッシュ蒸留法」があるが,最近注目されている方法は逆浸透膜法である.

この原理を示すと,半透膜で仕切った容器に海水と真水を入れ,海水側に浸透圧以上の圧力を加えると海水中の水だけが真水のほうに移行する,というものである.高圧をかけて膜に海水を押し込むため圧力エネルギーは必要であるが,最近では膜技術の進歩により造水コストが下がり,有効な手段となった.一方の多段フラッシュ蒸留法は,熱エネルギーを使う方法である.これは海水を加熱して蒸発させ,発生した水蒸気を冷やして淡水を得る方法である.多量のエネルギーを必要とするため,エネルギー資源の豊富な中近東の産油国で採用されている.

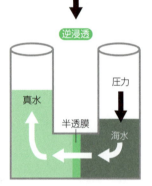

逆浸透膜法
半透膜を介して真水と海水を容器に入れると,通常は上図のように真水が海水側に移動する.このときの圧力を浸透圧という.下図に示すように浸透圧以上の圧力を海水側にかけると,海水から真水側へ水が移動する.このとき塩分などは半透膜を通過することができない.この原理を利用して,海水から真水を得ることができる.

■ 水の再利用

日本のように雨に恵まれた国では,雨水を有効利用して生活用水に使おうとする試みが推進されている.屋根から流れる雨水をタンクに貯留して,防火用水,洗車,水洗トイレの洗浄水,非常時の飲料水として活用されている.下水処理水は,トイレの水や電車の洗水などの雑用水のほかに,公園などのせせらぎや流れの途絶えた河川の復活など,都会にアメニティ空間をつくるためにも活用されている.

ビルや病院などでは,自前で地下水を汲み上げて浄化処理を施すことにより,飲用水として使用しているところが増加してきた.これを専用水道という.公的水道の代わりに専用水道を利用すると,コストを安く抑えられ,公的水道が災害により損傷した場合にも水を使用できる可能性がある.しかし,地下水は流れが変化しやすく,土壌汚染の影響を受ける可能性もあるため,専用水道を使用している施設に対しては,供給される水の色度,濁度,残留塩素濃度について1日1回以上,水質基準項目に関する一般細菌類をはじめ11の水質基準項目の検査を1カ月に1回,その他40項目を3カ月に1回測定することが法律で義務付けられている.

12.4 飲料水の安全性

日本国内での水道普及率(総給水人口／総人口)は年々増加し、平成27年度には97.9%に達した。しかしながら、安全で美味しい水道水の供給という面から見れば、種々の課題がある。

例えば、ナチュラルウォーターやミネラルウォーターなどの、いわゆるペットボトル水を利用する人や、浄水器を通した水を飲む人の割合が急速に増えている。その人たちの多くが、水道水を飲まない理由として、① 安心して飲めない、② 美味しくない、③ 匂いが気になる、と答えている。

近年では、洗濯機やトイレなどの節水型機器の普及、市民の節水意識の高まりによって一人あたりの水道使用量も低下傾向にある。今後は国内の人口も減少することから、より一層水道使用量は減少するだろう。

現在、水道水源からの取水は、河川水(25%)、ダム(45%)、地下水(23%)に依存しており、その割合は**図 12.4** に示すとおりである。近年の傾向としては、河川水の利用が少なくなり、貯水ダムへの依存度が高くなっている。

水を浄化する仕組み

国内で行われている上水道水の浄化処理の基本は、水道原水からの濁りの除去と消毒である。ろ過方式で濁りを除去することによって、病原細菌や汚染物質をかなり取り除くことができるが、浄水処理の最終段階では、必ず塩素剤による消毒を行うことが水道法で定められている。

水中に有機物が含まれていると、浄水場で投入された塩素がフミン質[*2]などと反応して、微量ではあるが、**トリハロメタン**と総称される物質が生

[*2] 微生物による植物などの最終分解産物で、難分解性の高分子化合物である。

トリハロメタン

メタン(CH_4)の水素原子4個のうちの3個がClやBrなどのハロゲン原子に置換された構造をもつ化合物であり、発がん性の疑いがもたれている。
トリハロメタンのうちのクロロホルム、ジブロモクロロメタン、ブロモジクロロメタン、トリブロモメタンの4種類を合わせて総トリハロメタンという。

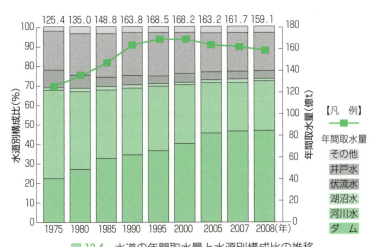

図 12.4 水道の年間取水量と水源別構成比の推移
グラフ上部の数値は、年間取水量(億t)を示す(社団法人日本水道協会のデータを元に作成)。

成する．水道水中の総トリハロメタン濃度は，水道水質基準値により 0.1 mg/L 以下とされている．トリハロメタンを減らすためには，まず水道原水においてトリハロメタンの前駆物質となる有機物を除去することが最も重要である．次いで，処理過程における活性炭処理，家庭での煮沸による除去などの方法がある．

また，クリプトスポリジウム(*Cryptosporidium*)などの耐塩素性病原微生物による水道水の汚染問題も重要な課題である．クリプトスポリジウムは消化管に寄生する原虫で，下痢や嘔吐，発熱などの症状を引き起こす．アメリカのミルウォーキーでは，水道水を通じて 40 万 3,000 人が感染したことがあり，日本国内でも 1996 年に埼玉県越生町において水道水を通じて約 1,000 人が感染したことが知られている．このような耐塩素性病原微生物には塩素処理が無効である．水道原水がクリプトスポリジウムなどによって汚染されている可能性がある場合には，紫外線殺菌や，1 μm 以上の微粒子を確実に除去できるろ過処置を行う必要がある．

最近の水質問題

水道水源の富栄養化によって藻類や放線菌が異常増殖し，水道水に異臭味が発生することもある．特に琵琶湖を水源とする地域(大阪や京都の一部地域)では，夏期にカビ臭が発生することが多かったが，最近は，カビ臭を発するらん藻類などが大量には増殖していないため，そのような報告はない．カビ臭が発生したときは浄水場で，従来の処理法に加え，生物膜処理，活性炭処理，オゾン処理などの高度処理法を行い，カビ臭の除去に努めている．このカビ臭の原因物質は，ジオスミンと 2 －メチルイソボルネオール(2-MIB)などのイソプレノイド化合物であることが，1960 年代末に明らかにされた．これらの物質の毒性は低いが，飲用の際に人に不快感を与えたり，食品の調理において味を損ねたりするため除去する必要がある．

鉛製の管は柔く扱いやすいため，古くから上下水道管に使用されてきた．しかし，この水道管内に長時間にわたって水が滞留していると，人体に有害な鉛が水中へ溶出するため，鉛製の給水管を硬質塩化ビニル製の水道管へ取り換える工事が進行している．また，マンションの屋上などに設置されている小規模貯水槽には水が長時間滞留して，不衛生になることが多いので，それを解消するために，配水管の口径を変えたり，水圧を高めることによって各家庭に直接給水するシステムの整備も進められている．

「水と安全はただで買える」といわれた時代もかつてあったが，もはやそのような時代ではない．水道事業者は，良質の水源確保，美味しく安全な飲料水を得るために活性炭処理，オゾン処理，膜ろ過，紫外線殺菌などの

高度処理の導入，老朽化した水道管の交換や耐震化などの設備の更新を図っている．そのため，水道料金は年々値上がりする傾向にある．また，水道料金には，地域によって大差があり，最も高い地域と最も安い地域を比較すると8倍以上の差がある．平均的な水道料金は2,500円〜3,000円/20 m^3/月である．

水道水の水質基準[*3]は，① 水質汚染の実態，② 美味しい水を求める国民のニーズ，③ WHO飲料水水質ガイドラインなどの国際的動向，④ 最近の科学的知見，などを考慮して作成されている．現行の水質基準（2011年4月改正）では，有機物（TOC），pH，味，臭気，色度，濁度，一般細菌などの一般項目とカドミウムや水銀などの重金属，トリハロメタンなどの低沸点有機化合物など合わせて51の項目について基準値が設定されている．

ここまで，水を安全に利用するための浄化技術を見てきたが，「河川や湖沼，地下水などの水道水源の水質が悪化しても，技術的に高度な処理さえ施せば問題が解決できる」という考えは，水環境が本来もっている多様な自然の価値観を消失させることにつながる恐れがある．水道水源の汚染を防ぎ，安定な水量を確保することが，飲料水問題解決の基本であることを忘れてはならない．

*3 水道原水について適用されるものでなく，上水道によって供給される水に適用される基準．

12.5 日本の食料自給率の現状と課題

きれいな水が不足しているために多く人たちが苦しみ，また子供たちが命を奪われていることについて上に述べたが，さらに，現在，開発途上国を中心に，1日に25,000人が飢餓のために死亡しているという．しかもその大半は5歳未満の子供であり，6秒に1人が餓死していることになる．また，世界全体の栄養不足人口（飢餓人口）はFAOの報告（2015年）によると7億9,500万人といわれている．飢餓人口が全人口の1割以上を占めるおもな原因は，開発途上国における人口増加と穀物価格の高騰による．図12.5は，米，大豆，小麦，およびトウモロコシの国際価格の変動を示したものである．2008年春から夏にかけて高値を記録した際には，世界20カ国以上で抗議行動や暴動が起こった．2012年にも穀物などの主要生産国での天候不順などにより価格が上昇したが，2013年以降は低下傾向で，高水準ながら落ち着いている．価格高騰の要因の一つに，新興国における食料需要の大幅な増大があげられる．

このような状況において，穀物輸出国が食料の輸出制限に踏み切ったのは，当然であろう．わが国の食料自給率をカロリーベースで見ると1965年（昭和40年）には73％であったが，2000年から2015年までの15年間は

FAO

国際連合食糧農業機関（Food and Agriculture Organization）．国連最大の専門機関で，農林水産業および農村開発のための指導機関．1945年に設立された．

2011年における先進諸国の食料自給率

カロリーベース（％）では以下のとおりである．

アメリカ	127
フランス	129
ドイツ	92
西ヨーロッパ	84
イギリス	72
イタリア	61
韓国	42
日本	39

164　第12章　飲料水と食品に関する今後の課題

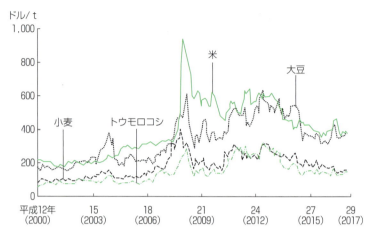

図 12.5　穀物等の国際価格

資料：シカゴ商品取引所，タイ国家貿易取引委員会.
注：1) 小麦，トウモロコシ，大豆の価格は，各月ともシカゴ商品取引所の第1金曜日の最近価格．
　　2) 米の価格は，タイ国家貿易取引委員会公表による各月第1水曜日のタイうるち精米100% 2等のFOB価格．
〔農林水産省HP（http://www.maff.go.jp/j/zyukyu/jki/j_zyukyu_kakaku/attach/pdf/index-91.pdf）より作成〕

● 食料自給率の計算方法

総合食料自給率

供給熱量ベースの食料自給率（％）
$$= \frac{\text{国民1人1日あたり国産供給熱量 (kcal)}}{\text{国民1人1日あたり供給熱量 (kcal)}} \times 100$$

生産額ベースの食料自給率（％）
$$= \frac{\text{食料の国内生産額（円）}}{\text{食料の国内消費仕向額（円）}} \times 100$$

品目別食料自給率

$$\text{品目別食料自給率（％）} = \frac{\text{国内生産量 (t)}}{\text{国内消費仕向量 (t)}} \times 100$$

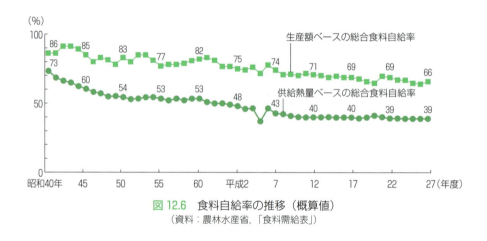

図 12.6　食料自給率の推移（概算値）
（資料：農林水産省，「食料需給表」）

39〜40％で推移しており（**図12.6**），先進国のなかで最下位である．

▍自給率低下の原因と対策

この40年間でなぜこれほど自給率が低下したのだろうか．食生活が洋風化したこと，第一次産業の担い手である農業および漁業従事者の数が激減し高齢化したこと，政府の農業および漁業政策が不完全であったことなどが原因と考えられる．

お金さえあれば食料はいつでも調達できるという時代は終わりつつあ

日本の農業規模

	1965年度	2015年度
農家数	566万戸	216万戸
農業従事者	894万人	175万人
耕地面積	600万ha	450万ha
作付延べ面積	743万ha	413万ha

る．カロリーベースで60％は輸入に頼らざるを得ないなか，穀物自給率（重量ベース）の値はさらに深刻で，28％である．和食の基本食材である豆腐，みそ，納豆，しょうゆの原料となる大豆の自給率はわずか7％にすぎない．また，牛肉，豚肉，鶏肉，卵などの畜産物の見かけの自給率は低くないが，これら畜産物の飼料となるトウモロコシ，大豆，小麦などの濃厚飼料の大半は輸入に頼っている．輸入相手国の気象状況や政治的安定性などによって農畜産物の生産に支障をきたすと，食料備蓄量の低いわが国は一挙にパニックに陥ることが予想される．

日本の品目別食料自給率を見ると（図12.7），1人1日あたりの供給熱量は1965年から2015年の50年間でほとんど変化していないが，内容には大きな変化が見られる．すなわち，国内で自給可能な米によるカロリー供給が約50％減少している，すなわち米を食べる量が半減し，その一方で，国内生産では供給困難なトウモロコシなどの飼料穀物を必要とする畜産物や油脂類からのカロリー供給が増加している．さらに，水産国日本といわれた時代は去り，魚介類の自給率も60％台にまで落ち込んでいる．2015

TPP

環太平洋戦略的経済連携協定．太平洋周辺の広い地域の国（日本，中国，東南アジア諸国，オセアニア諸国，アメリカなど）が参加して，自由貿易圏をつくる構想で，加盟国間の関税を撤廃することを目指している．2017年の時点でアメリカが不参加を表明しており，今後の成り行きが注目を集めている．

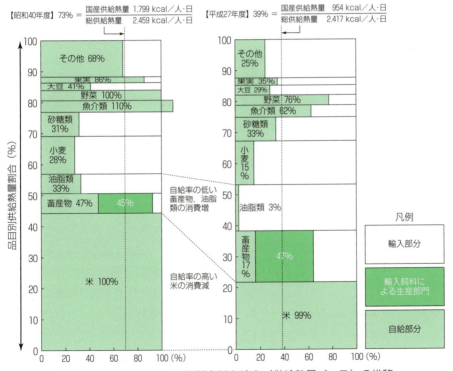

図12.7　日本における品目別食料自給率（供給熱量ベース）の推移
1人1日あたりの供給熱量に占める，品目ごとの熱量の割合をグラフの上下幅で表す．グラフ中の数値（％）は品目別食料自給率，グラフ右側の数値は1人1日あたり供給熱量（kcal），[　]は国産熱量（kcal）を示す（農林水産省の資料より作成）．

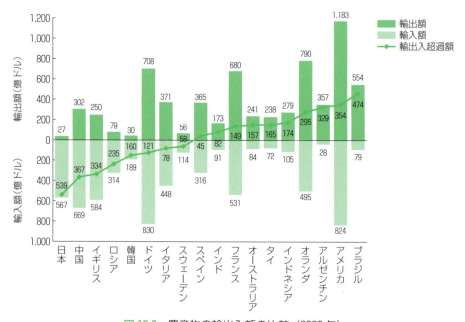

図 12.8　農産物の輸出入額の比較（2008 年）
純輸入額＝輸入額－輸出額．EU 加盟国の輸出入額は，域内貿易を含む（FAO の資料を元に作成）．

年に策定された「食料・農業・農村基本計画」では，2025 年度に自給率をカロリーベースで 45％，生産額ベースで 73％，飼料自給率を 40％に引き上げることを目標としている．2010 年から大きな問題として取り上げられている **TPP**（環太平洋戦略的経済連携協定）への参加の是非も含め，日本の食料問題を今後どうしていくかは，国をあげて取り組むべき大きな課題である．

日本と主要国の農産物輸出入額を **図 12.8** に示した．輸入額だけを見ると日本は，ドイツ，アメリカ，中国，イギリスに次ぐ第 5 位であるが，輸出額の低さ，そして輸出入超過額が飛びぬけて大きいことがわかる．輸入相手国は 2016 年において，アメリカが 23.2％で最も多く，次いで中国，オーストラリア，タイ，カナダ，ブラジルの順であり，この 6 カ国で全体の 60％を占めていることから，特定国への依存が顕著であるといえる．食料の大半を輸入に頼っていることは，輸入相手国の労働力，エネルギーおよび水を使っていることに等しい．その一方で，日本の食料廃棄量は年間 1,600 万 t を超えている（「第 13 章　ごみと廃棄物」も参照）．これだけの食料があれば，数億人の飢えている人たちを救うことができるといわれている．以下には食料の輸入によって相手国の環境を悪化させている例をあげ，説明を加えたい．

12.6 食料の輸入と水問題

　現在，日本への農産物の輸入はアメリカからが最も多い．近年，アメリカの穀倉地帯（中西部のグレイトプレーン）の灌漑用水を供給している世界最大の地下水脈，オガララ帯水層の水位が，過度の汲み上げにより大きく低下していることが明らかとなった[*4]．水位が低下すると，汲み上げのためのエネルギー消費が増加することになる．これは，食料の大半をアメリカからの輸入に依存している日本にとっても他人事ではない．

　1998年にロンドン大学のトニー・アランが**ヴァーチャルウォーター**（仮想水）という考え方を提唱した．これは食料を生産するのに必要な（仮想的な）水の量のことである．例えば，1 tの小麦を生産するのに約1,000 tの水が必要で（2,000 tという説もある），小麦を輸入することは輸入先の水を大量に使用するのと同じことである．ヴァーチャルウォーターは，穀物生産だけでなく畜産物にも適用できる．牛肉1 kgを生産するための飼料の生産には20 tの水が必要である．この計算によると，日本の場合，他国の水を1年間に640億t使用していることになり（図12.9），上述のオガララ帯水層のように，輸出国の環境に与える影響は大きい．ちなみに，日本が1年間に使用する灌漑用水は590億tといわれている．

　日本のように水資源が豊富な国は，できるだけ自国の水資源を利用して農業生産を進めるべきであるが，他国に依存している640億tの水を新たに調達するのは容易ではない．食料自給率を10％引き上げるためには，農業用水が約160億t必要といわれている．また，日本国内で廃棄されている1,600～2,000万tの食品を仮想水に換算すると，約240億tになる．食べ物を捨てるのは水を捨てるのと同じである．このように，食料問題は

[*4] この帯水層は氷河期に形成されたもので，石油と同じく補給されないので，化石地下水とよばれている．水位の低下をくい止めるために水を効率よく利用する工夫がされているが，依然として水位の低下が続いている．

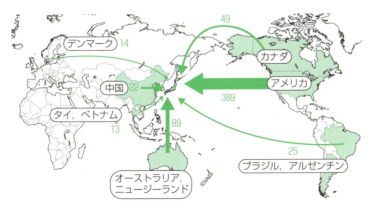

図12.9　ヴァーチャルウォーターのおもな輸入先
単位は，億t．日本のヴァーチャルウォーター総輸入量は，年間640億tになる（「2006年版ODA政府開発援助白書」）．

12.7 食品の安全性

米のカドミウム問題

第1章で述べたイタイイタイ病は，高濃度のカドミウムによる中毒事例である．現在，国内外で検討されているのは，食品中に含まれている低濃度のカドミウム摂取の問題である．

カドミウムは，鉱物中や土壌中など自然界に広く存在する重金属で，全国各地にある鉛・銅・亜鉛の鉱山や鉱床に特に多く含まれている．鉱山開発や精錬事業などが行われると，鉱床中のカドミウムは環境中へ排出され，周辺地域の水田や畑の土壌に蓄積される．

微量のカドミウムはさまざまな食品に含まれている．日本人では米から摂取する割合が最も多く，カドミウムの1日摂取量の約4割は米からである．厚生労働省の食品健康影響評価では，「近年，日本人の食生活の変化によって1人あたりの米消費量が1962年のピーク時に比べて半減した結果，日本人のカドミウム摂取量は減少してきている．2007年の日本人の食品からのカドミウム摂取量の実態については，2.8 μg/kg 体重 / 週であったことから，**耐容週間摂取量**の 7 μg/kg 体重 / 週よりも低いレベルにあり，一般的な日本人が食品からのカドミウム摂取によって健康を害する可能性は低い」としている．

> **耐容週間摂取量**
> 食品を汚染する物質（重金属やカビ毒など）に対して設定される基準値．耐容週間摂取量は，食品を食べることによって摂取される汚染物質に対して，ヒトが許容できる1週間あたりの摂取量で表される．

12.8 魚介類や鯨類に含まれるメチル水銀

水俣病の原因が，メチル水銀に汚染された魚介類の多量摂取であったことは第1章で述べた．魚介類に対する水銀の暫定的規制値は，1973年に総水銀 0.4 μg/g およびメチル水銀 0.3 μg/g とされ，マグロ類，河川産や深海性の魚介類はその対象外になっている[*5]．

最近では，妊婦が魚介類に含まれているメチル水銀を微量でも長期間摂取すると，胎児に微妙な影響を及ぼす可能性が注目されている．この問題の契機になったのは，ポルトガル領マデイラ諸島の住民を対象とした環境疫学研究である．それは，胎児期に母体を通じて，魚介類に含まれる水銀の曝露を受けた子供たちは，言語，記憶，神経などに軽度の機能障害が現れる確率が高くなるという報告であった．一部の魚介類は，自然界に微量に存在するメチル水銀を食物連鎖の過程で筋肉中に蓄積しやすい特性をもっている．また，マグロやカジキなどの大型肉食魚や，クジラ，イルカなどの海洋哺乳類の筋肉には，総水銀とメチル水銀が比較的高い濃度で含

[*5] このように例外種を設けることは理論的にはおかしいが，「マグロ類その他の魚介類を多食する者については食生活の適正な指導」と記されている．

まれていることが知られている．セレンという元素がメチル水銀の蓄積と毒性に関与することは古くから知られていたが，クロマグロの筋肉中ではセレンが**セレノネイン**といわれる有機化合物として存在することがわかっている（第9章も参照）．

日本人においては，総摂取水銀量の約80％が魚介類を通じて摂取されているため，水銀の問題で魚介類に注目が集まるのは当然である．厚生労働省は，国内に流通している食品を介しての汚染物質の摂取量を明らかにするために，調査を実施した．その結果では，最近10年間の水銀の推定摂取量は1.2 µg/kg体重/週であり，この値は，食品安全委員会で示されている耐容週間摂取量の2.0 µg/kg体重/週を下回っているので，過剰な心配をする必要はない，ということである．

表12.2には，妊婦が食事において注意すべき魚介類の種類とその摂取量（筋肉）の目安を示した．この注意事項は，胎児の保護のために，魚介類の多量摂取を避けることを意図して発表されたものであって，良質のタンパク質，EPA（エイコサペンタエン酸）やDHA（ドコサヘキサエン酸）などの高度不飽和脂肪酸，ミネラルなど健康によい栄養素を多く含む優れた栄養源である魚介類全般の摂取を抑制するものではない．母親が妊娠に気がつくのは，普通では妊娠2カ月以降である．胎児に多くの栄養素を運ぶために，母親の胎盤組織に大量の血液が流れ，胎児に水銀が移行するようになるのは妊娠4カ月以降なので，妊娠に気がついてからすぐに食生活に気をつければ，その効果は十分に期待できる．なお，母乳を介して乳児が摂取する水銀量は少ないので，授乳中の母親が過剰な心配をする必要はない．

日本国内では，慣習的に水銀の曝露が多い地域もある．和歌山県太地町では昔から伝統的なイルカ追い込み漁が行われており，住民はイルカを食

セレノネイン

中央水産研究所の山下由美子・山下倫明らの研究グループは，クロマグロの血合筋や血液中にセレンを含んだ有機化合物が存在し，この物質がメチル水銀の蓄積や解毒を促進することを明らかにしている．

表12.2 妊婦が注意すべき魚介（鯨類を含む）の種類とその摂取量（筋肉）の目安

摂食量（筋肉）の目安	魚介類
1回約80gとして妊婦は2カ月に1回まで（1週間あたり10g程度）	バンドウイルカ
1回約80gとして妊婦は2週間に1回まで（1週間あたり40g程度）	コビレゴンドウ
1回約80gとして妊婦は週に1回まで（1週間あたり80g程度）	キンメダイ，メカジキ，クロマグロ，メバチ（メバチマグロ），エッチュウバイガイ，ツチクジラ，マッコウクジラ
1回約80gとして妊婦は週に2回まで（1週間あたり160g程度）	キダイ，マカジキ，ユメカサゴ，ミナミマグロ，ヨシキリザメ，イシイルカ

＊マグロのなかでも，キハダ，ビンナガ，メジマグロ（クロマグロの幼魚），ツナ缶は通常の摂食で差し支えない．
〔厚生労働省，「妊婦への魚介類の摂食と水銀に関する注意事項の見直しについて(2005年11月2日)」〕

べる機会が多い．国立水俣病総合研究センターでは，太地町からの要請を受けて住民の毛髪水銀濃度測定を行い，メチル水銀の摂取状況と健康への影響を調査した．その結果，男性 447 人（平均年齢 56.6 歳）の平均値は 11.0 μg/g（最小値 0.74～最大値 139），女性 570 人（平均年齢 57.7 歳）の平均値は 6.63 μg/g（0.61～79.9）であり，特に 15～49 歳の女性 147 人（平均年齢 39.3 歳）の平均値は 4.70 μg/g（0.61～42.7）と報告されている（2010 年 5 月 9 日発表）．これらの値は，いずれも国内の他の地域の値に比べるとかなり高く，イルカの摂食と毛髪メチル水銀濃度との関係が示唆される結果となった．なお，専門医による健康調査ではメチル水銀中毒の可能性を疑わせる被験者は認められていない．

12.9　フードマイレージと地球温暖化

● **フードマイレージ**
「食料の輸送距離」の意味．食料の輸入量(t)×輸入相手国からの距離(km)で表される．日本のフードマイレージは国別でも国民 1 人あたりでもずば抜けて高い．

　日本は，大量の食料を外国から輸入するために，航空機，船舶，トラックなどの輸送手段を駆使している．化石燃料を使用しての輸送は，当然のことながら地球温暖化の原因といわれる CO_2 をまき散らすことになる．食料の輸入量(t)に輸入相手国からの距離(km)を乗じたものを**フードマイレージ**という．日本，韓国，アメリカ，イギリス，ドイツ，フランスの 6 カ国についてフードマイレージを比較すると，日本はずば抜けて高い値を示している（**図 12.10**）．また，フードマイレージ(t・km)あたりの CO_2 排出量は，航空機 799 g，トラック 98.6 g，船舶 13 g であり，輸送手段により排出量は大きく異なる．ヴァーチャルウォーターと同じように，フードマイレージも大半の食料を外国から輸入することにより生じる問題であ

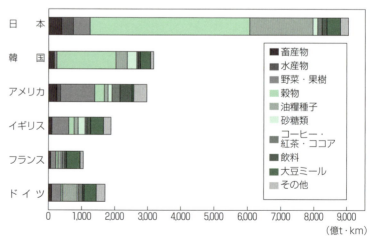

図 12.10　フードマイレージの比較
〔中田哲也，『フード・マイレージ』，日本評論社（2007）〕

り，環境負荷を減らす意味でも食料の自給率を上昇させることが重要である．

昔から食材を調達する際には，「四里四方(しりしほう)」という言葉が使われてきた．半径 16 km の範囲内[*6]で育った農産物が最も身になじむ，ということである．「地産地消」もこの延長線にある言葉である．このような発想は日本だけでなく，アメリカのサンフランシスコ地区で始まった「半径 100 マイル以内で収穫された食物だけを食べよう」という運動にも表れている．「地元で生産された食物は，運送距離が少なく，環境によい，新鮮でおいしい，地元地域とのつながりを得られる」がこの運動の趣旨である．

[*6] 半径 16 km というのは，交通手段が限られていた時代の徒歩圏内である．

12 章のまとめ

1. 地球上で人間が使える水は，水の全体量の 0.01% 程度とわずかであり，将来的に人口の増加による水不足が大きな課題である．節水や海水の淡水化および水の再利用が重要である．
2. 安全で美味しい水道水を供給するために，高度処理法などの浄化技術が導入されている．水道水源の汚染を防ぎ，水量を確保することが重要である．
3. 日本の食料自給率は先進国のなかで最下位である．その理由は，食生活の洋風化や農林水産業など第一次産業の低迷によるところが大きい．
4. 外国から食料を大量に輸入することは，外国の水を大量に使用していることになる．世界的な水不足が今後一層深刻になることが予想され，穀物や畜産物の生産に支障をきたすと日本の食料事情にも影響することが考えられる．
5. 外国から大量の食料を輸入するためには列車，トラック，航空機，船舶などによる輸送が欠かせず，その過程で二酸化炭素の排出が増加し，地球温暖化対策に逆行することになる．
6. 食品中のカドミウムに関する国際規格化が進行している．日本では米からの摂取が最も多く，2011 年 2 月に米の基準値が 0.4 mg/kg 以下に改正された．
7. 日本では総水銀摂取量の約 80% が魚介類を通じて摂取されている．妊婦がメチル水銀を多量に摂取すると，胎児への影響が危惧される．
8. 近年，地産地消の重要性が叫ばれており，新鮮でおいしい，生産者の顔が見える，輸送距離が短い，地域の活性化につながるなど多くの利点がある．

第13章 ごみと廃棄物

Environmental Science

　日本を含めた先進工業国では，物質的に豊かな生活，精神的にゆとりのある生活を目指してさまざまな努力が重ねられてきた．その結果，日本は物質的にはきわめて豊かな国民生活を実現できた．しかしその反面，大量生産，大量消費，大量廃棄型のライフスタイルが定着し，産業と生活の両方から排出される廃棄物量の増大と質の多様化によって，廃棄物の適正な処理が難しくなってきている．そのため，最近では廃棄物の減量化・再利用・リサイクルの促進が重要課題となっている．

　この章では，多様化する廃棄物の問題と，その対策としての「3R」を解説する．

13.1 廃棄物の種類と量

廃棄物処理法

正式名称は「廃棄物の処理及び清掃に関する法律」．廃棄物の排出を抑制し，その適正な分別，保管，収集，運搬，再生，処分などを行い，生活環境の保全および公衆衛生の向上を図ることを目的とした法律で，廃棄物処理施設の設置規制，廃棄物処理業者に対する規制，廃棄物処理にかかわる基準などを内容とする．

産業廃棄物

事業活動に伴って生じた廃棄物のうち，燃えがら，汚泥，建築廃材，廃油，廃酸，廃アルカリ，廃プラスチックなどの19種類が指定されている．

　廃棄物処理法では，発生形態や形状などによって，廃棄物を「一般廃棄物（産業廃棄物以外の廃棄物）」と「**産業廃棄物**」に分類している．また，一般廃棄物は「ごみ」と「し尿」に大別され，事務所・商店・工場などから排出される紙くずは一般廃棄物として取り扱われている．

　ごみの総排出量と1日1人あたりのごみ排出量の推移を**図13.1**に示した．一般家庭で日常生活に伴って生じるごみの量の増大や，流通・サービス業の拡張，情報化やOA化に伴う紙ごみの増大により排出量は増加していたが，近年はごみの減量対策，景気後退などによって減少傾向にある．平成27年度におけるごみの総排出量（『平成29年版環境白書』による）は，年間4,398万t（東京ドーム1240杯分）であり，ピークであった平成12年度（5,483万t）に比べると20％の減少で，平成20年度以降は5,000万tを下回っている．これはごみの減量化に対する取り組みの成果と考えられるが，総排出量の約3割を占める事業系ごみの減少幅が大きいのは，不況の影響であるともいわれている．

　1日1人あたりのごみ排出量は939gである．大都市やその周辺地域では全国平均の1.3～1.4倍の排出量となっており，その増加率も特に高い．

図 13.1 ごみ総排出量と１人１日あたりのごみ排出量の推移
「ごみ総排出量」＝「計画収集量＋直接搬入量＋資源ごみの集団回収量」で求めた．（環境省の資料を元に作成）

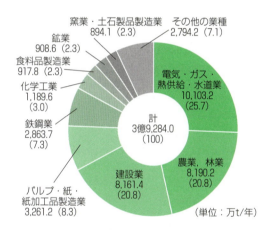

図 13.2 産業廃棄物の業種別排出量（平成 26 年度）
（環境省，「産業廃棄物排出・処理状況調査報告書」）

　一方の産業廃棄物の排出量は，1990（平成 2）年頃までは急増していたが，それ以後は大きな変化が見られず，平成 26 年度（図 13.2）においては全国で 3 億 9284 万 t であり，平成 20 年度と比べると 2720 万 t 減少した．業種別では電気・ガス・熱供給・水道業が 25.7％，農業が 20.8％，建設業が 20.8％でこれらの上位 3 業種で総排出量の約 67％を占めている．

　種類別に排出量（平成 25 年度）を見ると，廃水処理で生じる汚泥が最も多く 43％，次いで動物の糞尿 21.5％，がれき類 16.4％で，これら 3 種類で全体の約 80％を占めている（図 13.3）．最近では，産業廃棄物に占める**シュレッダーダスト**の割合が急増している．

　また，近年は特に，食品廃棄物（食品の売れ残りや食べ残し，調理くず）の量が事業系と家庭系を合わせると年間 2,550 万 t（平成 26 年度）に達し，

● **シュレッダーダスト** ●
電気冷蔵庫などの粗大ごみや廃車をスクラップして破砕処理した後，選別処理によって金属などの最終資源が回収された残りの部分．

第13章 ごみと廃棄物

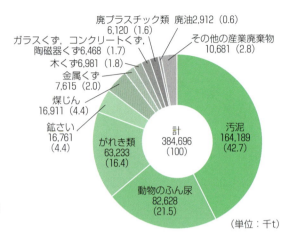

図13.3 産業廃棄物の種類別排出量（平成26年度）
（平成25年度実績値．環境省の資料を元に作成）

表13.1 食品廃棄物の発生および処理状況（平成26年度）

	発生量 (万t)	処分量(万t)				
		焼却・埋立 処分量	再生利用量			
			肥料化	飼料化	その他	計
事業系廃棄物および有価物	1,728	334	249	983	162	1,394
うち事業系廃棄物	839	—	—	—	—	—
うち有価物	889	—	—	—	—	—
家庭系廃棄物	822	767	—	—	—	55
合　計(%)	2,550	1,101	—	—	—	1,449

1) 四捨五入しているため合計が合わない場合がある．
2) 食品廃棄物の発生量については，一般廃棄物の排出および処理状況等（平成26年度実績），家庭系収集ごみに占める食品廃棄物の組成調査（平成26年度実績），産業廃棄物の排出及び処理状況等（平成26年度実績）より環境省試算．
3) 家庭系廃棄物の再生利用量については，同様に環境省試算．
4) 事業系廃棄物および有価物の再生利用量(内訳を含む)については，農林水産省食品循環資源の再生利用等実態調査報告より試算．
5) 発生量は脱水，乾燥，発酵，炭化により減量された量を除いた数値．
（資料：農林水産省，環境省）．

大きな問題になっている（表13.1）．この量は，飢餓に苦しむ数億人を救うに足る量といわれている．廃棄食品のうち，48%がたい肥・飼料などに再生利用されているが，43%は焼却・埋め立て処分されている．今後は，再生利用率を上げることが大きな課題である．第12章で述べたように日本の食料自給率は，カロリーベースで39%前後である．穀物に関しては，重量あたりの自給率が28%に過ぎず，先進国のなかで最低である．世界一の食料輸入国でありながら大量の食料を廃棄している事実は大きな問題であり，緊急に解決を迫られている．

13.2 廃棄物の処理

　一般廃棄物は，各市町村が収集・運搬し，処分することになっており，直接あるいは中間処理を行って資源化されるもの，焼却などによって減量化されるもの，処理せずに直接埋め立てるものに大別される．平成25年度では，中間処理されるごみは総処理量(4,170万t)の94％を占め(図13.4)，中間処理施設には焼却施設，資源化施設，高速堆肥化施設，飼料化施設，メタン回収施設などがある．中間処理を経て，458万tが再生利用されている．一方，産業廃棄物は，排出者が責任をもって処理することになっているが，廃棄物処理業者が代行している例が多い．

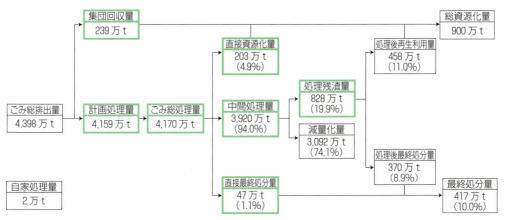

図13.4　全国の一般廃棄物処理の流れ（平成27年度）

注1：数値は，四捨五入してあるため合計値が一致しない場合がある．
　2：（ ）内は，ごみ総処理量に占める割合を示す．
　3：計画誤差等により，「計画処理量」と「ごみの総処理量」（＝中間処理量＋直接最終処分量＋直接資源化量）は一致しない．
　4：減量処理率（％）＝［（中間処理量）＋（直接資源化量）］÷（ごみの総処理量）×100
　5：「直接資源化」とは，資源化等を行う施設を経ずに直接再生業者等に搬入されるものであり，平成10年度実績調査より新たに設けられた項目．平成9年度までは，項目「資源化等の中間処理」内で計上されていたと思われる．
（資料：環境省）．

　産業廃棄物の処理は図13.5に示すような手順で行われ，廃棄物の種類ごとに基準が定められている．中間処理とは，廃棄物を減量化・安定化・無害化するプロセスであり，日本ではおもに焼却処分が採用されている．最終処分とは，廃棄物を最終的に自然に還元する工程である．これらの処理過程で，その一部は再生利用される．

　最終処分は埋め立てが原則であり，処分される廃棄物が環境に与える影響の度合いに応じて三つのタイプ，すなわち遮断型，安定型，および管理型の**最終処分場**で処理されている．

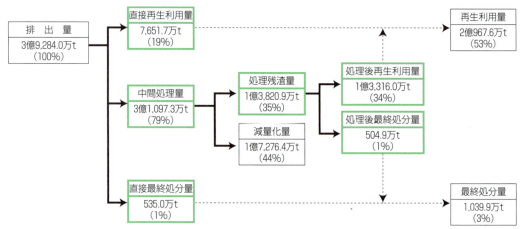

図 13.5　産業廃棄物の処理の流れと処理重量（平成 26 年度）
各項目量は四捨五入して表示しているため、収支が合わない場合がある。
（環境省、「産業廃棄物排出・処理状況報告書」）

最終処分場

遮断型は周囲をコンクリートなどで固め、有害物質が処分場の外に浸出することを防止した処分場で、有害物質を含む燃えがら、汚泥、ばい塵、鉱さいなどを対象とする。
安定型は周辺地域への廃棄物の飛散と流失を防止する構造の処分場で、建築廃材、ガラスくず、廃プラスチックなど性質が比較的安定していて、生活環境汚染の恐れが少ないものが対象である。
管理型は埋め立て地の底面と側面に防水シートを設けて浸出した水を集め、それを処理して公共水域に放流する設備を整えた処分場で、一般廃棄物と上述の二つの処分場以外で処理する産業廃棄物が対象となる。

廃棄物の多様化と量の増大、大都市への人口と産業の集中、地域住民の廃棄物処理についての信頼低下などさまざまな要因が重なって、中間処理施設と最終処分場の不足を招いている。こうした状況が産業廃棄物の不法投棄の一因になっており、全国各地でごみの処理をめぐる地域紛争が生じている。

現在使われているごみの最終処分場がいっぱいになるまでの残り年数は、一般廃棄物の場合、2014 年の時点で 20.1 年である。しかし産業廃棄物については、その年数はより短く、14 年である（**図 13.6**）。埋立処分地などの造成により残余年数は一見、増加しているように思われるが、首都圏に限れば残余年数は少なくなっている。

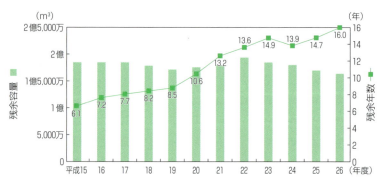

図 13.6　産業廃棄物最終処分場の残余容量と残余年数の推移
（環境省、「産業廃棄物行政組織等調査報告書」より環境省作成）

13.3 廃棄物の減量，再利用，リサイクル

廃棄物を減らす基本原則には「三つのR」，すなわち reduce（減量），reuse（再利用），recycle（再生利用）がある．これは重要な順に並んでおり，最も優先されるべきは，廃棄物の減量である．

■ 廃棄物の減量

一番重要なことはリサイクルではなく，廃棄物の減量である．「使い捨て商品は利用しない」，「過剰包装は断る」，「生ごみのコンポスト化」など，個人や家庭で廃棄物の発生を抑制できることも多い．製造業者は製品の開発，製造，流通，消費，回収，再生利用など，製品のライフサイクル全段階を考えて減量対策を立てる必要がある．長寿命で，修理・分解・再生可能な商品が望まれているのである．

産業界では，「ゼロ・エミッション(zero emission)」の取り組みが進んでいる．これは，ある産業からでる廃棄物や廃熱を新たに他の産業の原料やエネルギーとして活用することによって，廃棄物の排出量をゼロにすることを目指すものである．また最近は，各市町村において，種類と排出量に応じたごみ処理の有料化が進められており，ごみの排出量削減に効果を上げている．

放射性廃棄物

一般廃棄物でも産業廃棄物でもない，処理がきわめて厄介な廃棄物として，放射性廃棄物がある．原子力発電所の低レベル放射性廃棄物はセメントなどで固められて，放射能が漏れにくいようにドラム缶に詰められ，各地の原子力発電所に一時的に保管されたり，青森県六ケ所村の地下に移されたりして保管されている．

原子力発電所の使用済み核燃料からプルトニウムを取りだすために建設された六ケ所村の再処理工場は，2010年10月竣工予定であったが，相次ぐトラブルのため，工期はさらに2年延期され，2017年7月現在，試運転中である．

さらに，使用済み燃料からウランとプルトニウムを分離・回収した後に生じる液状の高レベル放射性廃棄物は，ガラスと混ぜて固化処理（ガラス固化体という）された後，日本では地下300 m以深の地層中に処分（地層処分）することになっている．しかし，地下水の腐食性など地質学的情報が乏しく，永続的安定性が確かでない．現時点では，地層処分の引き受けを表明する自治体は現れておらず，さらに地層処分後の廃棄物は，10万年以上という途方もない年月の間，人間社会から隔離しておかねばならず，子孫に大きな負の遺産を託すことになる（第8章も参照）．

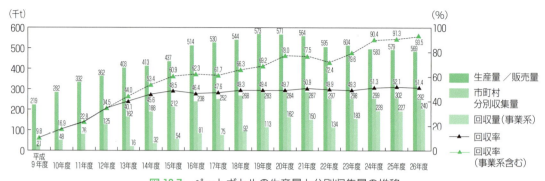

図 13.7　ペットボトルの生産量と分別収集量の推移

平成 17 年度から販売量．生産量・販売量については PET ボトルリサイクル推進協議会による調査．
【事業系】（スーパー・コンビニ・鉄道会社などで事業者自らが回収するもの）については PET ボトルリサイクル推進協議会による調査．平成 17 年度からボトル回収量．
〔環境省（http://www.env.go.jp/press/files/jp/29650.pdf）より作成〕

■ 再利用

　使用済み製品の再利用は，廃棄物の排出量を抑制するとともに，製品の原材料の採取や製造に伴う環境への負荷も減らせるという利点がある．ビールびん，一升びん，清涼飲料用びんなどの，ガラス製リターナブル（returnable）容器や，洗剤やシャンプーなど消費者が再充填するリフィラブル（refillable）容器の利用を促進しなければならない．

　ガラスびん，スチール缶，アルミ缶などの容器の生産量は減少傾向にあるなかで，清涼飲料用としてのペットボトルの生産量は増加の一途をたどっており，平成 23 年度には 60 万 t を超え，その後やや減少傾向がみられる（図 13.7）．また，ペットボトルの分別収集による回収率は，1997 年（平成 9）の 9.8％から 2014 年（平成 16）の 51.4％と，明らかに向上している．再生利用については繊維，卵パック，洗剤用ボトル，植木鉢などの成型品などがあげられるが，今後，再生利用率をさらに上昇させる必要がある．

■ リサイクル

　廃棄物を回収し，経済的価値があるものを選択的に集め，新製品の原材料として使用するのが，**リサイクル**である[*1]．リサイクルを推進するためには，まず排出時に，その素材に応じて適切に分別される必要がある．これは「出せばごみ，分ければ資源」という環境標語にもよく表れている．次に，分別回収したものを処理して再生できる，環境負荷の少ない適切な技術が要求される．そして最終的には，リサイクル製品が十分に売れなければならない．一般廃棄物のリサイクル率は年々上昇しており，1990 年（平成 2）の 5.3％が 2008 年（平成 20）の 20.3％へと大幅に増加したが，その後は横ばい状態である（図 13.8）．

[*1] リサイクルの具体例には，びん，ペットボトル，紙類，木材，コンクリート，アスファルトなどがあり，多岐にわたる．近年，リサイクルショップが増加しており，一般市民のなかで不用品を再利用しようとする意識が定着しつつある．

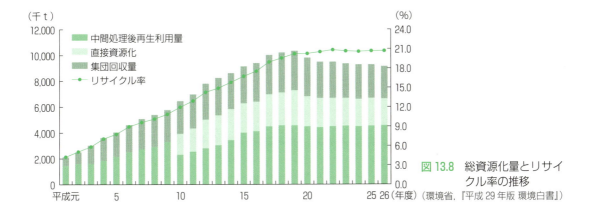

図 13.8 総資源化量とリサイクル率の推移 (環境省,『平成29年版 環境白書』)

　リサイクル率だけでなく，2008年以降は中間処理後再生利用量，直接資源化量および集団回収量のいずれもが頭打ちになっている．この理由を明確にし，対策を講じる必要がある．

　産業廃棄物の処理・処分状況はどうであろうか．図13.5に示したように，平成26年度の総排出量3億9,284万tのうち，19%が中間処理を経ずに直接再利用され，排出されたままの性状で直接最終処分されているのは1%である．79%は，脱水，焼却，破砕などの中間処理を施され，この段階で44%減量化される．これらの処理の結果，総排出量の53%が再生利用されたことになり，最終処分された量は全体の3%に抑えられている．特に最終処分の比率が高い廃棄物は，ゴムくず，ガラスくず，陶磁器くずである．

　リサイクルが，「3つのR」の一番下位に位置づけられる最大の理由は，廃棄物の分別回収からリサイクル製品に至るまでの過程において手間とエネルギーとコストがかかり過ぎるためである．リサイクルを考えるときに合理性と経済性とを十分に検討しなければ，かえって環境問題を悪化させる心配がある．リサイクルに適さないものは，焼却に伴って発生する熱をエネルギーとして有効利用するほうが望ましい．日本は，1991年に「**リサイクル法**」を制定して以後，廃棄物やリサイクルに関する新しい法律をつくり，法律の改正を続けている．2001年には，「循環型社会形成促進基本法」が施行された．この法律において，循環型社会とは「天然資源の消費抑制により，環境への負荷ができる限り低減される社会」と定義され，廃棄物のうち有用なものは循環資源に位置付け，再使用・リサイクルを推進するとされている．

リサイクル法

正式名称は「資源の有効な利用の促進に関する法律（資源有効利用促進法）」である．1991年制定，2001年改正施行．廃棄物の発生抑制や環境保全のために，生産，流通，消費の各段階での再資源化促進を目的とする．従来のリサイクル対策（廃棄物の原材料としての再利用対策）の強化に加えて，リデュース（廃棄物の発生抑制）対策とリユース（廃棄物の再使用）対策が柱となっている．

レアメタルとレアース

電気自動車やLED，液晶などの省エネ家電製品に欠かせないレアメタルやレアアースは，日本で自給することが難しい物質であり，その動向がメディアで報道される機会も多い．「レアメタル」には学術的な定義はなく，経済産業省が産業発展に重要な47元素を「レアメタル」として指定している．この47元素には，「レアアース」17元素が含まれている．「レア(rare)」は「希(まれ)」という意味である．レアメタルでは，「産業発展に比べて流通量が少ない金属」という意味でレアが使われている．一方，レアアースは元素周期表での分類の「rare earth element (希土類元素)」を示す化学用語である．これらの元素は地下の鉱山から，採掘，分離，精製，精錬などの諸過程を経て得られる．2010年時点でのレアアース埋蔵量は図に示した通りであるが，生産量で見ると97％を中国が占めている．2010年には，この中国がレアアースの輸出抑制を行ったため価格が高騰した．日本にとっては，この限られた資源をリサイクルでどこまで補えるかが今後の大きな課題である．

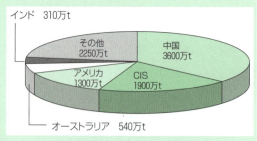

図：世界のレアアース埋蔵量

13章のまとめ

1. 年間のごみの総排出量は減少傾向にある．
2. 食品廃棄物の量は年間約2,000万tを超え，再生利用率は50％程度であり，今後さらに上昇させることが重要である．
3. 廃棄物を減らすためには，減量，再利用および再生利用に対する取組みをさらに強化する必要がある．

第14章 エネルギー資源と環境問題

動物のなかで，食料以外のエネルギーを使うのはヒトだけである．現代社会において，エネルギーは工業・農林水産業などの産業，自動車・飛行機・船舶などの運輸，私たちの日常生活，オフィスや工場での仕事などを支えるために必要不可欠なものである．現在，世界のエネルギー消費は石炭・石油・天然ガスなどの化石燃料に大きく依存しており，先進工業諸国と中国・インド・ブラジルなど人口の多い国がエネルギーを特に大量に消費している．

化石燃料は有限の資源であり，その**可採埋蔵量**を考えてみると，これらの資源はいずれは枯渇する運命にある．また，化石燃料を燃やしてエネルギーを得る際には，地球温暖化の原因となる二酸化炭素をはじめ，窒素酸化物や硫黄酸化物などの大気汚染の原因物質も排出される．このようなことから，今後は，環境に対してクリーンで再生可能なエネルギーの開発と利用，限りある化石燃料を無駄なく有効に使う省エネルギー対策などがますます重要になってくる．

> **可採埋蔵量**
> 石油や天然ガスなどといった地下資源のうち，技術的・経済的に掘りだすことができる埋蔵量．可採埋蔵量はその時代の技術レベルと経済条件によって大きく変化するが，石炭は約150年，石油は約40年，天然ガスは約60年と推定されている．

14.1 世界のエネルギー消費

石炭や石油および天然ガスなどの化石燃料が有するエネルギー，水力・太陽光・風力などの自然エネルギー，原子力エネルギーなど，自然界に存在するエネルギーを「一次エネルギー」とよび，それを電力，都市ガス，ガソリンや灯油などの使いやすい形態に変換したものを「二次エネルギー」とよぶ．

世界の一次エネルギー消費量の推移をエネルギー源別に図14.1に示した．世界の一次エネルギー消費量はこの50年間に約4倍に増加している．2015年時点での世界のエネルギー消費量をエネルギー源別に見ると，石油が29.2％，石炭が32.9％，天然ガスが23.8％と，化石燃料が全体の85％以上を占めている．他のエネルギー源に比べて二酸化炭素の排出量が多く，環境負荷の増大が懸念される石炭の消費量は，中国とアメリカの2カ国で

> **toe**
> 石油換算トン(ton of oil equivalent)の略．エネルギー量を石油の量(t)に換算し，相互比較しやすいようにした単位である．

第14章　エネルギー資源と環境問題

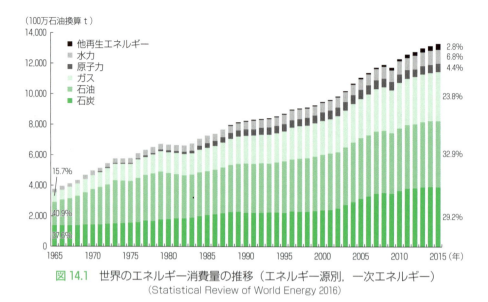

図 14.1　世界のエネルギー消費量の推移（エネルギー源別，一次エネルギー）
(Statistical Review of World Energy 2016)

BRICs

経済発展が著しい新興四大国，ブラジル(Brazil)，ロシア(Russia)，インド(India)，中国(China)の国名の頭文字を並べたもの．これらの国に共通するのは，経済発展が著しく，広大な国土，豊富な天然資源，豊富な労働力(人口)である．2014年の再生可能エネルギーによる発電のうち，水力発電量ではこの四カ国で世界の44%を占めている．

シェールオイル，シェールガス

シェールとは頁岩を意味している．地下数千mにあるシェールの隙間に閉じ込められている原油をシェールオイル，天然ガスをシェールガスとよぶ．従来の技術ではこれらを掘削することは不可能とされていたが，アメリカでこのオイルやガスの掘削と商業生産が可能になってから，エネルギー，経済，石油化学などに広範囲の影響を与えている．

世界の消費量の半分以上を占めている．

エネルギー消費量が多い上位12カ国を**図14.2**に示した．中国とアメリカのエネルギー消費量が群を抜いて多い．日本は中国，アメリカ，インド，ロシアに次いで5番目である．欧米諸国や日本などの先進工業国では，エネルギー消費の少ない産業構造への変換が進んでいるが，ブラジル，ロシア，インド，中国(**BRICs**)など経済発展が著しい国では今後もエネルギー需要が高まり，2015年に対して2030年の世界のエネルギー消費量は約1.2～1.3倍に増加すると予測されている．

2030年頃までは，石油と石炭は最大のエネルギー源であり続け，全体の3割前後を維持すると予測される．天然ガスは化石燃料のなかで最も需要の増加が見込まれている．風力，太陽光などの再生可能エネルギーがエネルギー消費全体に占める比率は，2015年の実績では2.8%と少ないが2016年にパリ協定が発効したことにより，化石燃料の消費が抑制されて，より一層利用が進むと考えられる．近年，アメリカを中心に**シェールオイル，シェールガス**の利用が急激に進んでおり，今後の世界のエネルギー供給に大きな影響を及ぼすと思われる．

世界および各国のエネルギー源別消費比率(2016年)を**図14.3**に示した．この値は，エネルギー源の保有状況，自然条件，産業構造など，国の事情によって大きく異なる．石油に対する依存度は，アメリカ(38%)，ブラジル(47%)，韓国(43%)，日本(41%)，ドイツ(35%)などで高い．中国では石炭(62%)，ロシアでは天然ガス(52%)，フランスでは原子力(39%)への依存度が高い．水力への依存度は，カナダ(27%)とブラジル(29%)で

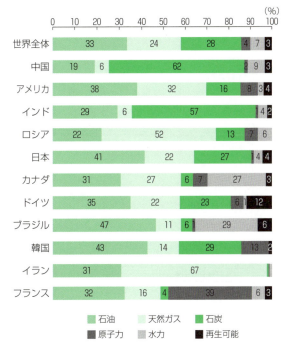

	石油換算100万t
中国	3,123
アメリカ	2,204
インド	884
ロシア	692
日本	437
ドイツ	311
ブラジル	289
韓国	288
カナダ	273
イラン	248
フランス	243
サウジアラビア	223

図 14.2 エネルギー消費量の多い上位12カ国（2016年）
(Statistical Review of World Energy)

図 14.3 主要国の一次エネルギー消費比率（エネルギー供給源別 2016年）
(Statistical Review of World Energy)

高い．原子力発電は，原子炉事故や放射能漏れなどに対する安全確保，放射性廃棄物処理問題，老朽化する原子炉対策など，大きな課題をかかえている（第13章を参照）．

14.2 日本のエネルギー消費

　日本国内での一次エネルギーの総供給量は1980年頃から1995年頃にかけて急増したが，それ以後はほぼ横ばい状態が続き，最近ではやや低下傾向にある．エネルギー源別に見ると，1973年の石油ショック以後は石油に対する依存度が徐々に低下し，2016年は41％まで低下している．石油の用途を大別すると，① 自動車などの動力用，② 化学製品の原料用，③ 発電用や家庭・工場での熱源用の三つの分野に大別される．最も多く使用されているのは自動車の燃料で約40％，次いで化学製品原料が約20％，発電用は12％である．2011〜2016年の日本の一次エネルギー消費量の推移を図14.4に示した．石油の低下に代わって増加してきたのが天然ガスや原子力であったが，2011年に発生した福島第一原発事故の影響を受けて，2014年には国内の原発の運転が停止した．その代替として，

第 14 章　エネルギー資源と環境問題

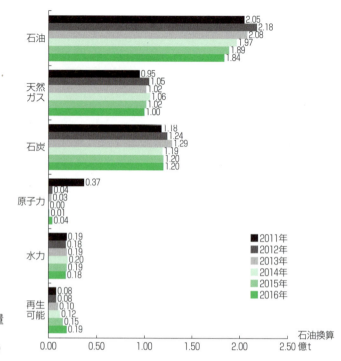

図 14.4　日本の一次エネルギー消費量（2011〜2016 年）
(Statistical Review of World Energy 2016)

数年間は石炭火力発電の利用が進んだ．再生可能エネルギーによる発電量は，まだ少ないが利用は堅実に進んでいる．

2017 年に欧州の大手自動車業界では，環境規制に対応するためにガソリン車やディーゼル車の新車販売を禁止し，段階的に電気自動車(EV)やハイブリッド車(HV)に移行する方針を明らかにしている．国産車でも同様の傾向が認められており，今後は運輸部門での石油の消費量が大幅に低下する可能性が高い．

生活や経済活動に必要な一次エネルギーのうち，自国内で確保できる比率を**エネルギー自給率**という．1960 年には石炭や水力などの国内のエネルギー資源を活用することによって 58％であった日本のエネルギー自給率は，近年では大幅に低下している．今では石炭，石油，天然ガス，ウランのほぼ全量が外国から輸入されており，日本のエネルギー自給率(2016 年)は水力，風力，地熱，バイオマスなどに支えられたわずか 6％に過ぎない[*1]．国産のエネルギー資源が少なく，エネルギー自給率が低い日本では，水力の利用，再生可能エネルギーの利用拡大，エネルギー源の多様化と輸入国の分散化などを進めていくことが必要である．

GDP（国内総生産）あたりの一次エネルギー供給量を各国で比較してみると，**図 14.5** のようになる．各国の一次エネルギー消費量と実質 GDP の比を日本が 1.0 としたときに，OECD 諸国 1.4，世界 2.4，中国 4.7，イ

＊1　原子力発電の燃料となるウランは，一度輸入すると数年間利用することが可能なので，これを「準国産エネルギー」とする考え方もある．

GDP
gross domestic product の略．国内総生産を示す．この値は，一定期間内に国内で産みだされた付加価値の総額を表し，経済を総合的に把握する一指標である．GDP の伸び率が経済成長率に値する．

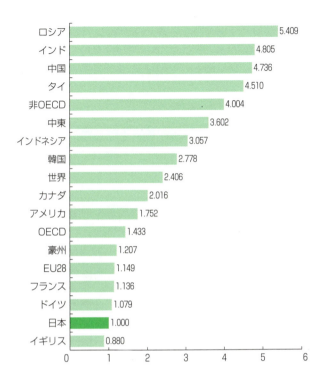

図 14.5 実質 GDP あたりの一次エネルギー消費の主要国比較（2014 年）
一次エネルギー消費量（石油換算トン）／実質 GDP を日本＝1.0 として換算.
〔「平成 28 年度エネルギーに関する年次報告（エネルギー白書 2017）」〕

ンド 4.8，ロシア 5.4 である．このことから，日本では少ないエネルギー消費で多くの富を生みだすことに成功していると見ることができる．急激な経済成長を遂げているロシア，インド，中国は，GDP あたりにして日本の約 5 倍のエネルギーを消費していることになる．

14.3 再生可能エネルギー

再生可能エネルギーの開発は，1970 年代の二度の石油ショックがきっかけで始められた．石炭や石油などの枯渇性エネルギーに依存したエネルギー体系から抜けだすために，クリーンでほぼ無限に使用可能な再生可能エネルギーが注目されている．再生可能エネルギーは，太陽光，風力，小規模な水力，地熱，太陽熱，大気熱，波力，潮力などの自然エネルギーと，廃棄物やバイオマスを利用したリサイクル型エネルギーに分けられるが，再生可能エネルギーと自然エネルギー，さらに新エネルギーについては，最近はほぼ同義語的に用いられている．それらの多くは発電に利用されるが，太陽熱利用や廃棄物の焼却熱利用，バイオエネルギーのように燃料として利用される場合もある（図 14.6）．

世界的には，再生可能エネルギーの導入が広がり発電コストの低減化が進み，他の電源と比較してもコスト競争ができる電源となってきたことで，

石油ショック

1973 年と 1979 年の二度にわたり，中東の石油産油国は石油の輸出価格を高騰させた．この二度の石油ショックは，日本を含めた石油消費国に不況と省エネルギー化の流れをもたらし，石油需要を減退させた．

図 14.6 再生可能エネルギーとその利用形態

導入がさらに増える傾向にある．

日本の状況を見ると，2012 年 7 月の固定価格買い取り制度(FIT)導入以降，急速に再生可能エネルギーの導入が進んでいるが，発電コストについては，国際水準と比較して高い状況にある．国民負担を抑制し，再生可能エネルギーを持続的かつ効率的に導入していくためには，コスト競争力のある電源としていくことが重要である．

また太陽光や風力のような変動電源が増加し，さらに需要地から離れた地点に導入されていくような場合は，送電網(系統)の増強や出力変動に対応するためのコストの追加や増加が課題となっている．

■ 世界における再生可能エネルギーの導入状況とコストの競争力

世界的に，発電設備に占める再生可能エネルギーの割合は増加しており，2015 年に導入された設備の 50％以上が再生可能エネルギーで占められている(図 14.7)．

主要国の再生可能エネルギーの発電比率(2013 年)を見ると，ドイツ 24.1％（このうち水力 3.2％），スペイン 39.5％（同 13.1％），イギリス 14.9％（同 1.3％），アメリカ 12.6％（同 6.4％），フランス 17.2％（同 12.5％）である．水力を除いた再生可能エネルギーではスペインとドイツが 20％を超えており，群を抜いている．

太陽光発電については，2009 年以降のシリコン価格の低減などによるモジュール価格の低減，これと並行した導入量の拡大と FIT 価格の引下げなどにより，大幅に発電コストの低減が進み，2009 年の 36 円/kWh から 2017 年の 10 円/kWh まで低下している．2016 年における太陽光発電の累積導入量は 2015 年に中国がドイツを抜いて 1 位となり，次いで日本，ドイツ，アメリカ，イタリアの順である(図 14.8)．

FIT

Feed in Tariff. 固定価格買い取り制度のこと．太陽光や風力などの再生可能エネルギーの普及を図るため，電力会社に再生可能エネルギーで発電された電気を一定期間，固定価格で買い取ることを義務付けた制度．日本では 2012 年 7 月に始まった．調達にかかる費用は，すべての電気使用者から賦課金として電気料金とともに集められる．買い取り金額はたびたび見直され，住宅用(10 kW 未満)太陽光発電の場合，1 kW/h あたり 2012 年の 42 円から 2017 年の 28 円に変わっている．

14.3 再生可能エネルギー

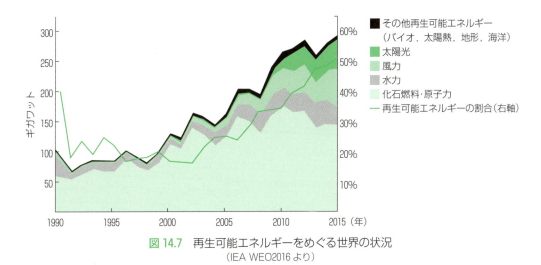

図 14.7 再生可能エネルギーをめぐる世界の状況
(IEA WEO2016 より)

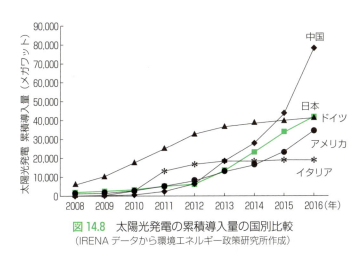

図 14.8 太陽光発電の累積導入量の国別比較
(IRENA データから環境エネルギー政策研究所作成)

風力発電の発電コストは，1980 〜 1990 年代にかけて発電設備の大型化，市場の拡大に伴うコスト削減の効果により，1984 年の 71 円 /kWh から 2014 年の 8.8 円 /kWh まで大幅に低下した．特に 2010 年頃から，さらなる大型化と新興国での風力発電の導入により一層のコスト低減が進んでいる．ちなみにわが国の発電コストは 13.9 円 /kWh で世界平均の 1.6 倍である．風力発電の累積導入量を国別に見ると，中国が 1 位であり，次いでアメリカ，ドイツ，インド，スペイン，イギリス，デンマークの順となり（図 14.9），太陽光および風力いずれの発電でも中国の躍進は目覚ましい．洋上風力発電については，ヨーロッパ（デンマークやオランダなど）の政府が大規模導入を決め，事前調査，環境アセスメントおよび地元との調整にも力を入れているため，事業者の開発リスクも抑えられている．

新興国

今後，高い経済成長が見込める国．第 2 次世界大戦後に独立した国でもある．

▶洋上風力発電については p.190 参照.

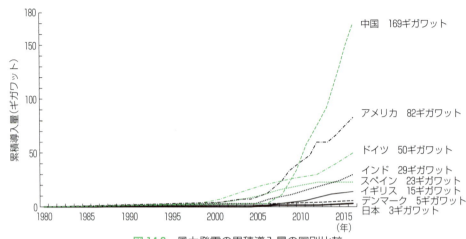

図14.9 風力発電の累積導入量の国別比較
（GWECデータより環境エネルギー政策研究所作成図を改変）

■ 余剰電力を水素ガスに変換して貯蔵する

　環境に配慮したエネルギーという面では，再生可能エネルギーに対する今後の期待は大きく，政策支援，税制面での優遇，開発研究費の援助などが進められている．

　これまでによく指摘されてきたが，風力や太陽光発電などの再生可能エネルギーは天候や時間帯によって左右されることが弱点である．再生可能エネルギー発電プラントをいくら設置しても，それに対応する蓄電・送電設備がなければ，再生可能エネルギーだけで電力をカバーすることはできない．風が弱いときや曇天，雨天における発電量の低下は当然であるが，強風で快晴の日中ではこれらの発電量が極端に増え，送電線が容量を超えることがある．余剰電力を貯めるには蓄電池や揚水発電という道があるが，大量の電力を蓄電する技術は開発途上であり，また，山岳の少ない地域や国では揚水発電も不可能である．高圧送電線の新設・拡充も計画されているが，巨額の建設費が必要であることや，景観を損ねることなども懸念されている．

　このような状況のなかで最近注目されているのが，ドイツやフランスで進められている **Power to Gas (PtGA)** である．PtGAは再生可能エネルギーで生みだした電力で水を電気分解して水素を取りだし，そのままタンクあるいはガス配給網に貯蔵するか，水素を二酸化炭素と化合させてメタンガスとして貯蔵する方法である．電力が必要なときに再び電力に変換できるし，そのまま自動車などの燃料にも利用できる．いずれにしろ，蓄電池や揚水発電とは異なり，再生可能エネルギーで生みだした大量の電力を長期間貯蔵することができる．フランスでは地中海のコルシカ島に世界最

大規模の水素蓄電実験施設をつくり，太陽光発電により生みだした電力で水を電気分解し，蓄積した水素を必要に応じて酸素と反応させて生じた電気を活用している．コルシカのような島やへき地の電力の安定的供給に関して水素蓄電が期待されているが，現時点ではコストをいかに低く抑えるかの技術開発が大きな課題である．

日本の再生可能エネルギーなどの導入状況

1990年代から2016年までの自然エネルギーによる発電量の推移を見ると（図14.10），2012年以降の増加が著しい．これは太陽光発電の急速な進展のためである．2011年3月の東日本大震災および福島第一原発の大事故後，自然エネルギーに対する意識の向上と固定価格買い取り制度（p.186参照.）の導入が大きくかかわっている．

2016年度の発電電力量のうち，再生可能エネルギーが占める割合は14.8%で，そのうち7.5%は水力発電である．水力を除いた再生可能エネルギーの発電電力量に占める割合は，7.3%になっている（図14.11）．太陽光発電は4.8%を占め，次いでバイオマス1.7%，小水力は1.7%，風力0.6%，地熱0.2%の順である．間伐材や建築廃材，植物から製造したアルコールなどを活用したバイオマスによる発電も近年伸びている．

> **小水力**
> 10,000 kW以下の小規模の水力を指すことが多い．

諸外国と比較すると，日本では風力による発電量の占める割合が低いが，風況に恵まれた北海道や東北地方での設置が多く，発電した電力を電力会社に売ることができるため，最近では電気事業を目的として設置される例

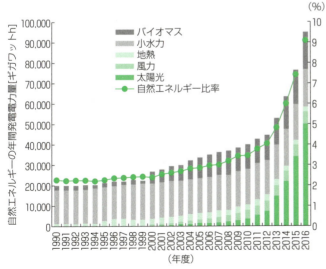

図14.10 日本国内の自然エネルギーによる発電量の推移
（環境エネルギー政策研究所，「データでみる日本の自然エネルギーの現状～2016年度　電力編～」，2016年8月22日）

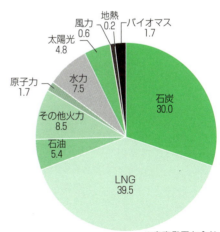

図14.11 2016年における日本の電源構成
（環境エネルギー政策研究所，「データでみる日本の自然エネルギーの現状～2016年度　電力編～」，2017年9月20日）

も増えている．風力発電は立地に対する制約(風況，自然公園，景観，バードストライク，騒音など)が多く，発電コストも相対的に高いが，事業採算性は比較的高いといわれている．

日本でも洋上風力発電の導入が開始されており，長崎県五島(浮体式)，北九州沖(着床式)，福島沖(浮体式)，銚子沖(着床式)において運転データや洋上の風速データなどを取得中である．さらに北海道，日本海側および太平洋岸における導入計画が進みつつある．

風力はクリーンで環境にやさしいといわれるが，大型風力発電システムでは電磁波や低周波音による周辺住民への健康被害が危惧されており，そのため，人口密集地から離れた山間部や海浜部などに設置されることが多い．デンマークやドイツのように国土面積に余裕があり，洋上に設置することに支障がない場合はよいが，国土の狭い日本では大型風力発電用風車の設置場所の確保が容易でないことを考え，近年，小型のマイクロ風車が注目されている．ビルの屋上や公園などにも設置できる都市型風力発電，さらに小型の風力発電にソーラーパネルおよび蓄電池を組み合わせて，街路灯，非常用夜間照明，携帯電話の充電などの緊急用電源機能ももたせることができる．このような小型の風力発電だけでなく，小型水力発電など，身近なところでいわゆる「エネルギーの地産地消」という発想は今後大切にしたいものである．

住宅用太陽光発電をめぐる状況

これまで 10 kW 未満(住宅用)の太陽光発電の買い取り価格は電気料金より高いため，売電量の最大化を図る傾向にあったが，2019 年には買い取り価格が家庭用電気料金(24 円/kWh)と同額となる予定で，自家消費のメリットがより大きくなる．

住宅用(10 kW 未満)の太陽光発電システムの平均的設置費用は 2011 年の 51.7 万円から 2014 年の 36.4 万円に低下しており，さらに低下する傾向にある．

ソーラーシェアリングとエネルギーの地産地消

上にも述べたように，太陽光発電は世界的にも風力と並んで再生可能エネルギーのなかで大きなウエイトを占めているが，2000 年代に入ってから太陽の恵みを農作物の栽培と発電に分かち合う**ソーラーシェアリング**が注目され始めている．農地に太陽光発電システムを設置して農業と発電を両立させるというもので，**営農型太陽光発電**ともよばれる．

ソーラーシェアリングは農地に高さ 3 m ほどの台を据え，その上にソーラーパネルを適当な間隔で設置する．農地の上にソーラーパネルを設置す

● バードストライク

鳥が構造物に衝突する事故のこと．猛禽類や渡り鳥が風力発電施設へ衝突する事故が懸念されている．日本野鳥の会は環境省に対して，施設が希少種の生息域やその近くに設置されることに対する意見や要望を表明している．クリーンなエネルギー源として風力発電施設の設置が推進されている一方，野生生物の保護という難問も存在する．

ると太陽光が遮られて作物の生育が阻害されることが危惧されるが，実際はむしろ生育を促進することになる．植物は光エネルギーを用いて光合成をし，成長するが，植物の葉の表面の照度がある程度以上になると光合成はそれ以上進まず，これを光飽和点といい，植物の種類によって異なる．太陽光の照度が強すぎると強光阻害，すなわち光合成が阻害されるのである．このように，植物の種類によって生育に最適な光の強さがあるが，一般的には1日のうち，農地の照度がある程度低下する，すなわち影ができるような条件が植物の成長にむしろ適している．さらに，ソーラーパネルによって農地に日陰ができるので農作業が楽になり（コラムの図の日陰参照），また水の蒸発が抑えられるといわれている．

ソーラーシェアリングでは夏季のパネル表面温度が屋根に設置した場合のように70℃近くまで上昇することはなく，パネルの表裏から冷却されるため，50℃前後に収まり，夏季の発電効率の低下や高温による劣化が少なくなるという利点がある．

ソーラーシェアリングが注目される背景には，第12章で述べた農業従事者の高齢化，後継者不足の問題がかかわっている．農林水産省も2013年から正式に認め，農地をソーラーシェアリングに活用するためには，農地の転用申請の際に地域の平均的な収量の8割を確保することが必要条件である．現在，全国で1,000件以上が認可されているが，農水省が農家に

エネルギーの地産地消

近年，農作物の地産地消を推進することによって都市部の消費者と農家との連携が密になり，直売所や農家レストランが進展しつつある例は多い．その延長線上で，エネルギーの地産地消という言葉が徐々に定着し始めてきた．

著者らは兵庫県宝塚市の市民発電所と連携して，宝塚市北部の市民農園の一部をソーラーシェアリングに活用して3種のさつまいもを栽培し（右図参照），収穫したサツマイモを用いてイモジャムを試作した．学生がエネルギー問題に関心をもち，農業体験をすることに加えて，農作物に新たな付加価値を付けることを考えるという意図もある．

図：ソーラーシェアリング4号機におけるサツマイモの栽培
　　ソーラーパネルによる日陰がよくわかる．

対して農地の一時転用を認めているのは3年限りであり，3年後の時点で十分な営農実績がなければ，更新は認められない．耕作放棄地でソーラーシェアリングの実施が認可されると，腰を据えた営農を再開することが必要であるため，農地再生の効果もあるといわれている．

高齢化により田畑での農作業が困難になった農家や担い手不足のため耕作放棄地が増えるなかで，ソーラーシェアリングにより売電収入を得ることができ，農作物の栽培は新規就農者に委託することもできる．さらに，近年，農村部の人口減少により地域を活性化することが全国的に叫ばれているなかで，ソーラーシェアリング事業は一つの切り札になる可能性を秘めている．

14.4 省エネルギー

*2 産業部門とは，製造業，農林水産業，鉱業，建設業の合計．業務部門は事務所・ホテル・サービス業などの第三次産業を指す．運輸部門は，乗用車やバスなどの旅客部門と陸運や海運などの貨物部門からなる．

日本のエネルギー消費量の推移を，運輸部門，家庭部門，業務他部門，産業部門[*2]に大別して示すと図14.12のようになる．1980年代後半からは，原油価格の低下と円高などによりエネルギー価格が相対的に安くなったことに加え，国民生活の高度化，OA化の普及などによって総エネルギー消費量はGDPと同様に急上昇した．

1990年代後半からは経済不況の影響もあって，エネルギー消費は横ばい状態であったが，2008年あたりから減少し，2014年の状況に至っている．部門別のエネルギー消費の推移を見ると，産業部門については省エネルギー化が進んでいるが，家庭部門および運輸部門ではエネルギー機器や自動車などの普及が進んだことから，エネルギー消費の増大が目立っている．

1973年と2014年のエネルギー消費を各部門ごとに比較すると産業部門

図14.12 国内における部門別エネルギー消費とGDPの推移
（資源エネルギー庁，『エネルギー白書2016』，「第1節エネルギー需給の概要」）

＋業務他部門は74.7％から62.7％に低下したが，一方，家庭部門は8.9から14.3％，運輸部門は16.4から23.1％へとそれぞれ増加した．家庭でのエネルギー消費は，生活の利便性・快適性を追求する国民のライフスタイルの変化，世帯数の増加，オール電化住宅の普及拡大などの影響を受けて2倍に増加している．

　環境保全，特に地球温暖化対策のためには，省エネルギーが有効な手段であることは明らかである．省エネルギーのためには，エネルギーの生産段階から消費段階までの諸過程において，不必要なエネルギーロスを減少させる必要がある．日本では，「省エネルギー法」や「リサイクル法」が制定され，産業部門を中心に省エネルギー化が進み，家庭電化製品や自動車などの省エネルギー型製品の開発も盛んになった．さらなる省エネルギーを進めるためには，エネルギー生産段階での技術的な効率改善，消費段階での消費者による節約や無駄をなくす行動，さらにはそれらを進める政策がそれぞれ求められる．

　再生可能エネルギーは日照や風力などに左右され，不安定であることはこれまでに述べたとおりである．近年，**スマートグリッド**(次世代送電網)が注目されている．これは電力の流れを供給側と需要側の両方から制御し，最適化できる送電網のことである．電力を無駄なく生みだすことは省エネルギーにもつながるし，先にも述べた Power to Gas とも相通じるものがある．何らかのかたちで電力をプールする技術の開発が重要である．

　環境問題の克服という観点では，新しくエネルギーを生みだすより，エネルギーを効率的に利用するほうが現実的な道である．それはエネルギーを生みだす過程において，資源やエネルギーの消費を伴うからである．都市には地下鉄，下水処理場，ごみ焼却場などいわゆる排熱資源が豊富にある．これらの環境中の排熱や大気の熱を，**ヒートポンプ**の利用によって地域冷暖房に用いることも可能であり，そうした試みが具体的に行われている．

　コジェネレーション(cogeneration，熱電併給)という技術も注目されている．コジェネレーションとは，エンジンやガスタービンの動力などによって発電を行うと同時に，その排熱を有効に利用して熱供給を行うシステムである．コジェネレーションシステムは，病院，ホテル，デパートなど，電気および熱需要の多い施設に適していると考えられる．一般住宅では，ソーラーシステムや断熱材を利用した環境適応型住宅にすることによって，冷暖房に利用するエネルギーを少なくすることができる．

　運輸面では，自動車保有台数の増加，自動車の大型化，交通渋滞の頻発，多頻度少量輸送の増加などによって，エネルギー消費が急増している．電気自動車(EV)やハイブリッド車(HV)など燃費のよい自動車の普及，道路

> **スマートグリッド**
>
> 次世代送電網のことで，洗練された(smart)，電力網(grid)という意味である．家庭やオフィスおよび工場では配電盤に電力メーターが備え付けられているが，積算電力量や月間消費量を把握できるだけである．電力メーターの代わりに，「スマートメーター」という機器を家庭やオフィスに設置し，ネットワーク回線で消費電力などの情報を電力会社にリアルタイムで送ると，発電所側は需要に応じてきめ細かな発電を行うことができる．無駄のない発電をすることがスマートグリッドの主たる目的である．

> **ヒートポンプ**
>
> わずかな電気使用量で，太陽で温められた空気熱や環境中の排熱を取り込み，圧縮する装置．圧縮することで高温の状態をつくりだし，この熱を空調や給湯に利用できる．消費した電気エネルギーの3～6倍の熱エネルギーが得られる．優れた省エネ技術であり，多くの施設への導入が進んでいる．

整備をはじめ，正確で迅速な交通情報の提供による渋滞の緩和，輸送システムの効率化，鉄道や船舶など大量輸送機関の整備などによって，輸送の効率化を推進する必要がある．

雨水の有効利用も省エネルギーにつながる．都市では，雨水の大部分が地表を流れているため，透水性舗装，浸透マスなどの雨水浸透施設や調整池などの雨水貯留施設の導入，植樹などによって雨水を地下に還元すれば，水資源の有効利用につながる．この技術は治水だけでなく，夏期の気温上昇を防ぐことにもなり，冷房用エネルギーが節約できる．ビルの屋上緑化にも省エネルギー効果があるし，野鳥にとっての休息の場ともなる．水が自然界を健全に循環し，洪水，渇水，水質汚濁，生態系への悪影響などを防ぎ，水がもたらすさまざまな恩恵を将来にわたり享受できることを求めて**水循環基本法**[*2]が2014年に制定されている．この基本法の精神が環境の現場でより一層活かされることを望みたい．

このような技術的対応による省エネルギー化はもちろん重要だが，消費者の理解と協力も不可欠である．現在，エネルギー消費量は，豊かな国民生活のバロメーターの一つになっているが，「エネルギーを大量使用することが，必ずしも幸福にはつながらない」という意識改革を消費者に求め，一人ひとりがそれを日常生活に反映させるように努めなければならないだろう．そのためには，政府による社会・経済的な仕組みの変更や財政支援，企業・自治体・NPOなどによる情報の提供，市民環境活動，啓発活動，環境学習などへの期待も大きい．

> **水循環基本法**
> 水が人類共通の財産であることを再認識し，水が健全に循環し，それがもたらす恵みを将来にわたって享受できるよう，水循環を維持し，または回復するための施策を包括的に推進していくことを目的として，2014年に制定された．

14章のまとめ

1. 世界のエネルギー消費は増加傾向が続いており（この40年間で2倍以上），石炭，石油，天然ガスなど，いずれは枯渇する運命にある化石燃料への依存度が高い．

2. 化石燃料に依存したエネルギー利用から抜け出すために，太陽光，風力，地熱，太陽熱，波力などの自然エネルギーと廃棄物やバイオマスを利用したリサイクル型エネルギーが注目されている．

3. 二酸化炭素の発生量が少ないことから近年では利用が進みつつあった原子力発電は，2011年3月の福島第一原子力発電所の大事故を契機として，その安全性に大きな疑問がもたれるようになった．エネルギー行政における原子力発電の位置づけが問われている．

第15章 環境活動の実践と環境倫理

21世紀は「環境の世紀」といわれ，環境問題が世界でも日本でもより一層重要なテーマになることは間違いない．環境問題は，個人，市民グループ，NGO，NPO，地方自治体，国家，世界各国が，それぞれの立場で協力しなければ解決しないことが多い．

近年，都道府県や市町村が抱える環境問題に対し，行政，事業者，市民の三者が協働して解決に取り組むスタイルが広がってきた．行政主導型ではなく，事業者や市民が参画することにより，問題が円滑に解決される場合も多く，地域の活性化にもつながるという大きな利点がある．また，この章の最後では，環境科学を学ぶうえで決して忘れてはならない科学・技術と環境倫理の問題を考えてみたい．

15.1 環境教育・環境学習

■ 自然が遠ざかっている

「自然に親しむ」，「親水」という言葉が大きく取り上げられるようになったのは，半世紀くらい前からであろう．それまでは，よほど大都市の中心部に住んでいる場合でなければ，子供の遊び場は周囲にいくらでもあった．木々が茂る鎮守の森や舗装されていない空き地，小川などは身近にあり，そのような場所で子供たちは，草花，昆虫，小鳥の巣，ヘビ，カエル，魚などと接するうちに，生き物のしたたかさ，か弱さを感じとり，生き物がいずれ死んでいくことを無意識に学習できた．また，その頃は，異年齢，すなわち幼児と小学校高学年の子供が一緒になって遊ぶことは珍しくなかった．年少者は年上に一目置き，年長者は年下をいたわることが自然に身についていた．このような遊びのなかで，他者を思いやる心が成長してきた．ところが，高度経済成長期に入り，物があふれ，受験戦争の激化，人口の都市部への集中に伴って，環境は物理的にも，化学的にもまた生物学的にも大きく変化した．小川は一時はどぶ川に変わり，どこにでも見られた動物や植物の顔触れや数が変化してきたことと平行して，子供たちの

図 15.1　水辺での自然との触れ合い

姿が野山・川・海から消えていった．子供たちの自然での遊び場が少なくなっただけでなく，子供たちの生活時間の内容も変わってきた．ゲーム遊び，放課後の塾通いや習いごとすべてをマイナスに評価するわけではないが，いわゆる"自然"との距離が遠くなったのは事実であろう（図 15.1）．

このような状況で，都市部では幼稚園，小・中・高等教育課程，特に小学生からの環境教育の重要性が認識されている．学校の敷地内にビオトープを設置し，授業や課外活動に活用しているところも珍しくない．また，農業体験を取り入れている学校もある．このような取り組みが，次世代を担う子供たちが成人になったときにどのように開花するかを見守りたい．環境省の調べでは「自然と触れ合う遊びの経験が多いほど，環境保全を他の豊かさよりも優先する意識が高まる」ようである．人間の手がまったく入っていないような"自然"を求めることは難しくても，近年は，緑地，公園，水族館などが各所に設けられるようになり，幼児から高齢者までの幅広い層に憩いの場が提供されている．

ビオトープ
生物が住みやすいように改変した環境のこと．環境教育の一環として，池や田を学校の敷地内に設け，そこへメダカやカエル，水草などを導入して，子供たちが生き物に触れ合う場を提供する．

環境教育の実践例

日本は世界一の長寿国であり，65 歳以上の老年人口が 26.7％ を占めている（2015 年）．"元気なお年寄り"が，環境に関する学習（講義，見学，実習）に組織的にかかわっている例も増えている．彼らの旺盛な向学心が，地域の環境保全や自然保護活動に結びついている．ここでは，著者らがかかわってきた，兵庫県西宮市における環境学習と地域活性化に関する取り組みを紹介したい[*1]．

西宮市（2017 年の人口約 48 万 8 千人）は大阪と神戸の中間に位置し，住宅都市として発展してきた．都市部にありながら身近に山・川・海などの多様な自然があることが，町の魅力となっている．西宮市は，阪神・淡路大震災を経験した後，「災害・危機に強いまちづくり」という施策を掲げた．

*1　詳細は，藤原隆之，「西宮市の環境学習事業」，武庫川市民学会誌，4, No.1, 26（2016）を参照．

環境学習を「街づくりを支える重要な市民活動」として捉え，市民，事業者，行政，NPOの参画と協働により，地域に根差したさまざまな活動を展開していくことを決め，これを内外に表明するために2003年，全国初の「環境学習都市宣言」を行った．この宣言では，「学び合い」，「参画と協働」，「循環」，「共生」，「ネットワーク」を市民活動の指針としている（下記コラム参照）．

具体的な行動として，市内の小学生全員に「エコカード」を配布し，地域団体・行政・事業所などに「エコスタンプ」を設置している．環境学習や活動に参加することでエコカードにエコスタンプを集め，一定数のスタンプが集まれば「アースレンジャー認定証」をもらうことができる．この活動は，NPO法人の「こども環境活動支援協会（LEAF）」が全面的にサポートしている．エコスタンプの対象となる活動は，学校での環境や自然に関する学習，緑化クラブなどの活動，市民団体の環境保全活動，子供会や自治会が行う資源回収や美化活動への参加，環境保全商品の購入，量販店でのリサイクル活動への協力，公民館などでのエコクイズへの参加などである．

15.2 市民による環境活動

自然環境の保全や修復のために，市民が主体的に取り組むさまざまな活動が全国各地で展開されている．活動の実施にあたっては，「総合的な取り組み」，「目標が明確」，「体験を重視」，「地域に根ざし，地域から広げる」などの視点をもつことが望ましい．活動の課題によっては，一般市民だけ

パートナーシップによる環境学習事業

西宮市では，行政と事業者のパートナーシップによる環境学習事業を促進するため，「環境学習都市にしのみや・パートナーシッププログラム」も実施している．このプログラムでは，幅広い分野の事業者や各種団体などに環境学習都市推進事業への参画と協働をよびかけ，「環境学習都市宣言」の理念をまち全体で考える社会的機運を高めることを目的としている．次ページで取り上げる「武庫川流域圏ネットワーク」もパートナーシッププログラムとして認定を受けている．

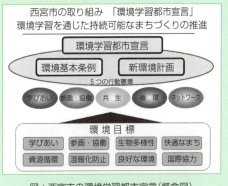

図：西宮市の環境学習都市宣言（概念図）

で取り組むことが難しい場合も多く，行政や専門家と協力して取り組む必要がある．また，活動を発展させ，継続させるためには，俗っぽい表現になるが「①ヒト，②モノ，③カネ」も重要である．

ここでは，著者らが取り組んでいる市民環境団体「武庫川(むこがわ)流域圏ネットワーク」の活動を紹介する．武庫川は，兵庫県の篠山(ささやま)市域の源流から三田(さんだ)市，神戸市北区，宝塚市，伊丹市，西宮市，尼崎(あまがさき)市を流れて，大阪湾に流入する全長66 kmの県が管理する二級河川である．流域の人口は約140万人，下流部の想定氾濫区域の人口と資産は全国第10位の河川である．この団体は，新規のダム建設に頼らず，安全・安心で，自然豊かな，より魅力ある武庫川を求める活動を2011年7月から開始している．活動の本拠地は西宮市と宝塚市である．

この武庫川水系では，たびたび洪水被害に見舞われてきたことから，2011年から20年間にわたる「総合的な治水対策」が行われている．すなわち，下流部では川を掘り下げたり，広げたりして，大雨時に河川水を流れやすくし，堤防の強化工事が行われている．学校の校庭，公園，溜池などに洪水時の水を貯留する流域対策も同時進行している．想定を超える洪水に対しては，「知る，守る，逃げる，備える」の減災対策が進められている．また河川工事においては，流域の生物多様性を守ることに十分に配慮することになっている．

「武庫川流域圏ネットワーク」のメンバーは兵庫県が主催する総合治水に関する説明・経過報告会などに出席して，市民の立場から河川整備に関して積極的な質問や提案を行っている．また，広く市民参加を求めて，武庫川の自然探索をしながら，水辺の清掃活動や特定外来種オオキンケイギクの駆除活動を定期的に行っている．参加者は100人前後のことが多い．武庫川に関する講演会やシンポジウムの企画を行うとともに，武庫川流域圏ネットワーク活動報告会を開催し，活発な議論を展開している（図15.2，a，b）．市民への情報提供も重要と考え，ホームページ(http://muko.jimdo.com)やEメールを利用して地域の環境保全活動や街づくりに関する資料を提供している．

武庫川河川敷の堤防でのオオキンケイギクの駆除活動(2017年3月)．
発芽したオオキンケイギクを根元から引き抜く．
オオキンケイギクについては2.2節も参照．

2018年1月現在，「武庫川流域圏ネットワーク」の会員は15団体と個人会員104人で構成されている．団体を運営する委員には高齢者が多く，後継者へのバトンパスが大きな課題である．このような状況は多くの市民環境団体に見られる共通の傾向である．若者を多く迎え入れ，組織の若返りを図ることが重要課題であるが，それは簡単なことではなさそうである．そのようななかで昨年度から，環境社会学を専攻する大学生数人が卒業論文のテーマとして，著者らの活動に参加していることは，大変喜ばしい．

図 15.2　武庫川流域圏ネットワークの活動
(a) 武庫川河川敷清掃の集合写真，(b) 武庫川流域圏ネットワーク活動報告会．

15.3　企業の環境行動

環境問題と企業とのかかわり

　近年では，環境保全における企業の役割が非常に大きくなっている．日本では，重化学工業や製造業といえば公害加害者というイメージが強く浮かんだ時代もあった．しかし現在では，環境を重視しない企業に対して，社会の目が非常に厳しくなっている．企業の評価項目には，利益や財務指標以外に「地域貢献」や「環境保全努力」が含まれており，この項目の成績が悪い企業は格付けが下がる時代である．

　日常の企業活動は，環境に大きな影響を与える．例えば，生産現場や原材料・製品などの輸送現場で適切な処理を怠ると，大気汚染，水質汚染，化学物質汚染，産業廃棄物，騒音，振動，二酸化炭素の排出などの環境問題が生じる．一般的なオフィスも，冷暖房などで大量のエネルギーを消費している．このような環境影響を，公害防止装置の設置，省エネルギー，リサイクルなどで最小にする努力，さらには一歩進んだ環境に配慮した企業活動や生活スタイルの工夫が求められている（右記参照）．市場に出回る商品の原材料から最終製品，さらには廃棄に至るまでの全過程についての環境負荷度が計算され，商品選択の目安にもなっている．このような環境負荷分析を**ライフサイクルアセスメント**（LCA）という．

　近年では，環境配慮を商品選択の基準とするグリーンコンシューマーといわれる消費者も増加している．また，企業がマスコミを通じて，自社製品の環境配慮を強くPRする時代になっている．さらに，環境保全に貢献する企業に対しては，金融面や税制面での優遇措置がとられるようにもなってきた．アメリカのオバマ前大統領は，2009年に環境・エネルギー分野への集中的な投資を行って，アメリカ経済を再生し，この分野での新規需要や雇用の創出を達成する目標を掲げる「グリーン・ニューディール

企業が行う環境活動の例

グリーン購入
企業で必要な物品を購入する際に，価格や品質だけでなく環境負荷を考えること．

カーボンオフセット
企業活動において，二酸化炭素をはじめとした温室効果ガスの排出をできるだけ削減する努力を行っても排出される場合に，温室効果ガスの排出量に見合った投資を行い，間接的に温室効果ガスの削減を行うこと．

サマータイムの導入
電力使用ピーク時（昼間）の電力消費量を低下させるために，夏期に始業時間と終業時間を早めること．

エアコン設定温度の変更
夏期や冬期にエアコンの設定温度を変更して，節電に努めること．

クールビズ
夏期にネクタイの着用をやめるなど軽装化し，冷房に使用するエネルギーの低下に努めること．

● **スマートグリッド**

ITを活用して，分散型の電力供給源をネットワーク化し，電力需要のあるところに最も効率よく電力を供給するシステム．第14章参照．

図 15.3 PDCAサイクル（構築，維持，および改善サイクル）

表 15.1 環境ビジネスのおもな分野

技術系
- エネルギー
  （太陽光発電，風力発電，水素燃料電池，バイオマスエネルギー，スマートグリッドなど）
- リサイクル
- エコカー
- ロボット
- エコマテリアル
- 環境配慮型製品
- 汚染防止や浄化
- 建築物や建造物のグリーン化
- 第一次産業における環境ビジネス
  （地産地消，自然再生事業など）

ソフト・サービス系
- 環境関連ソフトやサービス
  （グリーン物流，カーシェアリング，環境ファンド，エコツアー，環境アセスメント，環境教育など）

政策」を打ちだした．この政策の内容は，太陽光発電などの再生可能エネルギーの導入促進，住宅の省エネ対策の推進，環境配慮型の自動車の開発・普及，**スマートグリッド**といわれる送電網の整備などである．このグリーン・ニューディール政策は，アメリカだけでなく，世界の主要国が環境やエネルギー分野に重点投資する大型景気対策でもある．このような国内外の状況において，環境問題への取り組みは企業にとって大きなビジネスチャンスである．

環境保全を企業目的として有効に機能させるためには，企業の組織全体での体系的な取り組みが必要となる．国際的な環境管理システムとして，**国際標準化機構**（International Standardization Organization，**ISO**）による認証登録制度，ISO 14001 規格がある．このシステムでは，企業みずからが環境配慮型社会の実現を意図した経営努力をどの程度行うのかが厳正に評価される．評価では，PDCAサイクル，すなわちPlan（計画），Do（実行），Check（点検），Act（処置）という四つの側面を具体的にどのように実現するのかが重視されている（**図15.3**）．ISO 14001 規格の認証を得た企業は，結果として国際的な信用が増し，企業活動を進める面で有利になる．日本国内では，大企業に限らず，さまざまな事業所がISO 14001 を取得するようになってきている．

環境ビジネス

環境ビジネスは，「環境産業」あるいは「エコビジネス」ともよばれ，環境関連法が整備されることで急速に市場が拡大し，次つぎに新しい事業が誕生している．2002年8月，環境省は環境ビジネスを「産業活動を通じて，環境保全に資する製品やサービスを提供したり，社会経済活動を環境配慮型のものに変えていくうえで役に立つ技術やシステム等を提供するもの」と定義している．

日本の環境ビジネスの出発点は，1960年代からの公害規制に対応する工場などの排水・排気浄化や廃棄物の処理技術の開発であった．その後，1970年代の石油ショックを契機として，省エネ・リサイクル技術の開発が進み，21世紀に入ると情報産業，エネルギー資源，レアメタルやレアアースなどの金属資源，水資源，食糧資源などに関する分野に注目が集まっている．

レアアース問題などは，日本のように資源の保有量がきわめて少なく，その多くを海外に依存せざるを得ない国の宿命なのかもしれない．また，自然環境とより密接なかかわりをもっている農林・水産業界では，大量の資源・エネルギー消費型の生産方式からの脱却を目指したさまざまな技術開発が検討されている．ビッグデータ，人工知能，ロボット，ドローンな

ど，いわゆる先端技術を取り込んだビジネスは華々しく，国家を動かす大きなエネルギーをもっている．しかし，その一方では「小さな技」の「ローテク・エコテク」ともいわれる，その地域に根ざした伝統を活かした技術を継承し，それを高めていくことも重要なことである．

環境ビジネスといえば，技術的な側面が強くイメージされがちであるが，コンサルティング，環境影響評価，情報・教育関連分野，エコファンドなどの金融，環境に優しい商品の流通，エコツーリズムなど，ソフト・サービス系の環境ビジネスもまた重要である（表15.1）．技術系の環境ビジネスとソフト・サービス系の環境ビジネスの両者が，バランスよく発展していくことを期待したい．

15.4　科学・技術と環境倫理

環境倫理学

人類は自然を利用し，改変して，現代文明を築き上げてきた．現代文明は，科学・技術の進歩と発展によって形成されたものである．先進諸国では，食料や工業製品の大量生産システムによって物質的に豊かになり，交通手段の進歩により移動時間が短縮されて行動範囲が拡大し，情報技術の発展によって世界中の情報を短時間で得られるようになった．一部では，コンピュータやロボットが人間に代わって仕事をする時代になった．しかし，科学・技術の進歩は人類に便利さや快適さを提供したものの，必ずしも幸福を与えたとはいえない．社会のなかにさまざまな歪みを生じさせ，人間を取り巻く自然環境や社会環境を悪化させた面も多々ある．そのため，科学・技術のあり方自体が今問われている．

人間という生物は知的好奇心にあふれ，発明や発見，知識の蓄積などに喜びを見いだす存在である．省エネルギー，資源やエネルギーの有効利用，自然浄化能の向上，廃棄物リサイクル，再生可能エネルギー，**グリーンケミストリー**，電気自動車などの技術は，環境を改善する力を与えてくれるであろう．人工衛星と高度情報処理技術の発展によって，地球温暖化，オゾンホール，砂漠化，野生生物の生態など地球環境問題についての詳しい情報が得られ，地球の将来を予測することも可能になった．

しかしながら，環境問題の現場においては，高額な投資がなされて誕生した最先端技術が必ずしも有効に機能するとは限らない．最先端の科学・技術だけでなく，「人の知恵」を活かして，身近な所にある**「等身大の技術」**を環境問題に応用することも重要と考えられる．科学・技術に対する国民の意識調査結果でも，多くの人びとが環境に関連した科学・技術の発展に大きな期待を寄せている．21世紀のビジネスチャンスとしても，前述し

●**グリーンケミストリー**

グリーンケミストリーは，化学物質を設計・合成・応用するときに，有害物をなるべく使わない，出さない化学を意味する．「環境にやさしい化学合成」「汚染防止につながる新しい合成法」「環境にやさしい分子・反応の設計」といいかえてもよい．

たエコビジネスといわれる環境関連産業の動向が世界的に注目を集めている．

環境問題には科学・技術が大きくかかわっているが，人間の価値観や倫理観も環境問題に深く関係している．個人によっても，また人間社会の集団によっても，環境に対する価値観や目標は大きく異なっている．私たちがどのような価値観の元で，どのような人間社会を目指すかによって社会は大きく変化する．現代社会のなかで，自然環境あるいは生活環境の問題を論じてある方向性を見いだすためには，人と人との対立・調整・合意などの過程を経る必要がある．人間がどのような環境を必要とし，どのような環境を是とするのか，この価値観や倫理観が，現代と将来の環境問題の解決において最も重要なことである．

環境倫理学という学問領域が注目されている．現在の環境倫理学においては，次の三つの基本主張があり，いずれも環境問題の根幹をついている．

自然の生存権：人間には他の生物よりも生存の優先権があるとする人間最優先主義を否定し，人間以外の生物種，生態系，自然景観などにも生存の権利があることを認める．

世代間倫理：現代の世代が環境を破壊し資源を枯渇させれば，未来の世代への加害的行為になる．したがって，現代の世代は，未来の世代の生存可能性に責任をもたねばならない．

地球全体主義：地球上で利用可能な食料，資源，エネルギーなどの総量は有限であり，それらの配分はできるだけ公正であるべきである．

これらの基本主張は，「人類はなぜ地球の生態系を破壊するのか，それを回避する有効な方法を見いだせるのか」を私たちに問いかけているように思われる．

第12章の放射能汚染の説明のなかで，福島第一原発事故の直後，ドイツで脱原発するかどうかを「**倫理委員会**」を立ち上げて議論し，脱原発の結論に達したことを述べた．環境問題の解決には倫理的側面が不可欠である．

「水俣病」から学ぶ三つの責任

ここでは，わが国で「公害の原点」といわれる「水俣病」を例にあげ，患者救済に一生をささげ，胎児性水俣病を明らかにした原田正純医師（1934～2012）の活動と，水俣病の解決を遅らせた科学者・技術者，行政，企業，工業会などについて述べたい．第1章の1.4節および**表1.3**においても取り上げたが，**表15.2**に示したように，1956年の公式発表から12年後の1968年になってようやく「水俣病の原因は工場排水中の有機水銀である」との政府の見解がだされた．その間に，工場排水は垂れ流されて，水俣湾は有機水銀に汚染され，水俣病の患者が増加した．この12年間の科学者，

科学者と戦争

科学者や技術者の倫理についてまず思い浮かぶことは，戦争における科学者の役割である．大量殺りく兵器の開発には多くの科学者・技術者がかかわっている．核兵器の開発はもちろんであるが，第一次世界大戦で使用された化学兵器（毒ガスなど）の開発には「空中窒素の固定」で画期的な方法を発明したドイツのフリッツ・ハーバー（1890～1933）が大きくかかわっており，「毒ガス開発の父」ともいわれている．ハーバーは「科学は戦時には国のために用い，平和時には人類の幸福のために用いる」と述べている．ハーバーはユダヤ系のドイツ人であり，ヒトラーが台頭してからは国外に脱出したが，ハーバーが開発した毒ガスによって，後に多くの同胞を死に追いやったことはなんと皮肉なことであろうか．戦争とは非情なものだといってしまえばそれまでであるが，ハーバーがたどった生涯から考えさせられること，すなわち「科学者の倫理」から学ぶことは多い．

表 15.2 水俣病公式発表から水俣病の原因の政府見解発表までの経過

1956年5月1日	水俣病の公式発表．熊大医学部からマンガン説，タリウム説，セレン説などが出されたが，検証の結果すべてが棄却された．
1959年7月	熊本大学研究班が「水俣病の原因は工場排水の有機水銀である」と発表した．
1959年9月	日本化学工業会の理事が「水俣病の原因について」の報告書で，「終戦時に旧海軍が投棄した爆薬により，水俣病が発症した」と述べた．これは「爆薬説」といわれているが，根拠がなく，そのような事実もないことが判明した．
1959年10月	チッソ水俣工場附属病院の細川一院長は技術部と協力して，アセトアルデヒド製造工程の排水を餌に直接かけてネコに投与すると（1959～1960），400号とよばれたネコに水俣病が発症した．しかし，その結果は会社の説得により外部へ公表されなかった．
1959年11月	厚生省の食品衛生調査会が「水俣病の原因は魚介類中の有機水銀」と答申した．
1960年4月	東京工業大学教授が水俣病総合調査研究連絡協議会で「有毒アミン説」を発表．これは水俣湾の魚介類を酵素で分解した後，ネズミに注射すると水俣病類似の症状がでたという．
1961年4月	東邦大学教授が「腐敗アミン説」を発表した．これは腐敗した魚をネコに与えた実験で，水俣病類似の症状がでたという．
1962年	チッソ最大の労働争議．チッソの工場技術者はアセトアルデヒドの製造工程で有機水銀化合物が発生し，それが長く残存することに気づいて反応液処理の改善策を具申したが受け入れられなかった．また，別の技術者はアセトアルデヒドの製造工程の排水から，ペーパクロマトグラフィを用いてメチル水銀化合物を抽出し，その結晶化に成功し，それが塩化メチル水銀であることを確認したが，労働争議で中断し，この成果が公表されることはなかった．
1968年	チッソの労働組合（第1組合）は企業の労働者に対する差別と水俣病に対する差別が同梱のものであることを認識し，組合大会で「恥宣言」を決議した．
1968年	政府は「水俣病の原因はチッソ水俣工場排水中の有機水銀」という公式見解を発表した．

工業会，企業，自治体の動きを見ておくことは大切である．

上述の行動について，原因企業，科学者，技術者，化学工業会，行政それぞれにいい分があろうし，また，そのような行動が個人の意図によるものなのか，組織としての行動なのかを区別することは難しいが，政治・経済・科学が人間の命や基本的人権よりも経済的利益を優先したことにより，公害の被害者が増加したことは明らかである．一番つらい思いをしているのは，患者と家族や近親者であることはいうまでもない．

熊本大学医学部の原田正純医師は1960年から水俣病にかかわり，労災や公害について「三つの責任」があることを次のように強調された．「①予防すべき責任，②被害を最小限にする責任，③最大限の償いをする責任，である．責任をとるには医者，研究者，市民，労働者の協力が必要であり，科学者は変革する余裕をもたなければならない．たとえばハンター・ラッセル症候群に合わなければ水俣病でないと簡単に切り捨ててはならない．仮説が権威をもつと，いつの間にか定説となり，最後は妄想となって新しい説を抑えてしまう」．

この三つの責任は一見，当たり前のことのように見えるが，実際はこれまでの公害・環境問題の歴史を見ても難しいことがわかる．これらの責任がすんなりと受け入れられるならば，公害訴訟は起こらないはずである．現代，そして将来も原田医師の「三つの責任」を果たしていける世の中にしたいものである．

原田正純（1934～2012）

熊本大学医学部で水俣病を研究し，胎児性水俣病を見いだした．精魂を込めて患者の救済に取り組んだ医師であり，著書も多い．『水俣病』（岩波新書），『水俣病は終わっていない』（岩波新書），『水俣が映す世界』（日本評論社），『水俣病と世界の水銀汚染』（実教出版），『水俣学講義』（編著，日本評論社），『水俣学研究序説』（編著，藤原書店）．

ハンター・ラッセル症候群

1937年に，イギリスの種子処理工場でメチル水銀中毒症の重篤な4例の患者が発生した．ハンター，ボンフォード，ラッセルの3人はメチル水銀による中毒症として発表し，重症の4例に共通して運動失調，構音障害，視野狭窄などの中枢神経疾患の症状があると報告した．

15章のまとめ

1. 環境教育・環境学習は，幼児や低学年の児童だけでなく，壮年から老年層までの幅広い年代に対して進められるべきである．
2. 自治体が抱える環境問題について，行政，事業者，市民の三者が協同して解決に取り組むスタイルが広がっている．
3. 近年では環境保全における企業の役割が大きくなっており，地域貢献や環境保全の努力が積極的に行われている．環境ビジネスも将来性の高い分野である．
4. 環境問題と科学・技術との関係を倫理面から捉えることは非常に重要である．それは，戦争や，公害の原点といわれる水俣病の歴史などからも明らかである．

参 考 文 献

第1章
- 原田正純，『水俣病は終っていない』，岩波新書(1985).
- レイチェル・カーソン，青樹簗一 訳，『沈黙の春』，新潮社(1987).
- 川合真一郎，山本義和，『明日の環境と人間 第3版』，化学同人(2004).
- 鷲谷いづみ，『自然再生，持続可能な生態系のために』，中公新書(2004).
- 中島義明，根ケ山光一 編，『「環境」人間科学』，朝倉書店(2008).
- 西城戸 誠，船戸修一 編，『環境と社会』，人文書院(2012).
- 吉田謙太郎，『生物多様性と生態系サービスの経済学』，昭和堂(2013).
- 環境省 編，『平成29年版環境白書』(2017).

第2章
- 畠山重篤，『森は海の恋人』，北斗出版(1994).
- 細谷和海，高橋清孝 編，『ブラックバスを退治する』，恒星社厚生閣(2007).
- 山下 洋，田中 克 編，『森川海のつながりと河口・沿岸域の生物生産』，恒星社厚生閣(2008).
- 中島義明，根ケ山光一 編，『「環境」人間科学』，朝倉書店(2008).
- 細谷和海，外来種問題と内水面漁業，『水産の21世紀』(田中 克，川合真一郎，谷口順彦，坂田泰造 編)，京都大学学術出版会(2010).
- 環境省 編，『生物多様性国家戦略 2012-2020』(2012).
- 環境省 編，『平成29年版環境白書』(2017).
- 田中 克 編，『いのちのふるさと 海と生きる』，花乱社(2017).

第3章
- I. J. Tinsley，山県 登 訳，『環境汚染の化学：環境科学特論』，産業図書(1980).
- 川本克也，『環境有機化学物質論』，共立出版(2006).
- 川合真一郎，黒川優子，松岡須美子，微生物による有害物質の分解，『微生物の利用と制御』(藤井建夫，杉田治男，左子芳彦 編)，恒星社厚生閣(2007).
- 川合真一郎，人工有機化合物の分解，『海の環境微生物学 増補改訂版』(石田祐三郎，杉田治男 編)，恒星社厚生閣(2011).
- 合原 眞，今任稔彦，岩永達人，氏本菊次郎，吉塚和治，脇田久伸，『環境分析化学 第3版』，三共出版(2017).

第4章
- 金原 粲 監，『環境科学』，実教出版(2006).
- 環境省 編，『IPCC第4次評価報告書 統合報告書概要(公式版)』(2007).
- 環境省 編，『黄砂 第2版』(2008).
- 荻野和子，竹内茂彌，柘植秀樹，『環境と化学：グリーンケミストリー入門 第2版』，東京化学同人(2009).

第5章
- 眞 淳平，『海はゴミ箱じゃない！』，岩波ジュニア新書(2008).
- 山本義和，江口さやか，現代の公害問題―京都府舞鶴湾の一部地域における鉛汚染，『水産の21世紀』(田中 克，川合真一郎，谷口順彦，坂田泰造 編)，京都大学学術出版会(2010).
- 山本民次，花里孝幸 編，『海と湖の貧栄養化問題』，地人書館(2015).

第6章
- 環境省 編，『油汚染対策ガイドラインのご紹介』．
- 日本地下水学会 編，『地下水・土壌汚染の基礎から応用：汚染物質の動態と調査・対策技術』，理工図書(2006).

- 日本地下水学会，井田徹治，『見えない巨大水脈　地下水の科学：使えばすぐには戻らない「意外な希少資源」』，講談社(2009).

第7章
- 若林明子，『化学物質と生態毒性　改訂版』，丸善(2003).
- 川合真一郎，山本義和，『明日の環境と人間　第3版』，化学同人(2004).
- 張野宏也，有機スズ化合物のモニタリング，『三陸の海と生物：フィールドサイエンスの新しい展開』(宮崎信之 編)，サイエンティスト社(2005).
- 張野宏也，沿岸域，『有機スズと環境科学：進展する研究の成果』(山田　久 編)，恒星社厚生閣(2007).
- 張野宏也，岩崎　望，八束絵美，山尾千晶，大地まどか，駿河湾から日本海溝に至る水中の防汚物質と有機リン化合物の濃度，日本マリンエンジニアリング学会誌，**47**，第5号，pp2〜6（平成24年9月）.
- Hiroya Harino, "Emerging issues on contamination and adverse effects by alternative antifouling paints in the marine environments", Biological effects by organotins, Toshihiro Horiguchi, Springer (2016).

第8章
- 「科学」編集部 編，『原発と震災：この国に建てる場所はあるのか』，岩波書店(2011).
- 日本科学技術ジャーナリスト会議，『4つの「原発事故調」を比較・検討する：福島原発事故13のなぜ』，水曜社(2013).
- 黒倉　寿 編，『水圏の放射能汚染：福島の水産業復興をめざして』，恒星社厚生閣(2015).
- 添田孝史，『東電原発裁判：福島原発事故の責任を問う』，岩波新書(2017).
- NHKスペシャル「メルトダウン」取材班，『福島第一原発1号機冷却「失敗の本質」』，講談社現代新書(2017).

第9章
- 藤田正一 編，『毒性学：生体・環境・生態系』，朝倉書店(1999).
- 日本トキシコロジー学会教育委員会 編，『トキシコロジー』，朝倉書店(2002).
- 渡辺　翼 編，『魚類の免疫系』，恒星社厚生閣(2003).
- 中山彩子，川合真一郎，魚類の生体防御系および薬物代謝系におよぼす影響，『有機スズと環境科学：進展する研究の成果』(山田　久編)，恒星社厚生閣(2007).
- 加藤隆一，鎌滝哲也 編，『薬物代謝学：医療薬学・医薬品開発の基礎として　第3版』，東京化学同人(2010).

第10章
- 川合真一郎・小山次朗 編，『水産環境における内分泌攪乱物質』，恒星社厚生閣(2000).
- 川合真一郎，『環境ホルモンと水生生物』，成山堂書店(2004).
- 日本水産学会 監，竹内一郎，田辺信介，日野明徳 編，『微量人工化学物質の生物モニタリング』，恒星社厚生閣(2004).
- 川合真一郎，黒川優子，松岡須美子，培養細胞を用いたスクリーニング，『環境ホルモン』，(「環境ホルモン――水産生物に対する影響実態と作用機構」編集委員会 編)，恒星社厚生閣(2006).

第11章
- 吉田喜久雄，中西準子，『環境リスク解析入門：化学物質編』，東京図書(2006).
- 環境リスク評価室，『化学物質の環境リスク評価　第7巻』(2009).
- 農林水産省 編，『平成29年版　食料・農業・農村白書』(2017).

第12章
- 岡崎　稔，『知らなきゃヤバイ！　飲料水争奪時代がやってくる』，日刊工業新聞社(2009).
- 谷山重孝，『水が握る日本の食と農の未来』，家の光協会(2010).
- 橋本淳司，『67億人の水：「争奪」から「持続可能」へ』，日本経済新聞社(2010).
- 中村靖彦，『日本の食糧が危ない』，岩波新書(2011).
- 守田　優，『地下水は語る：見えない資源の危機』，岩波新書(2012).
- 鈴木悌介，『エネルギーから経済を考える』，合同出版(2013).
- 農林水産省 編，『平成29年版　食料・農業・農村白書』(2017).

第 13 章

- 石井一郎 編著, 『廃棄物処理：環境保全とリサイクル』, 森北出版(1997).
- 酒井伸一, 『ごみと化学物質』, 岩波新書(1998).
- 坂口守彦, 高橋是太郎 編, 『農・水産資源の有効利用とゼロエミッション』, 恒星社厚生閣(2011).
- 環境省 編, 『平成 29 年版　環境白書』(2017).

第 14 章

- 中村鉄哉, 『里山発電：地方の未来を変えるソーラーシェアリング』, ダイアモンド社, (2014).
- 長島　彬, 『日本を変える，世界を変える！「ソーラーシェアリングのすすめ」』, リック(2015).
- 篠田航一, 宮川裕章, 『独仏「原発」二つの選択』, 筑摩選書(2016).
- 環境省 編, 『平成 29 年版　環境白書』(2017).
- 資源エネルギー庁, 『平成 28 年度　エネルギーに関する年次報告(エネルギー白書 2017)』.

第 15 章

- 小倉紀雄, 『市民環境科学への招待』, 裳華房(2003).
- 原田正純 編著, 『水俣学講義』, 日本評論社(2004).
- 西村　肇, 岡本達明, 『水俣病の科学　増補版』, 日本評論社(2006).
- 川合真一郎, 環境学習を通じた持続可能なまちづくり・西宮市, 『事例に学ぶ自治体環境行政の最前線』(宇都宮深志, 田中　充 編著), ぎょうせい(2008).
- 瀬戸雅文 編, 『市民参加による浅場の順応的管理』, 恒星社厚生閣(2009).
- 古米弘明 編, 『水辺のすこやかさ指標"みずしるべ"』, 技報堂出版(2016).
- 21 世紀の武庫川を考える会 編, 『武庫川渓谷廃線跡ハイキングガイド』, 日本機関紙出版センター (2017).

索　引

【A–Z】

AC	154
AChE 活性阻害	134
ADI	133
AE	102
AF	154
AFS 条約	101
Ah 受容体	129
ATSDR	151
BOD	**67**, 68
Bq	113
BRICs	**182**
CAS	**90**
Cb/Ce	47
CFCs	58
Co-PCB	109
COD	**67**, 68
COP21	55
COP23	55
CYP	129
──1A 活性	130
2, 4-D	96
DDD	45
DDT	45, 48, 92, 96
o, p'-──	146
DDTs 濃度	51
DES	138
DHA	169
DNA マイクロアレイ	**134**
DO	**69**
ED	137
EE2	142
EPA	151, 169
ER	143
EROD 活性	**130**
EV	184, 193
EXTEND	146
──2016	146
ExTEND2005	146
FAO	**163**
──/WHO 合同食品添加物専門家会議	92
FIT	**186**
G7	**11**, 77
GDP	**184**
HCFC	58
HCH	92, 96
HeLa 細胞	47, 136
HFC	58
HV	184, 193
IC_{50}	136
ICRP	**113**, 116
IPCC	**55**
──第4次評価報告書	54
Ishikawa cell	145
ISO	**200**
──14001	200
IUCN	25
LAC	153, 154
LAS	101, 102
LC_{50}	**95**
LCA	199
LD_{50}	**95**
LOAEL	152
MOE	**152**, 154
MOX 燃料	112
mussel watch	39
NGO	33
NMHC	62
NOAEL	**133**, 152, 154
NOEL	107
Nox	59, 62
NPO	**5**, 33
O_3	57
ODA	**33**
OPE	46, 105, 106
PAH	129
PBDE	107
PCB	96, 105
──濃度	49
──問題	50
PCDD	109
PCDF	109
PCE	87
PCP	96
PEC	133, 154
──/PNEC 比	154
PFC	58
PFOA	102
PFOS	102
pH	**41**
pK	41
PM	61
──10	61
──25	61
PNEC	133, 154
POPs	77, 103, 108
──条約	109
Power to Gas	188
PPCPs	**103**
PRTR データ	**155**, 156
PtGA	188
QSAR	133
──法	144
recycle	177
reduce	177
reuse	177
RoHS 指令	**107**
RPL	140
RXR	140, 144
SDGs	2
SF_6	58
Sox	59
SPEED98	**146**
squid watch	39
SS	43, **69**
Sv	113
2, 4, 5-T	96
TBP	46
TBT	99, 132
TBTO	99
2, 3, 7, 8-TCDD	129
TCE	87
p-TCP	46
TDI	133
2, 3, 7, 8-TeCDD	109, 110
TEHP	46
TEQ	109

索引

toe	181	
TPP	**165**	
TPT	99	
UF	133	
UNEP	31, 108	
UR	154	
VOC	62, 87	
VTG	141, 142	
WWF	**157**	
——ジャパン	11	

【あ】

赤潮	**74**
青潮	**75**
アゴニスト	143
アサガオ	40
足尾銅山	13
——鉱毒事件	83, 90
アスベスト	**63**
アセスメント	149
アセチルコリンエステラーゼ	**134**
——活性	97, 107
油汚染	71, 88
——対策ガイドライン	88
油流出事故	72
アホウドリ	26
雨水の有効利用	194
アメリカの環境保護庁	151
アメリカの毒性物質疾病登録期間	151
アメリカ・ビッグスプリング盆地	84
アメリカ・ラブキャナル事件	109
アモサイト	63
アルキルフェノール	103, 142
アンタゴニスト	143
アンドロゲン	144
アンドロステンジオン	144
硫黄酸化物	59
異性体	107
イソプレノイド化合物	162
イタイイタイ病	47, 66, 83, 168
イタリア・セベソ化学工場	109
一次エネルギー	181

——日本国内	183
一次生成粒子	61
1日最大摂取許容量	133
1日摂取量	153
1日曝露量	**152**
一般廃棄物	172
——処理	175
遺伝子銀行	25
イプロベンホス	97
イベルメクチン	104
イボニシ	140
イミダクロプリド	97
イルカ	169
インポセックス	
——現象	140, 141
——作用	99
——症状	140
ヴァーチャルウォーター	158, 167
埋立処分地	177
ウラン 235	112
エアコン設定温度の変更	**199**
エアロゾル	**111**
エイコサペンタエン酸	169
営農型太陽光発電	190
疫学研究	155
疫学調査	**147**
エコシステム	7
エコチル調査	147
エコロジカルフットプリント	10
エストロゲン	**140**, 142, 143
——受容体	143
エチニルエストラジオール	143
17α——	142
エックマンバージ採泥器	37
エネルギー	181
——自給率	184
——の地産地消	190, 191
塩基解離定数	41
オイルフェンス	73
オオキンケイギク	**28**
オオノガイ	100
オクタノール・水分配係数	42, 43, 106
n——	41, 42

オクタブロモジフェニルエーテル	107
4-t-オクチルフェノール	146
オクチルフェノールエトキシレート	103
汚染	66
海洋	68
河川	67
湖沼	67
オゾン	57
——層	**57**
——ホール	57
オフサイト処理	**87**
オンカロ島(フィンランド)	122
温室効果ガス	55
温暖化	54
——増幅現象	56

【か】

概況調査計画	85
海産巻貝	140
海水	157
——温	54
——の淡水化	160
改善された水源	156
開発途上国	6, **32**
界面活性剤	101
海洋性哺乳類	138
海洋表層プランクトン	60
外来主物種	27
化学測定	38
化学的酸素要求量	68
科学的特性マップ	122
化学平衡	41
化学農薬	93
化学物質審査規制法	103
化学物質による審査および規制に関する法律	99
化学物質の審査及び製造等の規制に関する法律	107
化学物質ファクトシート	155
核燃料	112, 114
核廃棄物	121
核分裂	113
かけがえのない地球を守る	66

索 引

可採埋蔵量	181	キアン・シー号事件	31	――建屋	113
過剰障害	125	帰還困難区域	116	懸濁物質	43
過剰診断	120	企業の環境行動	199	減量	177
過剰発生率	**153**	拮抗薬	143	公害	11
化審法	107	揮発性有機化合物	62, 85	――対策基本法	11
加水分解	44	基盤サービス	10	――の原点	202
ガスクロマトグラフィー	38	逆浸透膜法	**160**	光化学オキシダント	40, **62**
化石燃料	181	吸着係数	**100**	光化学スモッグ	**62**
仮想水	158	土壌，底泥などへの――	41	ロサンゼルス型――	63
家庭用水	159	供給サービス	10	工業用水	159
家庭用洗剤	102	居住制限区域	116	黄砂	59, **60**
カドミウム	127	緊急時避難準備地域	116	――モニタリングネットワーク	
――濃度	91	金属酵素	126		60
――問題 米	168	空間線量率	117	交叉耐性	**128**
カネミ油症事件	**105**	堀削除去	86	甲状腺検査	120
カネミライスオイル	105	クニマス	25	工場排水	70
カーバメート化合物	44	クリプトスポリジウム	162	高度処理法	162
カーボンオフセット	**199**	グリーンケミストリー	**201**	コウノトリ	26
ガラス固化体	122, 177	グリーン購入	**199**	高レベル放射性廃棄物	122
枯葉剤	109	――法	**24**	国際河川	158
環境活動	197	グリーン・ニューディール政策	199	国際自然保護連合	25
環境アセスメント	149	クールビズ	**199**	国際標準化機構	200
――の実施	150	グレイトプレーン（アメリカの穀倉		国際放射線防護委員会	113, 116
――の設計	149	地帯）	167	国内総生産	**184**
環境科学	1	p-クレゾール	46	穀物等の国際価格	164
――の研究対象	1	クロシタイル	63	国連環境計画	31, 108
――の役割	1	クロシドライト	63	国連気候変動枠組条約第21回締約	
環境化学物質の動態	35	クロチアニジン	97	国会議	55
環境学習	195, 196	クローニング	130	国連人間環境会議	19
――都市宣言	197	グローバル化	5	ココ事件	31
環境基本法	11	クロマトグラフィー	38	コジェネレーション	193
環境教育	195, 196	クロム	126	固定価格買い取り制度	**186**
環境残留性有機物質	108	クロロフルオロカーボン	58	コバネイナゴ	93
環境試料の採取方法	35	警戒区域	116	コプラナーPCB	109
環境の世紀	195	計画的避難区域	116	コプラナーポリ塩化ビフェニル	109
環境ビジネス	200	形質変更時要届出区域	86	ごみ	172
環境ホルモン	137, 146	欠乏症	125		
――学会	146	原位置浄化	86, 88	**【さ】**	
環境倫理学	201	原位置抽出法	87	最終処分	175
間接光分解	44	原位置分解法	87	――場	123, 175, **176**
乾燥地域	29	健康リスク	82	再生可能エネルギー	185, 193
乾燥半湿潤地域	29	――評価	152	――の発電比率	186
環太平洋戦略的経済連携協定	165	原子価	**126**	再生利用	177
間伐	24	原子炉	112	最大限の償いをする責任	203

索引

最低影響濃度	152
細胞性免疫	131
再利用	177, 178
砂漠化	29
作動薬	143
里山	11
砂漠	29
——化対処条約	29
サヘル地域	29
サマータイムの導入	199
作用薬	143
酸および塩基の解離定数	41
酸解離定数	41
酸化還元反応	45
産業廃棄物	172
——の排出量	173
酸性雨	59
三大アスベスト	63
暫定基準値	117
残留性有機汚染物質	77
ジエチルスチルベストロール	138, 143
シェールオイル	182
シェールガス	182
紫外線	58
——吸収剤	107
子宮閉塞	138
ジクロフェナク	104
ジクロロジフェニルトリクロロエタン	45
事後対策	150
自浄作用	45, 67
システイン	127
次世代送電網	193
自然エネルギー	181, 185
自然の生存権	202
持続可能な開発	19
——目標	2
持続可能な17の開発目標	3
持続可能な発展	66
シックハウス	64
——症候群	104
実効半減期	118
質量分析計	39

シトクロム P450	129
2,4-ジニトロフェニル酢酸	44
5α-ジヒドロテストステロン	144
指標生物	40
ジフェニルエーテル	107
シーベルト	113
ジベンゾフラン	109
遮断薬	143
重金属	68, 90, 126
——濃度	70
臭素化ジフェニルエーテル	108
集団回収量	179
シュレッダーダスト	173
循環型社会形成促進基本法	179
省エネルギー化	192, 194
省エネルギー法	193
蒸気圧	40
小水力	189
消費者	7
食品廃棄物	173
食物連鎖	48
食料自給率	164, 174
—— カロリーベース	163
—— 供給熱量ベース	165
—— 計算方法	164
—— 総合	166
—— 品目別	166
食料・農業・農村基本計画	165
除草剤	94
除草労働時間	94
白神山地	22
新興国	187
人口問題	3
質的な側面	4
量的な側面	4
慎重さの原則	90
森林	21
——減少	21
——減少の原因	23
——蓄積量	23
——法	24
——面積	22
——率	23
水銀	128

——に関する水俣条約	19
——の推定摂取量	169
水圏	37
水質の環境基準	67
水素イオン指数（水素イオン濃度指数）	41
水素ガス	188
水素蓄電	189
水素爆発	114
推定環境濃度	133
推定無影響濃度	133, 154
水道水の水質基準	163
水道普及率	161
スクリーニング	150
——効果	120
スコーピング	150
ステロイドホルモン	137
ストックホルム条約	103, 108
スーパーファンド法	80
スピギン	144
スマートグリッド	193, 200
スミスマッキンタイヤー型採泥器	37
スモーキー・マウンテン	32
生活環境の保全に関する環境基準	69
生活用水	159
生産者	7
生息域外保全	26
生息域内保全	26
生態系	7
——サービス	9
——と生物多様性の経済学	10
生体リスク評価	154
政府開発援助	33
生物化学的酸素要求量	67
生物学的半減期	52, 118
—— メチル水銀	52
生物群集	7
生物圏	7
生物多様性	8
遺伝子の多様性	9
種の多様性	9
生態系の多様性	9

生物多様性条約	8, 26, 27	大気圏	36	直接光分解	44
生物多様性の保全	26	局地汚染	36	地歴調査	85
遺伝子	26	広域汚染	36	沈黙の春	19
種	26	第三種特定有害物質	85	ツシマヤマネコ	26
生態系	26	胎児性水俣病	18	「つなげよう，支えよう森里川海」プロジェクト	12
生物濃縮	47	代謝的活性化	129		
——係数	43	帯水層	**83**	定量的構造活性相関	133
世界遺産条約	**27**	第二種特定有害物質	85	テトラクロロエチレン	87
世界人口統計	4	第Ⅱ相薬物代謝反応	129	電気自動車	184, 193
——増加率	4	第二水俣病	13, 91	典型七公害	11, 13
世界平均地上気温	54	耐容1日摂取量	**110**, 133	電力供給	118
世界水フォーラム	**157**	太陽光発電	186	——量	119
石油ショック	183, **185**	耐容週間摂取量	**168**	等身大の技術	201
セシウム	117	多環芳香族炭化水素	111	同族体	**107**
——137	113	多段フラッシュ蒸留法	160	動的平衡状態	**7**
セジロウンカ	93	脱原発	121	トキ	26
世代間倫理	202	タモキシフェン	143	トキシコゲノミクス	134
石けん	101	タンカー油流出事故	72	毒性等量	109
節水意識	161	淡水	157	特定外来生物	27
節水型機器	161	チアメトキサム	97	特定農薬	**93**
節水型トイレ	**159**	チェルノブイリ原発事故	115	特定有害物質	**81**
絶滅	24	チオリン酸エステル類	44	毒物および劇物取締法	95
——危惧種	25	地球温暖化のメカニズム	55	ドコサヘキサエン酸	169
セベソ事件	31	地球環境問題	**6**	都市活動用水	159
セレノネイン	**169**	地球全体主義	202	土壌	38
セレン	128, 169	地産地消	171	土壌汚染	80
ゼロ・エミッション	177	地層処分	177	自然的起源	82
先進国	6	チッソ（会社）	17	人為的	83
選択毒性係数	95	——裁判でのおもな争点	17	土壌汚染対策法	38, 80, 82, 84
船底防汚物質	99	——認定審査会	17	土壌汚染調査	84
ソーラーシェアリング	190	第二——	17	——概況調査	86
		窒素安定同位体比	**84**	——詳細調査	86
【た】		窒素酸化物	59, 62	土壌ガス吸引	87
ダイアジノン	97	中位推計	**5**	土壌ガス調査	85
第一種特定有害物質	85	中間処理後再生利用量	179	土壌含有量基準	**80**
第Ⅰ相薬物代謝反応	128	中間処理施設	175	土壌吸着定数	42
体液性免疫	131	超乾燥地域	29	土壌溶出量基準	**80**
ダイオキシン	**108**, 109, 129	——の原因	29, 30	都市用水	159
2, 3, 7, 8-——	109	長期モニタリング	85	共洗い	**37**
——類対策特別措置法	109	超高齢社会	**4**	トリクロロエチレン	45, 87
大気汚染	54	調整サービス	10	トリハロメタン	**161**
——物質広域監視システム	62	直鎖アルキルベンゼンスルホン酸	101, 102	トリフェニルスズ化合物	99
——防止行動計画	62			トリブチルスズ	132
——防止法	61	直接資源化量	179	——オキシド	99

──化合物	99	
貪食細胞	131	

【な】

内分泌撹乱作用	146
内分泌撹乱物質	137
──学会	147
内分泌活性物質	137
ナフタレン 10^{33}	111
鉛汚染	70
鉛中毒者	90
新潟水俣病	66
ニカメイガ	93
二次エネルギー	181
二次生成粒子	61
日中韓三カ国黄砂局長会議	60
ニトロソアミン	84
日本のエネルギー自給率	184
日本の公害の原点	13
日本の再生可能エネルギー	189
日本のレッドリスト 2017	25
人間環境宣言	19
ネオニオチノイド系農薬	97
熱帯林	21, 23
熱電供給	193
年齢査定法	49
農業用水	159
農作業	93
濃縮係数	47
脳組織	50
農薬取締法	93
農薬年度	**94**
農薬の出荷量	94
農薬の歴史	92
4-ノニルフェノール	146
ノニルフェノールエトキシレート	103
ノリ養殖	74, 78

【は】

ハイイロアザラシ	139
バイオアッセイ法	39
バイオオーグメンテーション	88
バイオスティミュレーション	88
バイオスフィア	7
バイオリメディエーション	73
──技術	**87**
廃棄物処理	175
──法	**172**
廃棄物の減量	177
ハイドロクロロフルオロカーボン	58
ハイドロフルオロカーボン	58
ハイブリッド車	184, 193
ハイボリウムエアサンプラー	36
培養細胞	135
廃炉	121
ハイロート採水器	37
曝露評価	151
曝露マージン	152, 154
ハーシュバーガーアッセイ	145
バーゼル条約	31, 32
畠山重篤	12
ハチノスツヅリガ	77
発がんリスク評価ガイドライン	151
バードストライク	**190**
ハニーワーム	77
パーフルオロオクタン酸	102
パーフルオロオクタンスルホン酸	102
パーフルオロカーボン	58
バラスト水	**28**
原田正純医師	202, **203**
パラチオン	93, 134
パリ協定	55, **56**, 182
ハロン-103	58
半数致死濃度	95
半数致死量	95
ハンター・ラッセル症候群	**203**
バンドーン採水器	37
ヒアリ	**28**
非イオン界面活性剤	101
ビオトープ	**196**
被害を最小限にする理由	203
東日本大震災	189
光化学反応	44
微小粒子状物質	61
2,2-ビス(4-クロロフェニル)-1,1-	
ジクロロエタン	45
ビスフェノール A	146
微生物分解	45
ヒ素	82
必須元素	125
ビテロゲニン	141, 142
ヒト子宮内膜がん由来細胞	145
ヒートポンプ	**193**
避難指示解除準備区域	116
非発がん性物質の評価	153
非メタン炭化水素	62
表層水	38
漂流物質	75
微量元素	125
微量必須元素	125
品目別食料自給率	165, **166**
フィードバック効果	56
風力発電	187
富栄養化	37, 74
フェニトロチオン	97
フェニルピラゾール系農薬	98
フェブロニル	98
フォトダイオードアレイ法	38
吹き付けアスベスト	63
吹き付け石綿	63
福島第一原子力発電所	113
福島第一原発事故	183
復水器	113
『不都合な真実』	55
フッ素	82
物理化学的パラメータ	36, 40
物理学的半減期	118
不適切な商業伐採	**22**
不適切な焼畑農業	**22**
ブドウムシ	77
フードマイレージ	**170**
不法投棄	176
フミン質	161
浮遊懸濁物質	68
浮遊粒子状物質	61
プラスチックごみ対策	77
ブラックバス	27, 29
プランテーション	**21**
ブルーギル	27

プルトニウム	177	無毒性量	152	ヨウ素131	113, 117
ブルーム	73	ムラサキイガイ	39, 70, 71, 91	要措置区域	86
フローサイトメーター	**132**	ムール貝	71	溶存酸素	68
分解者	7	メタロチオネイン	127	要注意外来生物	28
文化的サービス	10	メチルコラントレン	129	余剰電力	188
ベクレル	**113**	メチル水銀	168	四日市ぜんそく	13
ベンゾ(a)ピレン	111, 129	17α-メチルテストステロン	144	予防原則	90
ペンタブロモジフェニルエーテル	107	メトヘモグロビン血症	84	予防すべき責任	203
ヘンリー定数	40	メルケル首相	121	四大公害訴訟	13
蜂群崩壊症候群	98	メルトダウン	114, 120		
放射性物質	113	メロン	50	**【ら】**	
——の半減期	118	免疫毒性物資	131	ライフサイクルアセスメント	199
放射性ヨウ素	117	猛禽類	139	ラムサール条約	**26**
放射能	113	毛髪の水銀濃度	92	卵殻指数	139
防除歴	93	木材自給率	24	リサイクル	178
ホウ素	82	モニター	39	リサイクル型エネルギー	185
母乳汚染問題	50	モニタリング手法	38	リサイクル法	**179**, 193
ポリ塩化ビフェニル	105	モニタリング生物	39	リサイクル率	179
ポリオキシエチレンアルキルエーテル	101	森里海連環学	12	リスク	**151**
ポリ臭化ジフェニルエーテル	107	「森は海の恋人」運動	12	リスクアセスメント	149
ボーリング	**38**	モントリオール議定書	58	リスクコミュニケーション	155
——調査	85			リスク評価	121, 151
ホルモン	137	**【や】**		——のためのガイドライン	151
		薬物代謝酵素	52, 128	リゾチーム活性	132
【ま】		野生生物	24	リターナブル	178
マイクロプラスチック	76	——の種数	24	リフィラブル	178
マラリア防除	96	——保護センター	25	粒子状物質	61
水資源	157	有害廃棄物の越境移動	31	量-反応関係	152
水循環基本法	**194**	有機塩素化合物	139	臨海	114
水の再利用	160	母乳中——濃度	51	リン酸エステル	44
水の循環	157, 158	有機塩素農薬	96	リン酸トリブチル	46
水溶解度	41	有機汚濁	67	倫理委員会	121, 202
三つのR	177	有機水銀中毒症	91	レアアース	200
三つの責任	203	有機スズ化合物	99	レアメタル	200
ミドリイガイ	39	有機スズ代替物質	100	レイチェル・カーソン	**19**
水俣病	17, 47, 66, 91, 202	有機スズ濃度	140	レジンペレット	75
——関西訴訟	17	有機フッ素化合物	102	レチノイドX受容体	140, 144
——被害者	17	有機リン系殺虫剤	95	レッドリスト	**25**
——被害者救済法	17	有機リン系農薬	96, 134	レブンアツモリソウ	26
新潟——	66	有機リン酸トリエステル	135	レベル7	115
ミレニアム生態系評価	9	——類	105, 106	連続遮水壁	**86**, 87
無機環境	7	有機リン農薬	97	ロウボリウムエアサンプラー	36
		幽霊漁具	76	六フッ化硫黄	58
		輸入木材	23	ロサンゼルス型光化学スモッグ	63

炉心溶融　　　　　114, 120
ロンドン型スモッグ　　63

【わ】

ワシントン条約　　　**25**

渡良瀬川流域の鉱毒事件　　13
ワモンアザラシ　　　138

＊ゴチック体は，用語解説のある頁．

著者略歴

川合真一郎　（かわい　しんいちろう）
1943年京都府生まれ．1966年京都大学卒業．1971年京都大学大学院農学研究科博士課程修了．現在は，神戸女学院大学名誉教授．農学博士．専門は，環境科学．本書では，3, 5, 7, 8, 9, 10, 12, 13, 14, 15章と補遺を執筆した．

張野　宏也　（はりの　ひろや）
1960年大阪府生まれ．1984年兵庫県立姫路工業大学卒業．1986年大阪大学大学院工学研究科博士前期課程修了．現在は，神戸女学院大学人間科学部教授．農学博士．専門は，環境科学．本書では，3, 4, 6, 7, 11章を執筆した．

山本　義和　（やまもと　よしかず）
1945年山形県生まれ．1968年京都大学卒業．1973年京都大学大学院農学研究科博士課程修了．現在は，神戸女学院大学名誉教授．農学博士．専門は，環境科学．本書では，1, 2, 5, 7, 8, 9, 12, 14, 15章を執筆した．

環境科学入門　第2版
――地球と人類の未来のために

2011年8月15日	第1版　第1刷	発行
2016年9月20日	第6刷	発行
2018年2月15日	第2版　第1刷	発行
2022年9月10日	第6刷	発行

検印廃止

JCOPY 〈出版者著作権管理機構委託出版物〉
本書の無断複写は著作権法上での例外を除き禁じられています．複写される場合は，そのつど事前に，出版者著作権管理機構（電話03-5244-5088, FAX 03-5244-5089, e-mail: info@jcopy.or.jp）の許諾を得てください．

本書のコピー，スキャン，デジタル化などの無断複製は著作権法上での例外を除き禁じられています．本書を代行業者などの第三者に依頼してスキャンやデジタル化することは，たとえ個人や家庭内の利用でも著作権法違反です．

著　者　川合真一郎
　　　　張野　宏也
　　　　山本　義和
発行者　曽根　良介
発行所　（株）化学同人

〒600-8074　京都市下京区仏光寺通柳馬場西入ル
編集部　TEL 075-352-3711　FAX 075-352-0371
営業部　TEL 075-352-3373　FAX 075-351-8301
　　　　振替　01010-7-5702

e-mail　webmaster@kagakudojin.co.jp
URL　https://www.kagakudojin.co.jp

印刷・製本　西濃印刷株式会社

Printed in Japan　 ©S. Kawai, H. Harino, Y. Yamamoto 2018
乱丁・落丁本は送料小社負担にてお取りかえします．
無断転載・複製を禁ず

ISBN978-4-7598-1940-3